La politique de la ville

Habitat et sociétés

Collection dirigée par Claire Lévy-Vroelant et Yankel Fijalkow

Les recherches sur l'habitat se sont multipliées dans le monde depuis la Seconde Guerre mondiale, dans les sciences sociales et en architecture, comme dans les sciences pour l'ingénieur. Cet intérêt pour l'habitat est lié à l'augmentation des populations citadines, d'abord dans les pays industrialisés et aujourd'hui dans les pays en développement, à des changements dans la structure des familles, à la montée historique de la privatisation mais aussi aux politiques de l'habitat et à l'évolution des techniques et des idées. Soumettant à l'analyse les politiques publiques comme les pratiques sociales et culturelles, les recherches en sciences sociales s'y intéressant méritent d'être mieux connues. L'objectif de cette collection est l'édition de recherches sur l'habitat au sens large (logements, équipements, architecture, espaces publics, quartiers) et la réédition de textes importants écrits dans les dernières années, en France et à l'étranger, afin de constituer une collection d'ouvrages de référence pour les étudiants, les chercheurs et les professionnels.

Dernières parutions

Maira MACHADO-MARTINS, *Habiter une ancienne usine à Rio de Janeiro. Les invasões de l'avenida Brasil*, 2014.

Fatiha BELMESSOUS, Loïc BONNEVAL, Lydia COUDROY de LILLE, Nathalie ORTAR (textes réunis et présentés par), *Logement et politique(s). Un couple encore d'actualité ?*, 2014.

Marie LOISON-LERUSTE, *Habiter à côté des SDF. Représentations et attitudes face à la pauvreté*, 2014.

Annabelle MOREL-BROCHET, Nathalie ORTAR, *La fabrique des modes d'habiter. Homme, lieux et milieux de vie*, 2012.

Sous la direction de Martine BERGER et Lionel ROUGÉ, *Être logé, se loger, habiter*, 2011.

N. BREVET, Le(s) bassin(s) de vie de Marne-la-Vallée. *Une politique d'aménagement à l'épreuve du temps et des habitants*, 2011.

N. ROUDIL, *Usages sociaux de la déviance*, 2010.

J LE TELLIER, A. IRAKI, *Politique d'habitat social au Maghreb et au Sénégal*, 2009.

N. HOUARD, *Droit au logement et mixité. Les contradictions du logement social*, 2009.

À Éloé, Oscar, Karol et Sasha

PRESENTATION DES AUTEURS

Pierre BERGEL

Professeur de géographie sociale et urbaine à l'université de Caen Basse-Normandie, Pierre Bergel est coresponsable du séminaire pluridisciplinaire *Villes et sciences sociales* de la Maison de la recherche en sciences humaines de Caen. Chercheur à l'UMR CNRS ESO Espaces et sociétés (UMR CNRS ESO 6590), il travaille sur les thèmes du renouvellement urbain, des politiques de la ville et des ségrégations sociales, en France et en Algérie.

Céline BRAILLON

Responsable du pôle stratégie de développement durable à la DREAL Bourgogne depuis janvier 2015. Auparavant, chargée de mission cohésion sociale et gouvernance au Bureau des territoires du Commissariat général au développement durable (MEDDE). Elle a été longtemps une professionnelle de la politique de la ville : association des maires "villes et banlieues", Banlieues 89, DIV, CNV. À titre militant, elle s'est engagée à l'ADELS (Association pour la démocratie et l'éducation locale et sociale), et en a été présidente de 2006 à 2010.

Daniel BREUILLER

Maire d'Arcueil, conseiller communautaire de la communauté d'agglomération du Val-de-Bièvre et conseiller général du Val-de-Marne où il assuma durant six ans une délégation à la démocratie participative. Indépendant du PS et du PC, il participe, dans le Val-de-Marne, sous le label « gauche citoyenne », à la construction avec plusieurs associations locales d'une gauche participative et altermondialiste avant d'adhérer en 2010 à EELV.

Grégory BUSQUET

Sociologue-urbaniste, maître de conférences en sociologie à l'université Paris Ouest Nanterre - La Défense, et chercheur au LAVUE (Laboratoire Architecture Ville Urbanisme Environnement UMR CNRS 7218) – équipe Mosaïques. Ses travaux de recherche portent sur les systèmes de valeurs des acteurs de la production urbaine, le droit à la ville et les relations entre espaces urbains et politique, à partir des objets que sont l'action publique territorialisée en France et les conflits de mémoire et de représentations relatifs au processus de patrimonialisation urbaine en Europe.

Patrice DUNOYER DE SEGONZAC

A été délégué général de l'Association des consultants en aménagement et en développement des territoires (ACAD). Consultant pendant 20 ans dans des bureaux d'études intervenant dans les domaines de l'urbanisme et de l'aménagement, il a été directeur du CREPAH (plus de cinquante consultants), puis responsable du pôle Habitat et aménagement à la Délégation interministérielle à la ville (DIV). Il a ensuite rejoint le Programme 50 quartiers (qui conseillait à l'époque les villes et organismes de logement social engagés dans des opérations de la politique de la ville). Il a également été conseiller à l'Union sociale pour l'habitat.

Yankel FIJALKOW

Sociologue, professeur des universités et professeur de sociologie à l'École nationale supérieure d'architecture de Paris - Val-de-Seine. Il est membre du Centre de recherche sur l'habitat du LAVUE (Laboratoire Architecture Ville Urbanisme Environnement UMR CNRS 7218). Ses travaux de recherche portent sur le traitement de l'insalubrité en milieu urbain d'un point de vue historique, sur la rénovation urbaine, la *gentrification* de l'habitat ancien et la socio-histoire du logement.

François GEINDRE

Maire d'Hérouville-Saint-Clair de 1971 à 2001, président de la Commission nationale pour le développement social des quartiers à la suite de Rodolphe Pesce, puis président du Conseil national des villes. Il a été directeur régional des affaires culturelles de Bourgogne, directeur de l'École d'architecture de Paris - Val-de-Seine de 2003 à 2008 puis inspecteur général au ministère de l'Écologie et du Développement durable. Il est actuellement à la retraite.

Antoine HAUMONT

Géographe et chercheur associé au laboratoire LAVUE (Laboratoire Architecture Ville Urbanisme Environnement UMR CNRS 7218) de l'École nationale supérieure d'architecture de Paris - Val-de-Seine. Il a participé à la fondation du Centre de recherche sur l'habitat de cette UMR. Il a, entre autres, enseigné à l'université Paris VII et à l'École nationale des ponts et chaussées. Ses recherches portent sur l'habitat pavillonnaire et les modèles socioculturels de l'habiter, et, plus récemment, sur la géographie et la sociologie du sport, les services culturels en ville et les mobilités spatiales.

Florent HÉROUARD

Géographe, docteur en urbanisme et aménagement de l'espace, il a soutenu une thèse intitulée *Habiter l'hôtel : un reflet de la précarité dans les agglomérations de Caen, Lisieux et Rouen* à l'Institut d'urbanisme de Paris. Enseignant et consultant dans les instituts AFTEC et E2SE à Caen, il travaille sur les problématiques immobilières, sur l'interventionnisme des pouvoirs publics dans les processus de développement urbain et plus largement sur la question de l'habiter.

Lydie LAUNAY

Sociologue-urbaniste, maître de conférences au Centre universitaire Jean-François Champollion. Sa thèse de doctorat (2011) analyse les politiques de mixité par l'habitat mises en place à Paris et à Londres depuis le début des années 2000, de leurs fondements à leurs effets sur les modes d'habiter et de cohabiter des populations. Elle poursuit ses recherches sur les ségrégations socio-spatiales à travers l'étude de la gentrification des quartiers anciens, des rapports au territoire des classes moyennes (ANR MICCY et Paris 2030 : reviendront-elles ?) et des expériences de la discrimination dans la ville (ANR EODIPAR). Elle a récemment co-écrit l'ouvrage *Middle Classes and the City*, paru en 2015 chez Palgrave Macmillan.

Christine LELÉVRIER

Sociologue-urbaniste, professeure à l'École d'urbanisme de Paris et directrice du Lab'Urba (université Paris Est). Ses travaux de recherche portent sur les processus de mobilité, de ségrégation et d'ethnicisation dans la ville et leurs interactions avec les politiques territorialisées en France et en Europe. Elle a coordonné en 2006 un ouvrage sur les mixités sociales à La Documentation française et codirigé en 2014 un ouvrage avec Agnès Deboulet *Rénovations urbaines en Europe*, paru aux PUR.

Elisabeth PASQUIER

Sociologue, enseignante-chercheure, habilitée à diriger des recherches à l'École nationale supérieure d'architecture de Nantes, membre du LAUA (Laboratoire de recherche « Langages, actions urbaines, altérités ») qu'elle a dirigé de 2000 à 2005. Ses travaux portent sur les grands ensembles, les cultures populaires spatialisées et les expérimentations liées aux laboratoires de quartier, qu'elles concernent les politiques publiques et leurs ajustements locaux, les nouvelles professions ou les transformations de la vie associative (place des femmes issues de l'immigration, enjeu autour des associations musulmanes qu'elles soient cultuelles ou culturelles). Ses travaux s'apparentent aux théories de l'art de faire avec une attention aux pratiques d'espace et usages de la langue.

Fabrice PEIGNEY

Sociologue et urbaniste, il a travaillé en ONG sur l'accès aux droits pour les plus démunis et a été en charge en Seine-Saint-Denis d'aménagements de projets urbains et de différentes missions relatives à la politique de la ville. Il a été doctorant au Centre de sociologie européenne entre 2001 et 2008, puis occupé le poste de secrétaire général du CES de l'ANRU entre 2008 et 2014. Il est aujourd'hui responsable de l'évaluation et de l'expérimentation à l'égalité des territoires au CGET.

Rodolphe PESCE

Il a été conseiller général de la Drôme de 1973 à 1979 puis de 1985 à 1994, maire de Valence de 1977 à 1995 et député de la Drôme de 1978 à 1988. Il intervient dans la politique de la ville en tant que président de la Commission nationale pour le développement social des quartiers entre 1983 et 1986, après la démission d'Hubert Dubedout et à l'Association des maires de France en tant que vice-président chargé des problèmes urbains (1989-1995). Au sein du gouvernement de Lionel Jospin, il a été membre du cabinet de la ministre de l'Emploi et de la Solidarité, Martine Aubry (1997-2000) puis Élisabeth Guigou (2000-2002). Rodolphe Pesce est officier de la Légion d'honneur et officier de l'ordre national du Mérite.

Nadine ROUDIL

Chercheure, sociologue au département économie et sciences humaines du Centre scientifique et technique du bâtiment (CSTB) à Paris. Elle est également chercheure associée au LAVUE (Laboratoire Architecture, Ville, Urbanisme et Environnement UMR 7218). Ses travaux portent sur les politiques publiques, les inégalités socio-spatiales et les pratiques de l'habiter. Elle a notamment publié : *Habiter la Castellane sous le regard de l'institution. Usages sociaux de la déviance* (Paris, L'Harmattan, 2011).

Élise ROY

Docteure en aménagement de l'espace et urbanisme, elle est enseignante-chercheure à l'École nationale supérieure d'architecture de Nantes. Sa thèse, soutenue en 2007, a porté sur l'évaluation des politiques urbaines, et plus spécifiquement sur un changement de régime de rationalisation des actions urbaines, à l'ère des bonnes pratiques (dans le cadre du programme POPSU1). Ses travaux récents ont analysé « l'agir en commun » dans les grands projets urbains, à la lumière de l'analyse de la genèse du projet nantais de cluster du Quartier de la création, puis de l'analyse des épreuves de la mise en opérations immobilières et architecturales du grand projet urbain de l'île de Nantes.

Émilie SAINT-MACARY

Sociologue, urbaniste, chercheure associée au Lab'Urba, elle a coordonné le pôle recherche d'ARISTAT (Agence de recherche d'ingénierie statistique et qualitative) pendant 3 ans. Elle est aujourd'hui chercheuse indépendante et cofondatrice de Sens pratique, plateforme de valorisation des sciences sociales. Elle a soutenu sa thèse à l'Institut d'urbanisme de Paris en avril 2011, dans le cadre de laquelle elle s'est intéressée à l'accession à la propriété par les classes populaires dans les opérations de rénovation urbaine. Ses travaux portent principalement sur l'analyse des politiques du logement et de l'habitat, ainsi que des politiques sociales.

Jean-Pierre SUEUR

Il est sénateur du Loiret depuis le 23 septembre 2001. Président de la commission des lois du Sénat de septembre 2011 à septembre 2014 après en avoir été vice-président durant le premier mandat, il a été de nouveau élu vice-président de la commission des lois en octobre 2014. Il a été député du Loiret de 1981 à 1991, conseiller régional de la région Centre de 1981 à 1986, secrétaire d'État auprès du ministre de l'Intérieur, chargé des collectivités territoriales de mai 1991 à fin mars 1993 et enfin maire d'Orléans de 1989 à 2001. C'est à ce titre qu'il est l'auteur d'un rapport de référence sur la politique de la ville, *Demain, la ville*, présenté en 1998 au ministre de l'Emploi et de la Solidarité. Il est l'auteur d'un rapport au Sénat rendu en 2011 intitulé *Villes du futur, futur des villes : quel avenir pour les villes du monde ?*.

Hervé VIEILLARD-BARON

Géographe-urbaniste, professeur à l'université de Paris Ouest-Nanterre - La Défense, ancien directeur du master de géographie et d'aménagement. Il est aussi membre de l'association Profession banlieue (Centre de ressources de la politique de la ville de Seine-Saint-Denis) et membre de l'équipe Mosaïques au sein du LAVUE (Laboratoire Architecture Ville Urbanisme Environnement UMR CNRS 7218). Il a participé aux commissions d'évaluation de la politique de la ville sous la direction de Michel Delebarre. Titulaire d'une thèse de géographie sur *Le risque du ghetto dans la région parisienne* », il a travaillé sur les quartiers sensibles et les migrations (notamment sur l'implantation des communautés maghrébine, séfarade et assyro-chaldéenne dans le grand ensemble de Sarcelles) avant de s'intéresser aux localisations des édifices religieux, aux modalités d'intégration des jeunes issus de l'immigration et à la rénovation urbaine en France et en Allemagne.

SOMMAIRE

Avant-propos

Jean-Pierre Sueur

Le temps de la ville est long. Le temps de la politique, celui des mandats électifs, est incomparablement plus court.

Sans doute faut-il voir dans cette contradiction l'une des origines des critiques ou insatisfactions récurrentes dont la politique de la ville est l'objet.

La politique dite de la ville est née, dans les années 70 et 80 sur le mode de l'urgence, urgence sociale d'abord : il fallait, au plus vite, améliorer la vie, voire changer la vie, de ceux qui vivaient dans ces quartiers, construits, eux aussi, dans l'urgence, vingt ou trente ans plus tôt pour loger tous ceux qui n'avaient pas de logis et auxquels les élus de l'époque se réjouissaient d'offrir des barres et des tours toutes neuves, rutilantes, dotées de salles de bain et du confort moderne.

Mais changer la physionomie, la configuration, la réputation ou, tout simplement, la vie quotidienne dans ces quartiers est une œuvre qui immanquablement prend du temps et dont on ne peut juger qu'en mettant les choses en perspective.

J'ai plaidé dans deux rapports publiés à douze ans de distance[1] pour une autre politique de la ville, ou plutôt pour d'autres politiques de la ville (car il existe plusieurs approches, plusieurs modèles et des expériences assez différentes les unes des autres).

Mais je n'ai pu faire ces rapports et ces plaidoyers que parce qu'il y avait d'ores et déjà, depuis deux décennies ou davantage, des politiques menées avec courage, détermination, ténacité par des acteurs – élus, fonctionnaires, associations d'habitants, de locataires, etc. – dont j'ai pu mesurer en maintes circonstances combien ils s'étaient engagés. Je tiens à saluer leur action remarquablement illustrée par les nombreux témoignages que recèle le présent ouvrage.

1 *Demain la ville*, tomes 1 et 2, La Documentation française (1998), partiellement repris dans Changer la ville, Odile Jacob (1999), et *Villes du futur, futur des villes : quel avenir pour les villes du monde ?*, rapport de la Délégation à la prospective du Sénat, 2011.

L'un des paradoxes de la politique de la ville, c'est d'ailleurs que l'on peut toujours facilement la critiquer au nom des difficultés qui subsistent ou s'approfondissent, des crises et des explosions de violence que l'on a constatées alors que nul ne saura jamais les crises et les explosions évitées, les difficultés aplanies ou les désespoirs surmontés parce que cette politique a été mise en œuvre de manière ostentatoire ou, le plus souvent, modeste, patiente, attentive, proche des habitants et du « terrain ».

Ce livre peut donc – et ce n'est pas la moindre de ses vertus – être lu comme un hommage à tous les acteurs anonymes de la politique de la ville.

Les différentes communications ou contributions qui le composent sont aussi des invitations à repenser la politique de la ville.

Je retiendrai, à cet égard, trois pistes de réflexion.

- **Pour une politique de toute la ville**. Il m'apparaît depuis longtemps que la première limite des politiques et des ministères dits de la ville, tient à ce qu'ils ne sont voués qu'à la seule ville en difficulté et donc conçus selon le présupposé en vertu duquel on pourrait appliquer des remèdes spécifiques à ces morceaux de ville sans que cela n'implique ni n'ait de conséquence sur toute la ville et, en réalité, sur toute l'agglomération, sur toute l'aire urbaine. Il n'y a pas deux ministères de l'Agriculture, l'un pour l'agriculture qui va mal et l'autre pour l'agriculture qui va bien. Il n'y en a qu'un. Le fait qu'on cantonne les quartiers qui vont mal dans un ministère à eux dédié, c'est déjà une façon de les ghettoïser. Je plaide pour une politique de toute la ville. La mixité sociale ne peut pas être mise en œuvre dans un seul quartier (ou dans certains quartiers seulement), pas plus que la mixité fonctionnelle (celle qui permet d'accueillir plusieurs fonctions – habitat, travail, commerce, formation, loisirs – dans chaque partie de l'aire urbaine), qui est son corollaire. C'est donc la ville – l'aire urbaine – dans sa globalité qu'il faut appréhender, ce qui envoie à de nouveaux modèles, ceux des villes en réseau et des réseaux de ville, ainsi que ceux des villes polycentriques qu'il faut – avec le temps ! – substituer aux modèles concentriques (qui se traduisent par une sorte de « dégradé », des centres patrimoniaux aux faubourgs, périphéries, « entrées » de ville, espaces rurbains, etc.).
- **La fin des zonages ?** Avec notre politique de la ville, la France est devenue la championne du monde des « zonages ». C'est toujours pour le bien – ou du moins en vertu de l'idée que l'on s'en fait – d'une ville ou d'une agglomération que l'on y a découpé les multiples ZEP, ZUS, ZRU, ZFU, etc. C'est toujours en vertu

d'excellentes intentions et pour donner plus à ceux qui ont moins. Si bien que les élus n'ont pas été les derniers à réclamer des zonages afin de bénéficier de mannes supplémentaires, et parfois très limitées ! Or, l'expérience des zonages permet de poser une question qui eût paru naguère iconoclaste : les zonages accroissent-ils la stigmatisation ou la réduisent-ils ? c'est une vraie question. Quelles que soient les intentions – elles sont excellentes ! – seule la réalité compte. On a longtemps associé zonage et solidarité. N'est-il pas temps de penser que la nécessaire solidarité – plus nécessaire que jamais en ces temps de crise – ne doit plus forcément passer par des zonages qui, trop souvent, enfoncent des quartiers dans leur statut d'espace défavorisé alors qu'on voudrait précisément les en délivrer ? Il va de soi qu'une telle évolution suppose aussi de profondes évolutions de l'urbanisme et du bâti pour recréer tous les tissus, les réseaux, les liens qui constituent l'urbanité.

- **Qui fait quoi ?** Les évolutions des politiques de la ville ont bien montré combien les questions liées aux niveaux de décision et à la pluralité des décideurs et des acteurs étaient cruciales. La politique de la ville est, par essence, une politique de partenariat puisqu'elle implique l'État aussi bien que les différents types de collectivités locales, les bailleurs sociaux, les associations, etc. D'où, parfois, l'impression de polysynodie, les meilleures volontés se perdant dans la réunionite ou le saupoudrage, d'innombrables acteurs ayant trouvé là un guichet pour mener à bien une multitude d'actions toutes louables évidemment. Beaucoup ressentent aujourd'hui la nécessité de simplifier les choses. La politique de la ville ne peut pas tout faire et tout régler. Elle ne doit pas se substituer aux politiques de droit commun. Et si l'on veut qu'au-delà des zonages, elle s'inscrive dans une politique de toute la ville, dans des politiques urbaines globales, elle doit se doter d'ambitions fortes et précises. Précisons qu'il n'y a pas là, dans mon esprit, un « éloignement » du terrain. Tout au contraire : il y a là le refus des logiques de Gribouille où, à force de vouloir tout faire partout – combien y a-t-il de *zones* ? –, on se prive des leviers du changement. Redéfinir les acteurs de ces politiques, c'est aussi donner toute sa place à l'agglomération. L'aire urbaine réelle – la ville en quelque sorte –, c'est très souvent l'agglomération. Et, disons-le nettement, l'agglomération ne peut plus être ni une juxtaposition ni une fédération de communes qui mèneraient isolément les unes des autres leurs politiques urbaines. Ce qui renvoie à la question de la légitimité démocratique des assemblées d'agglomération – et donc à la question de leur rapport au suffrage universel.

Le plus grand mérite du présent ouvrage et de ceux qui l'ont conçu – Grégory Busquet, Florent Hérouard et Émilie Saint-Macary – est de nous permettre de réfléchir aux solutions ici évoquées et de nous aider à poser ces questions – et bien d'autres encore.

Jean-Pierre Sueur
Ancien ministre
Vice-président de la Commission des lois du Sénat

Introduction générale

Cet ouvrage fait suite au séminaire « Politiques de la ville : idéologies et réalité » organisé par l'UMR LOUEST[1] qui s'est tenu à l'École nationale supérieure d'architecture de Paris - Val-de-Seine, entre 2008 et 2009.

Le but de ce séminaire était de contribuer à une mise en perspective des attendus et partis pris intellectuels de la politique de la ville avec ses conséquences sur les terrains institutionnels et administratifs, sociaux et spatiaux (urbanistiques). En effet, du dispositif HVS[2] au PNRU[3] et du DSQ[4] du début des années 1980 au DSU[5], la politique de la ville a, c'est indéniable, eu des effets sur ces trois tableaux, voulus ou non, bénéfiques ou pervers, voire plus relatifs.

Suite aux attentats à Paris du 7 janvier 2015, le Premier ministre socialiste Manuel Valls a souhaité revenir sur ce qu'il considère comme l'échec de la politique de la ville, n'hésitant pas à qualifier les quartiers dits sensibles de « ghettos » et à parler d'« apartheid territorial, social, ethnique » en France[6]. Ces termes ont déchaîné les critiques de l'opposition politique, tant ils semblent inadéquats ou, en tout cas, exagérés pour le contexte français. Est-il encore une fois besoin de rappeler que les banlieues françaises ne réunissent pas les conditions du « ghetto » telles qu'on a pu les connaître dans l'histoire ou ailleurs dans le monde, et que les discriminations et la ségrégation ne sont pas institutionnalisées en France ? Si le discours de Manuel Valls a le mérite de faire réagir et de s'inscrire contre l'hypocrisie politique tout en laissant entendre que l'État a une part de responsabilité dans la situation des « quartiers », les termes de ghetto et d'apartheid connotent et renforcent cette spatialisation – ou circonscription dans l'espace – du diagnostic des problèmes sociaux, ainsi que leur ethnicisation en insistant sur les discriminations liées à l'origine, ressenties par les populations dont les maux relèvent bien plus du cumul (ségrégations socio-spatiales, accès au logement, à l'emploi, aux services publics, etc.). Manuel Valls enfonce le clou de cette discrimination ressentie par l'expérience quotidienne, mais risque, du même coup, de gommer d'un trait les inégalités socio-économiques également en cause dans le « malaise » des banlieues dont il parle. Or, cette description des lieux et l'interprétation des problèmes ne

---

1 Laboratoire des organisations urbaines : espaces, sociétés, temporalités, devenu depuis UMR LAVUE (Laboratoire architecture ville urbanisme environnement).

2 Habitat et vie sociale, dispositif mis en place en 1977.

3 Programme national de rénovation urbaine, lancé en 2003.

4 Développement social des quartiers, dispositif mis en place en 1982.

5 Développement social urbain, dispositif mis en place en 1988.

6 Vœux du Premier ministre à la presse, le 20 janvier 2015.

semblent nullement remettre en cause pour autant les moyens d'action : la politique de la ville a justement peut-être trop considéré les inégalités socio-économiques comme des inégalités spatiales ou ethniques. Bref, ses idéologies, ses jeux d'acteur et son rapport au territoire méritent d'être posés à plat, et son évaluation mérite aujourd'hui d'être faite au regard de ces considérations.

Mise en place dès la décennie 1970 et institutionnalisée après l'arrivée au pouvoir du parti socialiste en France dans les années 1980, la politique de la ville est, depuis l'origine, destinée à cibler et à améliorer le sort de ce que l'on qualifie de « quartiers sensibles », encore abusivement appelés « cités », soit les quartiers de grands ensembles construits massivement à la périphérie des grandes agglomérations entre les années 1950 et 1970, et n'est donc pas destinée à la ville toute entière, contrairement à ce que son appellation indique. Pour ce faire, cette politique a eu pour objectif de traiter les problèmes sociaux en procédant au découpage spatial de zones prioritaires, participant ainsi au processus de territorialisation de l'action publique et de l'action sociale. Elle a également institutionnalisé certains paradigmes de l'action publique contemporaine : la « cohésion sociale et territoriale », la « réduction des fractures sociales et territoriales », le « vivre ensemble », qui fleurissent depuis plusieurs décennies dans les discours politiciens, dans les médias et, de plus en plus, au sein des sciences sociales. Elle a également institué ce que l'on pourrait appeler une discrimination positive territoriale dans l'action publique, en concentrant l'aide et l'action sur certaines portions du territoire, allant de ce fait à l'encontre de l'égalitarisme national républicain. Elle a enfin contribué à transformer les dispositifs et la philosophie générale de l'action publique contemporaine en France, véhiculant avec elle l'idée d'une politique intersectorielle orientée vers le social, au lieu d'une politique interministérielle.

L'ensemble de ces processus et phénomènes, et l'ensemble des notions qui les accompagnent, furent abordés lors de ce séminaire et le sont dans cet ouvrage. A travers eux, il convenait d'interroger à la fois les objectifs de la politique de la ville depuis ses origines, ses moyens et outils et leurs évolutions, et de contribuer à une analyse concrète de ses résultats sur le terrain. Exception visant à lutter contre les inégalités socio-territoriales au sein de politiques urbaines néolibérales, politique néolibérale elle-même suppléant les politiques sociales redistributives par un ciblage territorial, ou encore dernière tentative pour corriger à la marge les effets de ces politiques et pour faire rentrer les « quartiers »[7] dans le droit commun, la politique de la ville méritait bien ce retour aux sources.

---

7 Ce terme désigne le plus souvent les zones urbaines caractérisées par la concentration des nouvelles classes « dangereuses » (CHEVALIER L., *Classes laborieuses et classes dangereuses à Paris pendant la première moitié du XIXe siècle*, Paris, Plon, 1958) ou par la

Néanmoins, il ne s'agit pas d'un énième ouvrage sur la politique de la ville. Plus que d'évaluer ses résultats au regard de ses objectifs, notre volonté était surtout de déconstruire les ambitions de cette politique, de les critiquer, et de les évaluer, ce qui nous semblait être une entreprise salutaire quelque quarante ans après sa mise en place. Une prise de recul et une remise en perspective historique – une mise en question des objectifs de départ à l'aune des évolutions et des résultats, à partir des discours d'acteurs et de chercheurs – semblent en effet essentielles au sein de la course folle des rapports d'expertise et d'évaluation qui s'empilent d'années en années, sans toujours se questionner sur les buts originels et leur évolution, s'empêchant ainsi toute évaluation et toute critique d'ensemble. Si ces critiques existent, elles semblent trop éparses et non systématiques. Ici, l'évolution et l'évaluation actuelle des résultats servent de prétexte à l'identification d'objectifs sous-jacents ou d'effets pervers.

Cette réflexion globale sur la politique de la ville arrive à l'heure où les dispositifs font l'objet de nouveaux ajustements et où la politique connaît un énième tournant voulu et revendiqué. De la récente réforme du zonage à la volonté de simplification de la géographie prioritaire, ou à la mise en place des « zones de sécurité prioritaires » ou encore à celle des futurs contrats uniques, la politique de la ville se renouvelle sans cesse et évolue au rythme de l'action et des évaluations, ce qui était d'ailleurs la base de son caractère « expérimental » depuis ses origines dans les années 1980. Dans ce contexte, le récent rapport Bacqué - Mechmache[8], sur la participation des habitants dans la politique de la ville et sur l'enjeu de l'*empowerment,* conclut, comme beaucoup d'autres travaux antérieurs[9], à l'échec partiel des politiques à faire évoluer la politique de la ville dans le bon sens. Ce livre est donc l'occasion, pour les décideurs et professionnels de terrain, de réfléchir à leur pratique, passée et future, et non plus seulement présente et du passé proche.

L'ouvrage présent tout comme le séminaire dont il est issu portent donc sur les questionnements suivants : quelle(s) idéologie(s) a (ont) guidé la politique de la ville depuis les années 1970 ? A (ont)-elles évolué en fonction des conjonctures (économiques, sociales, politiques) ou des alternances gouvernementales ? Peut-on parler d'une politique de la ville cohérente dans ses composantes et dans la durée ? Ou, au contraire, doit-on parler de politiques de la ville au pluriel – comme adjonction de mesures en fonction des acteurs qui les portent, des objectifs et des objets traités, comme

---

visibilité accrue et trop forte des laissés-pour-compte de la ville néolibérale.

8 « Pour une réforme radicale de la politique de la ville - Citoyenneté et pouvoir d'agir dans les quartiers populaires », rapport de Marie-Hélène Bacqué et Mohamed Mechmache remis au ministre délégué chargé de la Ville, le 8 juillet 2013.

9 « Pour une conception rénovée de la politique de la ville : d'une logique de zonage à une logique de contractualisation », rapport de Gérard Hamel et Pierre André sur la révision de la géographie prioritaire et la contractualisation de la politique de la ville, octobre 2009.

politique discontinue en fonction des époques ? Par quels acteurs et dispositifs cette politique a-t-elle été portée ? Quels sont ceux qu'elle a fait émerger et qui ont pu, en retour, la faire évoluer ? Comment ces idéologies se sont-elles traduites dans les pratiques mises en œuvre sur le terrain, dans les différentes communes qui en ont bénéficié ? Quels résultats a-t-elle eus sur les territoires et sur les habitants ? Peut-on dire que les moyens mis en œuvre sont adaptés à la réalité socio-spatiale des villes de plus en plus complexe, même à l'échelle locale ? Une politique de la ville peut-elle même être efficace au stade actuel du capitalisme ? Ne serait-elle pas qu'un recentrage territorial de l'action publique au niveau local, remplaçant des politiques redistributives sous le prétexte de l'intégration de populations spatialement localisées, déterminées et définies ?

Nous avions choisi de répondre à ces multiples interrogations en organisant, à l'origine, le séminaire dont est issu cet ouvrage de façon à ce qu'une confrontation des points de vue entre élus, porteurs de cette politique, professionnels et chercheurs soit possible. Cette perspective permettait en effet d'aborder différents systèmes de représentations, registres d'action, voire différents objectifs et différentes attentes depuis des points de vue distincts (militants, scientifiques, voire les deux à la fois). Il s'agissait également d'adopter une posture critique vis-à-vis de la réalité des politiques sociales urbaines mises en place depuis les années 1980, notamment en questionnant les objectifs et les idées y afférents, mais aussi par le comparatisme et l'ouverture internationale, et surtout par la confrontation des points de vue entre acteurs et chercheurs (et la mise en lumière de leurs contradictions et de leurs effets pervers, tout en ne sous-estimant pas leurs réussites). La critique des chercheurs devait s'allier avec l'autocritique des acteurs, sous peine de rester une critique déjà connue. Force est de constater que les responsables et acteurs qui témoignent ici portent globalement le même diagnostic sur l'évolution de la politique de la ville que les chercheurs, mais à partir d'autres points de vue, professionnels, politiciens ou citoyens.

Ce livre s'inscrit dans une perspective équivalente, en poursuivant autant que faire se peut le dialogue entre professionnels et chercheurs sur les différentes questions posées par la mise en œuvre de la politique de la ville. Ce dialogue nous semblait en effet intéressant à poursuivre dans le cadre du projet de publication à divers égards : d'abord, parce que nous souhaitions pallier ce qui nous semblait être un manque : très peu d'ouvrages proposent aujourd'hui de témoignages issus de pratiques d'acteurs impliqués au quotidien dans la mise en œuvre de la politique de la ville, et peu d'ouvrages récents reviennent sur ces présupposés et idéologies de départ en les évaluant au regard des résultats des décennies passées et des potentiels « revirements ». Le croisement des points de vue et les critiques de chercheurs, d'élus, professionnels et d'anciens responsables de cette politique nous semblait nécessaire pour effectuer cette remise en question des objectifs de départ à l'aune des évolutions et des résultats. Pour ces derniers acteurs, il s'est agi de retranscrire à l'écrit leur témoignage présenté à l'oral, et ce, avec leur aval. Ce regard opérationnel sur le dispositif nous semblait important à valoriser, en particulier dans le contexte d'une politique ancienne, et largement remise en cause, notamment par les analyses scientifiques, les rapports et les gouvernements successifs, puis les récents tournants revendiqués. Si les politiques semblent aujourd'hui découvrir l'échec des « politiques de la ville », des travaux montrent depuis longtemps l'hypocrisie des systèmes d'attribution des logements sociaux, dénoncent les plans d'aménagement des quartiers qui négligent souvent les usages des habitants, le manque de réponse sur la dimension économique, par exemple. C'est pourquoi, allier ces témoignages concrets à des contributions de chercheurs, en tentant de les faire, si ce n'est dialoguer, du moins interférer les uns avec les autres par le traitement de sujets similaires nous a paru être une démarche enrichissante et inédite.

Ces sujets de bases de la politique de la ville sont répartis dans les quatre parties qui découpent l'argumentaire de l'ouvrage. Dans les trois premiers chapitres : « Quarante ans de politique de la ville », « Institutions et dispositifs », et enfin « Espaces et sociétés », nous avons veillé, d'une part, à faire témoigner des élus ou des professionnels et, d'autre part, à analyser certains pans des différents dispositifs ou thèmes par des chercheurs, dans des registres critiques, qu'ils soient théoriques ou basés sur le terrain. Ainsi, après nous être intéressés aux fondements et à l'évolution idéologique et pragmatique de la politique de la ville, à sa philosophie (Partie 1), à ses dispositifs, son fonctionnement et à ce qu'elle était censée porter en termes d'innovation quant à l'action publique (Partie 2), nous avons abordé la question de l'appréhension qui est opérée dans la mise en œuvre de cette politique, de l'articulation entre l'espace (ou le territoire) et la question sociale au sens large (Partie 3). Pour terminer, nous avons souhaité avoir une vision comparative de certaines expériences internationales où sont déployées des politiques urbaines plus ou moins semblables à celle que nous connaissons en France, afin de voir si les politiques sociales territorialisées s'uniformisent ou pas (Partie 4). Le positionnement critique de cet ouvrage repose donc sur plusieurs aspects : l'évaluation des chercheurs concernant les résultats, les limites et les présupposés de la politique de la ville à partir des faits, la comparaison avec des cas internationaux, l'autocritique de pionniers de cette politique, ainsi que leur critique du devenir – ou des dérives et détournements ultérieurs – de celle-ci. L'objectif est bien ici de déterminer en quoi ces critiques se recoupent ou divergent. Dès lors, nous espérons que nous aurons atteint notre objectif, à savoir dépasser la simple évaluation des résultats de la politique, qu'ils soient sociaux, administratifs, urbanistiques ou politiques, et ce, en favorisant, – par un retour sur ses évolutions, ainsi que par les divers témoignages, analyses et retours sur expérience, – une appréhension de cette politique sur le long terme en questionnant ses présupposés de départ et les non-dits et impensés qui l'accompagnent.

Nous vous souhaitons une bonne lecture.

Grégory Busquet, Florent Hérouard et Émilie Saint-Macary

QUARANTE ANS DE POLITIQUE DE LA VILLE

Depuis 2012, la politique de la ville entame un énième virage avec, en ligne de mire, la suppression des zonages, serpent de mer de cette politique publique, zonages depuis longtemps déjà critiqués pour leur portée stigmatisante.

Depuis 40 ans, les zonages et les dispositifs se sont succédé, parfois se remplaçant, parfois se superposant, mais surtout se multipliant : les territoires CUCS englobant des ZUS, elles-mêmes parfois regroupées en ZFU, dans des GPU... sans oublier les ZEP ! Avec les gouvernements Ayrault puis Valls, exit les ZUS ! Exit les ZEP ! Faites entrer les ZSP (zones de sécurité prioritaires), les quartiers prioritaires, les REP (réseaux d'éducation prioritaires).

Quasiment aucun mandat présidentiel n'échappe à cette valse des dispositifs, des périmétrages d'actions et de financements dérogatoires. François Hollande ne fait que poursuivre cette longue tradition de réinterprétation et de réorientation de la politique de la ville. Depuis les années 1970, avec la circulaire Guichard, la politique de la ville a été remaniée à maintes reprises en restant toujours présente sur le devant de la scène ; c'est dire l'intérêt public que suscitent ces quartiers de grands ensembles dans les sphères politique et publique. Les représentations et fantasmes sociaux qu'ils véhiculent justifient que chaque résidant de Matignon donne l'impression de reprendre le problème à bras-le-corps, de rétablir des bases saines, pour enfin remédier aux grands maux de ces parties de ville souvent décrites comme à l'abandon ou zones de non-droit.

Les dispositifs se chevauchent, connaissent une inflation impressionnante et, pourtant, la seule chose qui soit immuable dans ces quartiers, c'est bien les difficultés socio-économiques qui pèsent sur leurs habitants. Ce constat amène Rodolphe Pesce (premier témoignage de ce livre) à se poser la question cruelle, mais tellement réaliste, de l'échec ou de l'impossibilité de mener à bien cette politique, d'obtenir des résultats probants. La politique de la ville est-elle sans issue ou « mieux que rien », s'interroge cet acteur majeur de la genèse de la politique de la ville ?

De quelques quartiers traités à titre expérimental dès les années 1970, notamment avec les dispositifs HVS (Habitat et vie sociale), puis plus systématiquement et durablement avec le DSQ (Développement social des quartiers), la politique de la ville couvre aujourd'hui plus de 2 500 quartiers, tous types confondus. Des territoires emblématiques de la violence et de faits divers plus ou moins dramatiques (Vénissieux, Mantes-la-Jolie, La Courneuve), la politique de la ville s'étend aujourd'hui aux villes moyennes, voire petites, aux quartiers populaires modestes en nombre d'habitants. La région Centre compte trois ZUS de moins de 700 habitants. La ZUS Vaugirard à Châteauroux (49 659 habitants) compte 607 habitants sur 14 ha (soit une densité de 43 habitants par km²). On est loin de l'archétype de la banlieue à problèmes. Jean-Louis Borloo, en changeant le braquet de la politique de la ville en 2003, invente le PRU (Projet de rénovation urbaine) qui circonscrit de nouveaux quartiers déjà ZUS, ou non...

Rodolphe Pesce et Patrice Dunoyer de Segonzac, respectivement directeur de la Commission nationale pour le développement social des quartiers (CNDSQ) et urbaniste missionné à différents titres au sein de cette même institution, ainsi qu'à la DIV et auprès de bailleurs sociaux, présentent dans leurs témoignages la naissance et l'inflation de cette politique des quartiers populaires périphériques. Ces témoignages montrent la genèse et l'expérimentation (pour ne pas dire le bricolage) d'une politique publique inédite de discrimination positive, comme le veut l'expression consacrée. Cette politique porte initialement sur une poignée de quartiers (moins de dix). Ces pionniers nous montrent comment, devant l'ampleur de la crise, les pouvoirs publics passent les vitesses pour développer ces dispositifs, avec tout ce que cela comprend comme évolution des enjeux et comme cuisines internes. La politique de la ville repose effectivement sur le principe de l'action interministérielle, là aussi forme inédite d'une politique publique, avec une rencontre nécessaire et parfois des confrontations entre des administrations qui ne sont pas habituées à travailler ensemble. Patrice Dunoyer de Segonzac explique dans son témoignage comment il a dû orchestrer le travail collectif entre professeurs de l'Éducation nationale, aménageurs de la DATAR et Marine nationale entre autres...

Ces témoignages sont aussi l'occasion de vivre ces dispositifs de l'intérieur, de comprendre les jeux d'acteurs (débattus aussi dans la seconde partie de cet ouvrage), de rencontrer les acteurs majeurs de la politique française mais aussi des acteurs indirects et parfois oubliés.

À la suite de ces témoignages in vivo, Grégory Busquet et Émilie Saint-Macary abordent la succession des dispositifs et s'interrogent sur les ruptures supposées de cette politique de la ville. Ils nous montrent que, sous couvert d'un renforcement institutionnel, de changements successifs par accumulation ou rodage, la politique de la ville ne s'est pas transformée du tout au tout. Des leçons n'ont pas toujours été tirées des erreurs commises et reconnues, les acteurs directs ayant toujours du mal à dépasser les cadres de pensée initiaux. Grégory Busquet et Émilie Saint-Macary vont notamment démontrer que la politique de la ville est beaucoup plus une succession de continuités que de ruptures.

Ces réflexions doivent nous amener à réfléchir toujours et encore à la situation actuelle, et notamment à la mise en œuvre de la loi de programmation pour la ville et la cohésion urbaine du 21 février 2014, puis à la mise en œuvre du PNRU 2 (à partir d'une nouvelle géographie prioritaire) qui, une fois encore, nous promettent un changement radical de focale.

LES PRÉMICES DE LA POLITIQUE DE LA VILLE : DE L'EXPÉRIMENTATION À L'INSTITUTIONNALISATION

Rodolphe Pesce

Ce témoignage a été recueilli le 9 octobre 2008, à l'occasion du séminaire « Politiques de la ville : idéologies et réalité » qui s'est tenu à l'École nationale supérieure d'architecture de Paris – Val-de-Seine. La journée de séminaire s'intitulait « Les fondements idéologiques et scientifiques de la politique de la ville ». Y participaient également Patrice Dunoyer de Segonzac (témoignage suivant) et Sylvie Tissot (sociologue).

Je ne fais pas partie de ceux qui pensent que les problèmes des « quartiers difficiles » ont été prioritairement induits par l'urbanisme des années 1960, malgré les réels défauts qu'il comportait : mauvaise qualité du bâti, manque d'équipements collectifs, mauvaises liaisons avec les centres-villes, densité des logements trop importante, etc. Les premiers habitants étaient heureux de trouver un confort inédit pour l'époque (douche, salle de bains, WC dans l'appartement, ascenseur), dans un contexte où le manque de logements était un problème majeur. Ces constructions répondaient à des besoins réels : ceux des habitants des campagnes qui venaient travailler en ville ou des citadins qui vivaient dans des conditions exécrables dans les vieux immeubles des centres-villes, ceux des centaines de milliers de rapatriés d'Afrique du Nord (14 000 personnes vivaient dans le bidonville de Nanterre à cette époque (Monique Hervo, 2001)), sans oublier les besoins liés aux effets du baby-boom d'après-guerre. Pour beaucoup d'habitants, c'était bien un progrès. À Valence, certains même voulaient y acheter des terrains pour y construire des maisons individuelles, ce qui leur fut refusé, le foncier étant réservé à la construction d'immeubles collectifs.

Mais la situation a changé au début des années 1970, alors que l'accession à la propriété se développait, entraînant le départ d'une partie des classes moyennes. Les logements libérés ont été attribués alors à ceux qui ne vivaient toujours pas dans des logements décents : des familles en difficulté, des familles étrangères arrivées en France grâce au regroupement familial sans qu'une réelle politique d'intégration ne soit mise en place. Ce contexte de paupérisation s'est accentué avec l'apparition du chômage, dû à la désindustrialisation du pays, touchant de plein fouet les ouvriers particulièrement présents dans ces quartiers.

Le début des difficultés ne vient donc pas seulement des défauts dans la construction de ces quartiers, mais aussi du changement sociologique de leurs habitants, pour lesquels peu de politique sociale et pas de véritable politique d'intégration n'ont été réellement mises en place.

Les années 1970, les premiers pas de la politique de la ville

En 1983, Hubert Dubedout*, battu par Alain Carignon* aux élections municipales de Grenoble, décide de se retirer de la vie politique. Il démissionne alors de la Commission nationale pour le développement social des quartiers (CNDSQ) dont il était président depuis 1982.

François Mitterrand et Pierre Mauroy, son Premier ministre, après une réflexion de deux mois, m'ont désigné comme successeur. Je suis donc devenu, un peu par hasard, président de cette commission, dont je n'avais jusque-là que peu de connaissance des missions. Certes, j'étais déjà intervenu dans le cadre des politiques urbaines, à plusieurs titres et sous diverses formes.

Mon premier mandat de conseiller général, je l'avais obtenu dans une ZUP de Valence (16 000 habitants à l'époque) en 1973. Auparavant, j'avais créé le premier comité de quartier de Valence, puis été président de la Fédération des comités de quartiers de Valence à la grande époque d'Hubert Dubedout. Dès le début de mon mandat de conseiller général, la ZUP, dont j'étais l'élu, a connu de graves problèmes de coût de chauffage urbain. Je rencontrais là un problème concret, ce qui m'a poussé à m'intéresser à l'urbanisme et aux problèmes des banlieues en général.

En 1977, je suis devenu maire de Valence. À la même époque étaient lancés les programmes HVS (Habitat et vie sociale). Les maires urbains, à partir de cette époque, devinrent progressivement les acteurs des politiques des quartiers.

Hubert DUBEDOUT (1922-1986)

Homme politique français, il laisse davantage son empreinte dans les modes de gestion locale qu'à l'échelle nationale. Son parcours politique est original et Dubedout est précurseur dans bien des domaines des politiques urbaines. Créateur des GAM (groupes d'action municipale) en 1964, il se fait élire maire de Grenoble en tant que simple habitant engagé dans la vie locale et occupera ces fonctions pendant 18 ans. Précurseur en matière de transport public, il réintroduit le tramway dès le début des années 1980. Il met en place les premiers dispositifs de concertation des habitants (400 Grenoblois seront envoyés en voyage d'études à Zurich pour observer le tramway). Il crée le premier planning familial.
En matière d'urbanisme, Dubedout est également visionnaire. En charge de la préparation des Jeux olympiques d'hiver et de la modernisation de la ville, il comprend que l'échelle intercommunale est incontournable pour de tels projets et crée l'un des premiers syndicats intercommunaux (ancêtre des EPCI) ainsi que la première agence d'urbanisme municipale.
Député de 1973 à 1983, il quittera définitivement la vie politique, ne trouvant comme place dans l'équipe formée par François Mitterrand que la présidence (la première) de la Commission nationale de développement social des quartiers (CNDSQ), alors qu'il était largement considéré, par les médias de l'époque, comme ministrable.

Alain CARIGNON (1949)

Maire RPR de Grenoble (1983), il détrône Hubert Dubedout. Ministre de l'Environnement en 1988 (gouvernement Chirac), puis des Communications 1993 (gouvernement Balladur), sa carrière politique s'interrompt en 1994, suite à des démêlés judiciaires.

Jean-Louis BIANCO (1943)

Aujourd'hui Président de l'Observatoire de la laïcité, il a commencé sa carrière politique au niveau national en intégrant l'équipe de François Mitterrand dès 1981. Il sera ministre de l'Équipement, du Transport et du Logement dans le gouvernement Bérégovoy de 1992 à 1993.

C'est l'explosion de violence aux Minguettes, à Vénissieux, qui a poussé Hubert Dubedout à rédiger le premier rapport sur les grands ensembles et leur dynamique sociale (Dubedout, 1983). Suite à cette réflexion, François Mitterrand lui a demandé de mettre en place la commission CNDSQ, et il en est devenu président. Quand je suis arrivé à mon tour à la présidence de ce comité, des programmes étaient lancés dans seulement six ou sept quartiers. J'ai donc eu à mettre en place cette politique, avec mon équipe. Celle-ci était réduite : une douzaine de personnes tout au plus, ce qui n'a pas facilité les choses. Il y avait beaucoup d'argent, mais peu de postes. À l'époque, des arrangements ont eu lieu : des conventions pour des études étaient signées avec divers organismes, études qui n'ont pas toujours été réalisées, mais ces organismes mettaient à notre disposition du personnel pour nous permettre de travailler.

La CNDSQ : un soutien politique puissant et un travail collectif

Nous avons reçu la lettre de mission du président de la République et bénéficié d'un soutien très actif de sa part et du Premier ministre. Ma correspondante à l'Élysée était Ségolène Royal, mais je travaillais surtout avec les secrétaires généraux de l'Élysée Jean-Louis Bianco* et Christian Sautter* qui étaient tous deux très disponibles pour notre mission. À Matignon, j'échangeais avec Michel Delebarre* qui était directeur de cabinet. Toutes les trois semaines, je présentais nos activités et on faisait le point sur ce qu'il fallait débloquer. Une véritable dynamique était en place.

C'est un type de démarche qui n'est plus possible aujourd'hui, vu le nombre de quartiers. La CNDSQ a eu de réels moyens financiers puisqu'en 1984 elle disposait d'un budget de 700 millions de francs ; la démarche interministérielle fonctionnait, elle aussi, très bien avec des représentants de chacun des cabinets, qui se réunissaient toutes les deux ou trois semaines sous la présidence du secrétaire général de la Commission. À cette occasion, mon équipe présentait les problèmes qu'il convenait de régler sur le terrain. Ça allait relativement vite.

Nous travaillions également fort activement avec Bertrand Schwartz* et Gilbert Bonnemaison*, les présidents des deux autres grandes commissions : la Délégation interministérielle à l'insertion professionnelle et sociale des jeunes en difficulté (DISJ) et le Conseil national de prévention de la délinquance (CNPD).

Christian SAUTTER (1940)

Il commence sa carrière sous François Mitterrand, dans la haute administration, puis comme secrétaire général adjoint de l'Élysée. Sa carrière politique prend son envol quand il rejoint le gouvernement Jospin en tant que secrétaire d'État chargé du Budget (1997) puis ministre de l'Économie (1999-2000). Il est impliqué aujourd'hui dans le développement économique en tant qu'adjoint à la mairie de Paris, chargé de ces questions, et président de l'association France active.

Michel DELEBARRE (1946)

Homme politique aux multiples fonctions et mandats politiques nationaux et locaux (entre autres, maire de Dunkerque de 1989 à 2014). Son parcours politique l'amène à maintes reprises à travailler sur les questions urbaines, d'habitat et sur la politique de la ville. Ministre de l'Équipement et du Logement (1989-1990), il inaugura le ministère de la Ville en 1990, et sera président de l'Union sociale pour l'habitat (1999-2008). Il est l'auteur de l'ouvrage *Temps des villes* (Éditions du Seuil) qui propose une réflexion sur le développement des villes.

Bertrand SCHWARTZ (1919)

Enseignant à l'école des Mines de Nancy (1948-1966), puis professeur à l'université Paris-Dauphine (1969-1973), il est depuis longtemps impliqué dans les réflexions nationales sur la formation et la pédagogie. Il crée et dirige notamment l'INFA (Institut national pour la formation des adultes, 1969), établissement public de formation de formateurs et de recherche en pédagogie.
En 1981, il rédige un rapport sur l'insertion professionnelle et sociale des jeunes, dont découle directement la création des missions locales. Il devient délégué interministériel à l'insertion professionnelle et sociale des jeunes en difficulté (1983-1985).

Quelques mois après mon arrivée, nous avons été installés ensemble dans le même immeuble où siégeait avant sa dissolution la Cour de sécurité de l'État. De fait, nous travaillions ensemble, ce qui a été très important pour la suite. Il n'y avait qu'à monter ou descendre d'un étage pour se rencontrer. La cohérence était forte entre les différentes commissions.

Par la suite, en 1983, a été créée la mission Banlieue 89, confiée par François Mitterrand aux architectes Michel Cantal-Dupart* et Roland Castro*. Nous avons donc également établi des liens avec cette équipe.

Rôles et modes d'action de la CNDSQ

La Commission nationale pour le développement social des quartiers avait un double rôle : un rôle d'étude, de réflexion et de proposition, mais aussi un rôle d'action et de mobilisation. Cette dernière mission a été l'aspect le plus important : il s'agissait de mettre en place l'action et la mobilisation au niveau national des différents ministères, mais aussi au niveau local des élus, des préfets et des services de l'État déconcentré.

La commission avait l'avantage d'être une structure hors hiérarchie, ce qui n'a pas été sans contrarier beaucoup de nos interlocuteurs, car nous pouvions voir directement les préfets, les maires, sans passer par toute la filière habituelle.

Notre équipe n'assurait pas un rôle de gestion. C'était les différents services de l'État qui s'en chargeaient. Vu le poids politique qui soutenait la mission de la CNDSQ, la gestion de nos actions par d'autres services était bien suivie. Libérés des contraintes gestionnaires, nos missions ont été d'autant plus efficaces. C'est ce qui a facilité profondément notre travail. De plus, l'accès aux moyens financiers n'était pas trop rigide et cela nous a permis de répondre à des besoins qui n'entraient pas dans les politiques définies au niveau national. Nous pouvions réaliser ce qui était indispensable dans tel quartier et qui n'existait pas ailleurs.

Cela a été notre grande richesse par rapport au traitement ultérieur de la politique de la ville. Après cette période, je peux l'affirmer en tant que maire, les crédits étaient attribués pour des opérations thématiques précises définies nationalement, qui n'étaient pas forcément des priorités locales et nous ne pouvions pas bénéficier de crédits pour ce que nous devions faire, c'est-à-dire, pour traiter de problèmes bien spécifiques à un quartier, à une population. À l'époque de la CNDSQ, la souplesse du système permettait, au contraire, de mener des actions plus ciblées, moins encadrées par une grande politique nationale.

Gilbert BONNEMAISON (1930-2008)

Membre du parti socialiste, il a été maire d'Épinay-sur-Seine (1967-1995), puis député (1981-1993). Il devient, au sein du PS, le spécialiste des questions de sécurité, après avoir rédigé en 1982 le rapport *Face à la délinquance : prévention, répression, solidarité*, en réaction aux émeutes de Vénissieux de 1981. Ce travail donnera lieu à la création du Conseil national de prévention de la délinquance (CNPD).

Michel CANTAL-DUPART (1940)

Architecte-urbaniste, il a toujours mis l'accent dans ses compositions urbaines sur l'intégration des quartiers périphériques. Après avoir effectué des visites de quartiers de grands ensembles avec François Mitterrand, il se voit confier avec Roland Castro le pilotage du projet Banlieue 89 (1984-1989). Les deux architectes ont en main 226 projets dans toute la France. Ce poste est pour lui, l'occasion de s'engager dans une réflexion sur le grand Paris. Il conçoit, dès 1986, un plan d'aménagement du grand Paris, réflexion qu'il renforce en 1996 sous Jacques Chirac (*Éloge de l'ordinaire*). Il répond conjointement avec Jean Nouvel à une consultation pour Nicolas Sarkozy et est à nouveau présent pour un rapport renouvelé *Vivre le Grand Paris* (2013) commandé par François Hollande.

Roland CASTRO (1940)

Animateur maoïste de mai 68 aux Beaux-Arts, son travail a toujours été marqué par une dimension militante. Son attention se porte très vite sur les banlieues populaires. Avec Michel Cantal-Dupart, il crée l'association Banlieue 89 qui propose à l'époque de transformer en profondeur ces espaces urbains. 89 fait référence à la Révolution française et à l'échéance de 1989, aboutissement projeté pour ces transformations urbaines. Après avoir insisté auprès de François Mitterrand, les deux architectes le convainquent de visiter plusieurs quartiers de la banlieue parisienne. Suite au constat de leur situation critique, le président leur confie une mission interministérielle également nommée Banlieue 89. Elle connaîtra un début très prometteur, mais le pouvoir central se désengagera progressivement du programme. La mission s'éteindra en 1991. Le rapport de Castro au parti socialiste qu'il a rejoint entre-temps deviendra dès lors conflictuel. Pressenti ministre de la Ville, c'est cependant Michel Delebarre qui occupera le poste. Castro quittera le PS quand Bernard Tapie intégrera le gouvernement après Delebarre. Resté concerné par les débats politiques et urbanistiques, il crée en 2003 le Mouvement d'utopie concrète où il propose de révolutionner la ville ; il y fait 89 propositions pour créer du lien social. En 2007, il tente de se présenter aux élections présidentielles, mais n'obtient pas le nombre de parrainages nécessaire. En 2008, il est missionné par François Hollande pour participer à la consultation sur le grand Paris.

Principes d'intervention de la CNDSQ

Premier principe : s'attaquer autant aux causes de la dégradation qu'à la dégradation elle-même.

Il est plus simple d'agir sur la dégradation, mais cela est plus compliqué d'intervenir sur ses causes. Prenons le simple exemple des boîtes aux lettres. Si les boîtes aux lettres d'un immeuble sont toutes esquintées, on les remplace et les habitants sont satisfaits. Si les cages d'escalier sont repeintes, ils sont contents, mais deux ans après, tout est à nouveau détérioré. Si l'on n'a pas réglé le problème des jeunes qui sont dans la cage d'escalier, c'est-à-dire les problèmes sociaux sous-jacents, cela ne sert pas à grand-chose.

Deuxième principe : faire des habitants les acteurs du changement, les placer au cœur du changement.

Cependant, pour y arriver, il faut une volonté politique très forte des élus locaux. Si un maire n'a pas une farouche volonté de le faire, ça ne se fera pas. Il convient aussi d'adapter les structures permettant de développer les partenariats et d'adapter les méthodes. C'est ce sur quoi nous nous sommes le plus battus et, au final, il convient de dire que nous avons bien souvent échoué.

La participation ne peut pas réussir avec un système de quelques réunions publiques en soirée où quelques-uns seulement prennent la parole, parlent longtemps, et où tout le monde s'en va à 23 heures, et où, finalement, la plupart s'ennuie. La majorité des habitants se dit d'ailleurs que ce n'est pas pour elle et ne participe pas du tout. Je pense personnellement qu'il existe d'autres méthodes, comme celle du porte-à-porte, celle d'expliquer, d'interroger les gens, méthodes qui peuvent être plus adaptées dans ces quartiers.

Nous avons bien sûr fait notre possible pour que la concertation fonctionne. Par exemple, lorsque l'on mettait en œuvre des programmes de réhabilitation de logements, je demandais que l'on réserve 0,1 % du budget pour la concertation, que l'on finance les associations pour qu'elles puissent mener cette concertation, afin qu'elles aillent vers les habitants et aident à comprendre les besoins et les revendications des habitants. Les organismes HLM ont eu, à l'époque, beaucoup de mal à comprendre cette démarche.

Troisième principe : positionner le maire au cœur du dispositif.

Rien de positif ne peut être fait sur un quartier s'il n'y a pas le soutien politique et financier du maire. Mais s'il est bien le coordinateur, il ne peut tout faire et décider tout seul. Or, les dérapages n'ont pas manqué en la matière. Par exemple, le maire réunit les habitants d'un quartier et leur présente un projet global. Or, les parties sécurité, éducation, santé dépendent de l'État, le social du conseil général et la petite enfance de la CAF. Pour présenter ce projet, la présence de tous est indispensable. Le rôle de l'État dans ces missions d'intervention urbaine n'est pas uniquement de financer et de déléguer la phase opérationnelle, tout en contrôlant le tout pour éviter les dérives ; c'est aussi de mobiliser ses services déconcentrés : inspecteurs d'académie, directeurs de police urbaine, etc.

Je me bats encore, des années après avoir quitté la mairie, pour que l'État soit un citoyen – un État citoyen – qui vienne s'exprimer devant les gens, pour que le préfet ou son représentant vienne expliquer ce qu'ils fait.

Quatrième principe : nécessaire mobilisation de tous les décideurs, et ceci à tous les niveaux :

- national : dans tous les ministères concernés.
- départemental : préfet, service de l'État, conseil général, CAF, etc.
- communal : la mairie mais aussi les différentes administrations, associations, organismes HLM.
- quartier : tous les administrateurs, services, organismes.

Mais la mobilisation doit être réelle et non se traduire par des « réunionites » et une bureaucratie galopante. C'est certainement au niveau du quartier qu'elle doit être permanente. Mais faut-il encore, à ce niveau-là, que les « cadres moyens » qui y sont aient un pouvoir réel, accordé par leur hiérarchie.

Cinquième principe : à des situations inégalitaires, il faut des solutions inégalitaires.

Je me suis battu pour imposer cette vision du développement territorial. Cette démarche a été très complexe à défendre dans un climat où le Front national criait au scandale tout comme une partie de la droite et des militants de gauche qui confondaient l'égalité des droits et l'égalité des chances. Par exemple, quand des demandes spécifiques de financement d'équipement informatique ou d'achat de livres pour les écoles d'une ZEP[1] étaient accordées, des enseignants du centre-ville protestaient vivement parce que leur classe n'avait pas la même chose. Pour un maire, c'est une idée très difficile à faire admettre, même si actuellement elle relève des pratiques courantes de l'action ciblée sur les territoires. Les problèmes des espaces les plus défavorisés ne pourront pas se régler si l'on n'y répond pas par des moyens inégalitaires. C'est un des éléments du principe de discrimination positive, expression que je n'aime guère.

1 Zone d'éducation prioritaire. Les ZEP furent créées en 1981.

L'accélération de la politique de la ville

Quand Dubedout a quitté la présidence de la CNDSQ en 1983, douze quartiers étaient inscrits comme prioritaires et les projets n'avançaient réellement que sur trois ou quatre d'entre eux. Au bout d'un an sous ma présidence, le nombre de quartiers inscrits dans le dispositif était passé à vingt-trois. Cela correspondait à 9 000 logements et à 300 000 habitants.

Puis, en 1984, la régionalisation de l'action a été mise en place pour répondre aux demandes qui augmentaient. A ce moment-là, il est vrai que cet organe central qu'était la CNDSQ ne pouvait plus animer directement 150, 200 ou 300 quartiers.

Pour mettre en place cette régionalisation, nous sommes allés dans les régions où il y avait des quartiers à problèmes. Dans le cadre de la préparation du 9e plan « Mieux vivre en ville », des échanges ont eu lieu, des négociations ont été nécessaires, pour que les régions s'impliquent et supportent ces politiques sur les quartiers prioritaires. Nous étions alors deux pour animer ce tour de France : Charles Napoléon*, un représentant de la DATAR qui était en charge de préparer les administrations à notre venue, et moi-même qui avait la charge de convaincre les élus et de trouver un accord entre les services de l'État et les élus. Finalement, dix-huit régions sur dix-neuf ont signé des conventions. Dans le cas de l'unique région récalcitrante, la région Rhône-Alpes, l'État a directement signé avec les communes et, peu de temps après, le conseil régional a mis en place une politique de la ville qui était exactement la même que celle que nous proposions pour les mêmes quartiers. L'honneur était sauf de toute part. Dans ce dispositif qui devenait de plus en plus imposant, les difficultés étaient de trois ordres.

- Il fallait tout d'abord que la globalité des actions engagées soit bien confirmée, car beaucoup de maires proposaient d'intervenir, avec les financements de l'État, sur des secteurs qui ne correspondaient pas nécessairement aux priorités de la politique de la ville. Ils cherchaient à régler d'autres problèmes de leur commune qui n'avaient pas d'impact sur la vie du quartier auquel le financement était destiné. Nous avons dû cadrer les usages de ces subventions en étant relativement stricts.
- Deuxièmement, il était nécessaire d'éviter le saupoudrage des crédits. Je pense que sans l'existence de la CNDSQ, nous n'y serions jamais parvenus. Les préfets, eux, étaient, en général, dans l'obligation de tenir compte d'une certaine réalité politique départementale, de leur géographie, et, généralement, s'ils souhaitaient éviter trop de conflits, ils devaient inscrire le plus grand nombre de quartiers pour

garder les équilibres politiques et géographiques, ce qui allait à l'encontre des politiques ciblées.

- Enfin, la dernière grande difficulté résidait dans l'équilibre politique de la distribution des crédits. Si une région de gauche, par exemple, bénéficiait d'opérations de développement social pour trois de ces quartiers, il fallait apporter à une région de droite le même soutien. À la CNDSQ, nous nous sommes beaucoup battus pour éviter ce genre de dérive. Et, à l'époque, nous avons réussi à maintenir le cap. Est-ce que ça a été le cas par la suite ? Je ne peux pas l'affirmer. Pour la commission, il était prioritaire de partir des difficultés exprimées par les habitants sur leur territoire. Le rôle de la commission a donc été de suivre la transition vers la régionalisation des missions. Ceci rejoint le rôle d'animation et de mobilisation exprimé plus haut. Sur les quartiers proprement dits, des chefs de projet et des équipes opérationnelles ont été mis en place.

Une commission locale était chargée d'élaborer le projet, d'assurer les concertations ; de nouveaux métiers apparaissaient. La commission nationale était constituée de douze membres, en plus du secrétaire général et moi-même. Chaque chargé de mission avait un secteur horizontal comme l'école ou l'urbanisme, et une ou deux régions. Ils s'y rendaient très régulièrement pour voir la mise en œuvre des projets et visitaient un ou deux quartiers. À leur retour, des comptes rendus et bilans étaient élaborés puis l'information remontait à la commission interministérielle ou directement dans les cabinets, ceux-ci faisant redescendre les instructions. Les directeurs, les préfets de région étaient court-circuités, mais c'était très efficace. Des choses pouvaient être réglées dans un laps de temps de trois semaines à deux mois. À partir de 1984, des rencontres nationales ont été organisées sur différentes thématiques urbaines.

L'histoire n'a pas retenu ces rencontres et, pourtant, elles ont eu un impact important sur la cohérence et la dynamisation de la politique de la ville. L'une d'elles a eu lieu à Creil sur le thème « Quartier et urbanisme », une autre à Gennevilliers sur « L'école et le quartier », une à Grande-Synthe sur « L'emploi », à Valence sur « L'habitat » et à Bordeaux sur « La culture ». Chaque fois, le ministre venait, comme Paul Quilès* (ministre de l'Urbanisme) à Valence, et Jack Lang (ministre de la Culture) à Bordeaux. Ces rencontres étaient de véritables lieux d'échanges et de discussions. Chaque fois, entre 800 et 1 000 personnes y participaient (habitants, représentants des quartiers).

C'était une source de réflexion globale, d'échanges et d'informations assez extraordinaire, parce que ces habitants intervenaient à partir du terrain, disaient des choses très pertinentes, dont nous faisions la synthèse. Le ministre concluait en général, annonçant des mesures que nous avions préparées ensemble. À partir de ce matériau, un journal avait d'ailleurs été édité – *Ensemble* –, tiré à 6 000 exemplaires, et distribué à tous les responsables de quartiers et d'administrations.

Charles NAPOLEON (1950)

Docteur en économie de la Sorbonne, il commence sa carrière dans l'administration publique française, notamment comme chargé de mission à la DATAR, avant de se diriger vers le secteur privé de la finance. Centriste, il mène une carrière politique locale en Corse puis en région parisienne.

Paul QUILES (1942)

Polytechnicien, c'est un proche de François Mitterrand dont il dirige la campagne de 1981. Il sera député en charge des questions d'énergie (il a été ingénieur pour l'entreprise Shell jusqu'en 1978), puis d'urbanisme et d'aménagement du territoire. Il occupera le ministère de la Ville de 1983 à 1985, puis de l'Équipement et du Logement de 1991 à 1992, et enfin de l'Intérieur (1992-1993).

La politique de la ville : échec ou mission impossible ?

Au vu de nos résultats, il est légitime de se demander si la politique de la ville a été un échec ou une mission impossible. Personnellement, je dirais que ça n'a pas été un échec, mais que c'était peut-être une mission impossible. Cependant, si les pouvoirs publics n'avaient pas agi, la situation serait sans doute pire aujourd'hui.

Nous raisonnions et agissions comme si la société était immobile. Nos actions sur l'emploi, la formation, l'intégration devaient permettre de sortir les habitants de leurs difficultés, de vivre dans un quartier progressivement rénové. Mais pendant ce temps-là, le chômage, l'exclusion, la dégradation sociale se sont développés, et dans les quartiers arrivaient ceux qui ne pouvaient pas aller ailleurs. D'autre part, beaucoup d'habitants partaient pour accéder à la propriété, d'autres à cause de la délinquance, ou à cause de l'école.

Il faut se rappeler du contexte du début des années 1980 : le parti communiste est encore très fort et impliqué dans beaucoup d'associations ; ce parti a encore du pouvoir et évite l'explosion. Il est également une force de protestation et de proposition. Il y avait à l'époque, dans ces quartiers, des classes moyennes, des instituteurs, des cadres, des facteurs, etc. Tous ceux-là sont progressivement partis dès qu'ils ont pu. La dégradation sociale s'est donc accentuée. Le problème est là : nous sauvions peut-être dix personnes, il y en avait cent qui arrivaient, et ce problème n'est toujours pas réglé, malgré toutes les actions qui ont pu être menées. Nous avons finalement échoué quant au changement du tissu social, et peu de logements hors quartier ont été construits pour permettre des relogements.

De plus, les dispositifs manquaient de chefs de projet formés sur le terrain. Au début, des militants faisaient ce travail, mais ces pionniers se sont usés à la tâche, parce que se battre sur un quartier pendant longtemps – trois, quatre, cinq ans sans que rien ne change fondamentalement, malgré des réussites réelles mais peu significatives globalement – cela entraîne un découragement.

De plus, progressivement, la priorité a été donnée au bâti plutôt qu'aux causes de la dégradation. Pour un ministre, c'est bien de dire : « nous avions tant d'argent pour construire tant d'équipements et démolir tant de logements... ». C'est plus intéressant que d'annoncer que l'on va utiliser cet argent pour la formation des jeunes ou l'investir dans les aides sociales, dans l'intégration des immigrés.

Par ailleurs, il y a eu le problème de la coordination des actions publiques. Personnellement, je considère que tout habitant est unique et qu'il a besoin d'un interlocuteur unique pour une problématique précise. Il ne peut pas avoir cinq ou six interlocuteurs qui disent à peu près la même chose. Par exemple, plusieurs assistantes sociales (CCAS[2], circonscription d'action sociale, Éducation nationale, établissement médico-social...) peuvent suivre une même personne, et il est rare qu'elles arrivent à se concerter.

Ce n'est ici qu'un exemple parmi d'autres. Sur ce point, comme sur d'autres, nous ne sommes pas arrivés à mettre en cohérence les actions des différents intervenants. Ce problème de coordination des acteurs se rencontre également au niveau des municipalités des quartiers. Par exemple, le responsable des espaces verts et le responsable du nettoyage de quartier ne sont pas les mêmes personnes et ne relèvent donc pas du même service ni des mêmes élus : qui doit enlever les feuilles mortes ? C'est une vraie question qui s'est posée plus d'une fois. Tant que quelqu'un ne coordonne pas ce qui se passe sur le quartier, toute la gestion et l'animation restent compliquées. Nous ne sommes pas arrivés, à l'époque, à régler cet enchevêtrement des compétences et c'est encore loin d'être fait aujourd'hui. Les rapports de pouvoir des élus entre eux et des chefs de services entraînent un blocage lorsqu'on veut faire fonctionner les choses de façon optimale. Les habitants ne savent pas à qui s'adresser exactement : personne ne sait qui fait quoi, et, trop souvent, des petits problèmes qui pourraient être réglés en deux jours ne le sont que très longtemps après.

---

2 Centre communal d'action sociale.

Quoi qu'il en soit, nos exigences ont aussi entraîné des difficultés de pouvoir, au niveau même de l'État. La haute administration ne supportait pas le type d'actions que l'on menait. S'il n'y avait pas eu le poids politique de Matignon et de l'Élysée, la politique de la ville telle que nous la menions n'aurait pu être efficace. Dans la mise en œuvre des politiques nationales au niveau local, les rapports de pouvoir sont en effet quelque chose de terrible. Je l'ai constaté par exemple au moment des emplois-jeunes. Nous avons une des meilleures hautes administrations au monde. Les hauts fonctionnaires croient sincèrement à leur métier et au service public, mais ils ne croient, en général, ni aux élus locaux ni aux corps intermédiaires de l'État, parce qu'ils se placent dans une position de contrôle absolu. Dans le cas des actions de la CNDSQ, ces hauts fonctionnaires ne supportaient pas que l'on intervienne directement, sans intermédiaire. C'est l'une des raisons, mais non la principale, de la création du ministère de la Ville.

La difficile articulation des échelles

Dans la politique de la ville, la problématique agglomération-ville-quartier est également intéressante. À une époque, les politiques étaient "tout quartier". J'ai l'impression, parfois, qu'on pensait régler les problèmes des quartiers, mais sans continuité avec les politiques d'urbanisme, de transport et d'emploi au niveau municipal. Quand on est maire, l'équilibre est toujours difficile à trouver. Mais je crains aujourd'hui que l'on oublie parfois, dans les grandes politiques d'agglomération, les quartiers et principalement les problèmes sociaux qui s'y posent.

Aujourd'hui, la pédagogie du partenariat a été conservée, mais les acteurs de ces politiques au niveau local sont un peu usés, fatigués. Des acteurs de terrain ont été formés, mais cela demande une mobilisation constante, un État et des élus locaux très disponibles, ayant un rôle de mission et pas uniquement de gestion.

La mauvaise presse des quartiers

Ces quartiers, enfin, subissaient et subissent toujours un problème de lisibilité, de communication et, plus généralement, d'image. D'ailleurs, l'image que les médias en donnaient était bien plus négative que la réalité. Pour ma part, j'emmenais souvent des journalistes en déplacement. Ils voyaient des actions fonctionnant bien. Ils nous félicitaient. Tous étaient d'accord pour dire que la réussite était au rendez-vous, mais jamais un seul article ne paraissait. Pour eux, il n'y avait rien d'intéressant à dire. Par contre, dès qu'il y avait des incidents, on en entendait parler dès le lendemain.

L'image, dans la politique de la ville, c'est essentiel. Et au niveau des quartiers, elle est assez catastrophique. À la CNDSQ, nous n'avons pas vraiment trouvé de solution. Nous n'avons pas été performants sur ce point. C'était pourtant un élément capital. Je me souviens d'une discussion lors d'une campagne électorale avec une vingtaine de jeunes filles de 18 à 23 ans qui habitaient un quartier de grands ensembles. Nous leur demandions quels étaient leurs projets futurs. Cela se résumait à « se marier ou trouver un travail pour quitter le quartier ».

Enfin, il a manqué l'implication des Conseils généraux ainsi que des lieux de réflexion sur cette société en pleine évolution avec l'implication, notamment, des universitaires. Il aurait été, de toute évidence, très important qu'il y ait des contrats avec des universitaires pour réfléchir à la violence, à l'éclatement familial, à une multitude de sujets qui étaient au cœur des problématiques sur le terrain. À l'époque, il n'y avait pas de savoir-faire spécifique. Chacun inventait ce qu'il pouvait. C'était spontané et sympathique, mais une réflexion nationale aurait dû être envisagée sur les problèmes sociaux spécifiques aux quartiers prioritaires. Je reste convaincu que quelques progrès auraient pu être accomplis dans ce domaine : cela n'aurait pas résolu le problème du chômage, mais des outils plus performants auraient alors pu être mis en place.

L'alternance : une politique à poursuivre ?

En 1986, j'étais encore député-maire quand, suite aux élections législatives où la droite s'est imposée, le gouvernement de Laurent Fabius a démissionné, ce qui a donné lieu à la première cohabitation avec Jacques Chirac comme Premier ministre. À l'époque, la politique de la ville a été l'objet de nombreuses inquiétudes. Le débat était actif et beaucoup d'articles étaient produits sur le sujet de la continuation de cette politique. Alors à Valence, j'ai organisé une grande rencontre nationale avec 1 200-1 400 personnes, venant de tous les quartiers, des personnalités historiques de la politique de la ville comme Roland Castro, Gilbert Bonnemaison, etc., et également des élus de droite : les adjoints au maire de Toulouse, de Bordeaux, des maires de la région parisienne. Pendant deux jours, nous avons eu des débats en profondeur très intéressants, et une très bonne presse montrant que ce serait une très grande erreur de supprimer cette politique, suite à quoi le gouvernement l'a conservée.

Bibliographie

BONNEMAISON G., 1981, *Face à la délinquance : prévention, répression, solidarité*, rapport au Premier ministre.

DUBEDOUT H., 1983 (date de publication), *Ensemble refaire la ville,* rapport au Premier ministre du président de la Commission nationale pour le développement social des quartiers, La Documentation française, 122 p.

HERVO M., 2001, *Chroniques du bidonville, Nanterre en guerre d'Algérie*, Le Seuil.

SCHWARTZ B., 1981, *Rapport sur l'insertion professionnelle et sociale des jeunes,* rapport au Premier ministre.

L'EXPÉRIENCE DE L'URBANISME OPÉRATIONNEL AU SERVICE DE LA POLITIQUE DE LA VILLE

Patrice Dunoyer de Segonzac

Ce témoignage a été recueilli le 9 octobre 2008, à l'occasion du séminaire « Politiques de la ville : idéologies et réalité » qui s'est tenu à l'École nationale supérieure d'architecture de Paris – Val-de-Seine. La journée de séminaire s'intitulait « Les fondements idéologiques et scientifiques de la politique de la ville » ; y participaient également Rodolphe Pesce (témoignage précédent) et Sylvie Tissot (sociologue).

J'ai été, pour une part très importante de ma carrière, impliqué dans la politique de la ville à titres divers. Je vais ici parler de trois choses : décrire mon parcours professionnel pour situer ma place à l'intérieur de cette politique (et pourquoi cela m'a passionné) ; parler de la DIV[1] (depuis mon entrée à sa création en 1989, jusqu'au moment où je l'ai quittée en 1994) ; j'essaierai enfin modestement de tirer des conclusions, ou plutôt des interrogations, sur les problèmes que nous avons rencontrés pour mettre en place cette politique.

Un parcours autour des problématiques du logement social

J'ai commencé à travailler à la fin des années 1960 dans un bureau d'études qui s'appelait le BERU (Bureau d'études et de réalisations urbaines). C'était l'un des trois grands bureaux d'études qui, à l'époque, ont lancé les réflexions pour organiser un développement urbain sans précédent en France. En effet, depuis la fin des années 1950 jusqu'aujourd'hui, il s'est construit nettement plus de logements qu'il n'en existait à la fin des années 1950. Cette urbanisation, surtout dans les années 1970 où elle a culminé, a été un phénomène considérable. Il fallait donc s'outiller pour la comprendre et essayer de la contrôler, de la maîtriser autant que possible, et l'orienter. J'ai travaillé une dizaine d'années dans ce bureau d'études sur deux types de sujets : les documents d'urbanisme réglementaires qui sont devenus quelque

1 Délégation interministérielle à la ville, fondée en 1988.

chose de banal (tout le monde sait plus ou moins ce qu'est un SCOT[2] ou du moins un POS[3]). Nous avons lancé les premiers. Personnellement, j'ai réalisé l'un des premiers, qui portait sur des grands secteurs de la Basse-Seine. Cela s'appelait alors des schémas directeurs.

Puis, j'ai poursuivi sur des POS. Cette deuxième activité que je conduisais était assez différente. C'était ce que l'on appelle aujourd'hui de « l'assistance à maîtrise d'ouvrage » (AMO). On travaillait sur des grandes opérations d'aménagement, qui pour l'une d'entre elles, était une ZUP[4] de plus de 10 000 logements ; elle était conduite en régie directe par la ville elle-même. En ce qui me concerne, j'étais conseiller de la ville pour la conduite de cette opération.

Mon parcours m'a mené ensuite dans un deuxième bureau d'études : le CREPA. C'était une filiale de l'Union nationale des HLM. J'y faisais le même type de métier. Dans un premier temps, je n'ai travaillé que sur l'assistance à maîtrise d'ouvrage, sur des grands aménagements, mais cette fois-ci, davantage au profit des organismes HLM. C'était le milieu des années 1970, et nous sentions que la période de construction massive commençait à culminer. On pensait à l'époque qu'elle allait retomber, ce qui s'est d'ailleurs produit. L'objectif du délégué général de l'Union nationale des HLM, Robert Lion*, ancien directeur au ministère de l'Équipement, était de faire rebondir les organismes de logement social vers d'autres activités, et notamment des activités d'aménageurs, ce qui a été le cas pour un certain nombre d'entre eux. J'en ai pour ma part accompagné de façon très concrète. Je me suis donc assez rapidement intéressé aux problèmes des grands ensembles.

En France, le point culminant de la construction de masse se situe entre 1973 et 1975, mais on s'est rendu compte très tôt – du moins dans la haute administration – que des problèmes allaient se poser. Dès 1971-73, des groupes de réflexion ont commencé à se pencher sur ces questions et à alerter les politiques sur les difficultés que feraient surgir ces grands ensembles. Un coup de frein a donc progressivement été donné à ces opérations. On les a remplacées par des opérations de taille plus modeste en évitant de trop grandes concentrations. Il y avait néanmoins un effet d'inertie puisque des ZUP lancées à la fin des années 1950 ne se terminaient qu'à la fin des années 1970. Un chevauchement s'est donc produit.

2 Schéma de cohérence territoriale, mis en place par la loi Solidarité renouvellement urbain (SRU) en 2000 pour remplacer les schémas directeurs d'aménagement et d'urbanisme

3 Plan d'occupation des sols, créé par la Loi d'orientation foncière (LOF) en 1967 et remplacé par le plans local d'urbanisme par la SRU en 2000.

4 Zone à urbaniser en priorité, instituée en 1958.

Toujours en tant que consultant, je suis intervenu plus tard sur des opérations dites Habitat et vie sociale (HVS), qui furent les premières opérations d'intervention curative sur ces quartiers.

L'Union nationale des HLM a été cofondatrice de la Commission nationale pour le développement social des quartiers (CNDSQ) à travers une grande manifestation qui a eu lieu à la fin de l'année 1981 et dans laquelle les questions de la transition des quartiers de grands ensembles étaient posées assez clairement au Premier ministre et à un certain nombre de représentants du gouvernement. Je sentais donc ces problèmes évoluer, monter en puissance. À partir des années 1983-84, toujours dans le cadre du CREPA, j'ai joué un rôle de « trait d'union » entre l'union des HLM et la CNDSQ. Un groupe permanent de travail avait été constitué, groupe dans lequel nous nous retrouvions une à deux fois par mois pour réfléchir ensemble à cette politique et à ses conséquences sur le logement social, mais également à la manière dont il fallait que le secteur du logement social s'approprie cette politique.

Une petite parenthèse s'impose ici : il y avait une sorte de concurrence, à propos de ces quartiers, entre les organismes HLM et les pouvoirs publics. Cette concurrence n'était, à mon sens, pas très fondée pour les organismes HLM, mais elle provenait du fait que ces derniers estimaient qu'à partir du moment où ils avaient construit, géré au quotidien des ensembles de 3 000, 4 000, 10 000 logements sur le territoire d'une commune, ils avaient un rôle particulier. C'était eux qui répondaient à la fois aux questions et aux problèmes des habitants, de sécurité, de transport, de logement, d'entretien, etc. En somme, les organismes se sentaient légitimes, alors qu'ils percevaient l'intervention des pouvoirs publics comme une nécessité certes, mais également comme une compétition. Planait alors, du côté des pouvoirs publics et de l'opinion, une idée selon laquelle les bailleurs sociaux avaient mal fait leur travail et, par conséquent, la situation s'était dégradée dans ces quartiers. Je pense que les organismes HLM ont souvent été désignés comme les boucs émissaires des difficultés qui existaient parce que ce sont les plus voyants, et ils continuent d'ailleurs très largement à l'être. Ce sont eux qui gèrent les problèmes au quotidien et il est facile de les charger d'un certain nombre de difficultés avec lesquelles ils n'ont pas forcément à voir. Ils sont confrontés à des problèmes très difficiles. Ils se trouvent dans un système général, économique et social centrifuge : la population en difficulté est, de manière constante et très puissante, reléguée vers les parties les plus faibles du parc de logements.

Dans toutes les sociétés développées et plus particulièrement après les trente glorieuses, il y a eu un effet de ségrégation, de centrifugation des populations fragiles vers les maillons faibles du dispositif urbain.

Après avoir travaillé en relation avec la CNDSQ, lorsque la Délégation interministérielle à la ville fut créée fin 1989, j'ai demandé au délégué Yves Dauge* d'y entrer, et j'y ai passé un peu moins de cinq ans. J'ai ensuite quitté la DIV en 1994 pour rejoindre un programme qui s'appelait le « programme 50 quartiers ». Il s'agissait d'un programme orienté vers l'appui très concret d'un certain nombre de quartiers en difficulté. En 2000, j'ai rejoint le GIE Villes et quartiers, qui était une structure de réflexion sur ces questions. Et enfin, j'ai été conseiller du délégué général de l'Union des HLM, sur ces mêmes questions de politique de la ville.

Mise en place de la politique de la ville : expérience sensible de la Délégation interministérielle à la ville

Une fois posé ce parcours, je souhaite maintenant aborder la façon dont j'ai vécu la politique de la ville de l'intérieur, lorsqu'elle s'est mise en place fin 1989.

J'ai le sentiment qu'en arrivant au pouvoir, les socialistes, confrontés à un certain nombre de difficultés, se sont appuyés, plus ou moins volontairement, sur des petites structures très légères comme la CNDSQ, plutôt que de les faire prendre directement en charge par les administrations qui le sont traditionnellement, avec leurs pesanteurs, leurs habitudes. Ce même processus a été employé pour le secteur de l'emploi, pour des problèmes qu'on appelait *prévention de la délinquance*, qu'on appelle encore *sécurité*, avec, là aussi, une petite commission pilotée par un élu, le sénateur Gilbert Bonnemaison.

Une dizaine de structures extrêmement légères se sont donc trouvées en charge de la réflexion et de l'action sur des politiques qui jusque-là étaient les prérogatives des grandes administrations. La DIV a fédéré, au départ, trois unités : celle chargée du problème des quartiers en difficulté (CNDSQ), celle chargée de la prévention de la délinquance – le Conseil national de prévention de la délinquance (CNPD) – et celle chargée de donner une dynamique architecturale dans les quartiers inscrits dans le plan « Banlieue 89 ». Pour compléter, on a constitué et réuni au sein de la DIV, une quatrième équipe chargée des conventions ville-habitat, inspirées des programmes mis en place à la fin des années 1970 en direction des villes moyennes, pour les dynamiser.

La question traitée jusque-là par quatre unités différentes était alors prise en charge par une délégation interministérielle, dans un schéma plus classique de l'administration, avec un délégué interministériel, un fonctionnaire, et un rattachement politique direct au Premier ministre : Michel Rocard à l'époque. La DIV avait des moyens propres, une ligne budgétaire destinée à développer ses actions, mais aussi des lignes différentes qui, comme à l'époque de la CNDSQ, étaient issues et managées par différents ministères dont on souhaitait la contribution. Chacun de ces budgets était négocié avec chaque ministère. Il fallait donc obtenir de chacun qu'il distribue une partie de son budget pour l'affecter à la politique de la ville. C'est ainsi que, très souvent, ils voyaient avec beaucoup de regrets, leurs propres crédits affectés ailleurs. C'était une situation difficile, mais intéressante car elle nous permettait de discuter et de dialoguer avec chacune de ces administrations et de les convaincre de nos actions et de nos méthodes. C'était une sorte de pédagogie pour les administrations concernées.

Yves DAUGE (1935)

Urbaniste de profession, il est membre du parti socialiste. Il commence sa carrière dans des bureaux d'études proches du pouvoir central, comme le BERU ou le CREPAH, puis devient directeur général de la Fédération des PACT-ARIM.
À partir de 1982, il intègre la fonction publique en devenant coordinateur des grandes opérations d'architecture et d'urbanisme, puis directeur de l'urbanisme et des paysages au ministère de l'Équipement de l'époque. De 1988 à 1991, il occupe le poste de délégué interministériel à la ville et au développement social urbain.
À partir de 1989, il obtient des mandats électoraux sous la bannière socialiste, comme maire de Chinon (1989-2005), député (1997-2001) puis sénateur (2001-2011). Il est aujourd'hui conseiller spécial du Centre du patrimoine mondial à l'UNESCO.

Quoi qu'il en soit, quatre axes de travail découlaient des quatre équipes :

- Le premier axe, sans doute le plus important, concernait les quartiers en difficulté. La CNDSQ poursuivait la politique engagée.
- Le deuxième axe concernait la prévention de la délinquance. Là, se sont poursuivies dans un premier temps des politiques toujours basées sur les conseils locaux de prévention de la délinquance qui réunissaient des élus, des administrations et des professionnels.
- Le troisième axe concernait Banlieue 89. Quand Roland Castro a quitté la DIV, j'ai alors récupéré son équipe.
- Le quatrième axe, enfin, concernait les conventions « ville-habitat ». Elles étaient cogérées par une construction hybride composée de la DIV et du ministère de l'Équipement. L'idée de ces conventions « ville-habitat » venait du ministère de l'Équipement, à la fois parce qu'il continuait à se sentir investi par ces questions, et bien-sûr parce

qu'Yves Dauge, délégué interministériel à la ville, venait de l'Équipement : il avait été directeur de l'urbanisme et des paysages. Son adjoint direct, Georges Cavalier, était aussi un ingénieur général des Ponts et chaussées et venait de l'Équipement. La secrétaire générale du Comité interministériel pour les villes venait également de l'Équipement. Nous avions donc une équipe assez forte et compétente sur les questions urbaines.

Des obstacles relevant des forces d'inertie administratives et institutionnelles à lever

Je terminerai par les difficultés ou les questions qui se sont posées pour faire avancer cette politique de plus en plus centrée sur les quartiers en difficulté.

Une des premières questions posées, surtout au cours des premières années de la DIV, relève d'un problème sérieux qui n'a pas été perçu à l'extérieur : le fonctionnement et les moyens propres de la DIV. Ayant arraché au ministère de l'Équipement une part de ses compétences, puis transféré à une petite équipe d'une quarantaine de personnes la mise en œuvre de la politique de la ville, ce dispositif n'était pas perçu comme légitime, notamment par le ministère de l'Équipement qui était en charge, auparavant, de ces missions. De fait, la DIV n'avait pas les moyens propres de son fonctionnement puisque son budget courant était géré par ce même ministère de l'Équipement. Ce dernier, on l'aura compris, n'exprimait pas de motivation particulière pour l'existence de la DIV : il aurait même vu sans déplaisir ce nouveau « canard » disparaître ; c'est cela qui posait d'énormes problèmes. Je n'en citerai qu'un seul et sûrement pas le plus important : lorsque la DIV fut créée, Yves Dauge était directeur de l'administration centrale et sénateur. Il se comportait davantage comme un homme politique que comme un fonctionnaire traditionnel. Il sillonnait la France en proclamant : « Il faut y aller, il y a de l'argent ». Il y a donc eu très vite une forte demande pour la DIV. Or, cette dernière n'était équipée que d'un standard téléphonique pouvant recevoir 3 ou 4 appels simultanés alors qu'il en arrivait souvent entre 40 et 50. On ne pouvait pas joindre la DIV au téléphone et cela a eu un effet très négatif sur la perception des élus et des administrations. Il y avait d'autres problèmes tout à fait banaux : de crayons, de gommes, etc. On a également mis beaucoup de temps avant de recevoir les premiers ordinateurs. Bien que tout cela soit justifié par des raisons très classiques dans l'administration (des procédures lourdes pour obtenir le matériel), cela posait d'énormes problèmes de fonctionnement.

On pourrait encore parler de l'amalgame des équipes : elles existaient depuis plusieurs années[5] et avaient une grande latitude de fonctionnement. Or, compte tenu d'une montée en charge de ses missions, la structure a dû s'adapter au changement : bien que la DIV reste une administration légère, il fallait rentrer dans des procédures plus classiques et cela s'est fait très progressivement et assez difficilement les premières années.

Le second point, qui n'est pas étranger au premier, est que cette politique était interministérielle. Hubert Dubedout avait compris dès le départ qu'il fallait traiter les quartiers globalement, c'est-à-dire qu'il n'était pas utile de réhabiliter des logements HLM si, en même temps, on ne s'interrogeait pas sur la qualité scolaire des établissements qui se trouvaient à proximité, si on ne s'intéressait pas en même temps aux problèmes d'emploi, puisqu'on était dans des endroits où le chômage était considérable. Il a donc défini, dès le départ, l'idée d'une globalité des interventions, aussi bien pour l'appareil de l'État que pour les collectivités locales. Cette idée reste valable aujourd'hui.

En ce qui me concerne, entrer à la DIV était une façon passionnante de travailler avec des gens issus de toutes les administrations, avec des parcours différents et des façons d'aborder différemment les problèmes. Pour s'occuper des problèmes de délinquance, on retrouvait à la DIV des magistrats, des policiers, des commissaires de police, des gens de la police judiciaire. Pour s'occuper des quartiers, on trouvait des fonctionnaires de l'Équipement et du Logement ; comme on avait besoin de l'Éducation nationale, on trouvait des agrégés, des personnes de la DATAR[6] et de l'Aménagement du territoire, des Affaires sociales. Il y avait même un amiral qui se demandait un peu ce qu'il faisait là. Peut-être pour éviter le naufrage de la DIV qui n'a pas eu lieu… Quoi qu'il en soit, l'idée avait donc été poussée très loin : il y avait même des choses concrètes mises en place avec l'armée.

On pouvait imaginer que la réunion de ces gens, en général de grande compétence, serait passionnante. En réalité, cela n'a pas été le cas, à cause de la puissance des fortes cultures administratives en France. Il n'y a pas seulement une culture des hauts fonctionnaires issus de l'ENA ou d'autres écoles, il existe aussi une culture propre à chacun des ministères : on est administrateur civil aux Affaires sociales, ingénieur des Ponts à l'Équipement, etc., et l'on y fait la plus grande partie de sa carrière. Or, cette carrière est reconnue à l'intérieur de votre propre administration, et rien n'est fait pour vous amener à aller voir ailleurs comment ça se passe, etc., même si l'on tient aujourd'hui des discours différents.

Il y avait donc cette culture verticale très puissante, propre à chacune de ces administrations. Or, les quatre équipes dans la DIV traitaient chacune de

---

5 Cf. témoignage de Rodolphe Pesce dans la première partie de cet ouvrage.

6 Délégation à l'aménagement du territoire et à l'aménagement régional.

problèmes spécifiques ; on trouvait, d'un côté, les magistrats, les policiers à la prévention de la délinquance et, de l'autre, à Banlieue 89, les architectes (non fonctionnaires pour la plupart d'entre eux), etc. Cet amalgame nécessaire a donc été extraordinairement difficile à mettre en place. Les plus difficiles à intégrer ont sans doute été les fonctionnaires de l'Éducation nationale. Ils constituaient un microcosme très particulier, qui considérait qu'il ne pouvait pas recevoir d'ordres, malgré un manque de culture sur les questions de la politique de la ville. Ces personnes étaient en revanche précieuses pour établir la relation avec le ministère de l'Éducation nationale, qui ne voulait parler qu'avec ses homologues. Jamais l'Éducation nationale n'aurait accepté de discuter avec moi ou avec un fonctionnaire issu de l'Équipement, ni avec quelqu'un qui serait venu des Affaires sociales.

Cette difficulté réelle reflète à la fois la force et la faiblesse de l'administration française : sa force est d'être une administration très pointue, très performante dans son domaine spécifique ; sa faiblesse est d'avoir peu de capacité à travailler avec d'autres. Même si c'est très caricatural, on peut dire qu'à l'ENA, on ne vous apprend pas à travailler conjointement. On vous apprend à être le meilleur élève, à vous débrouiller, à écraser les pieds des gens qui risqueraient de passer devant vous au concours, mais pas à travailler avec les autres.

Un autre point important était bien sûr la question du rattachement politique de cette structure interministérielle. Pour les raisons que je viens d'évoquer, il était extrêmement compliqué de faire admettre aux différentes administrations, l'autorité d'une délégation interministérielle qui n'avait pas la puissance du ministère de l'Équipement. Tandis qu'il devait y avoir 30 000 personnes au ministère de l'Équipement, un million au ministère de l'Éducation nationale, nous n'étions pas vraiment pris au sérieux avec nos quarante salariés. On l'était seulement dans la mesure où le Premier ministre arbitrait. Néanmoins, les négociations préalables étaient extrêmement difficiles et complexes. Cette question reste posée d'ailleurs : à qui faut-il rattacher une administration ? Est-ce qu'il faut la laisser attachée au Premier ministre ? Est-ce qu'il faut, comme cela a été fait ensuite, la rattacher à un ministre spécifique, au ministre chargé de la ville ? Cela a été le cas avec Michel Delebarre et Bernard Tapie[7], pour le meilleur et pour le pire, et avec d'autres. Ensuite, on a lié le ministre chargé de la ville aux Affaires sociales. Un transfert s'est opéré petit à petit. Traditionnellement, la politique de la ville, c'était plutôt l'Équipement, aujourd'hui, c'est plutôt les Affaires sociales, et actuellement c'est en train de repartir vers un ministère qui réintègre l'Équipement, l'Environnement et d'autres questions. En tout cas,

7 Michel Delebarre et Bernard Tapie ont été ministres de la Ville dans les années 1990 (voir liste des ministres de la ville dans cet ouvrage, p. 83).

toute la difficulté de l'exercice interministériel est apparue dans l'existence de cette politique.

Je terminerai en disant qu'au fond, on peut tirer des tas d'enseignements, mais peu de conclusions – sinon très provisoires – sur ces politiques. Rodolphe Pesce le dit dans ce livre : est-ce que le morceau n'était pas trop gros pour pouvoir le traiter, et une équipe comme la CNDSQ ou la DIV pouvait-elle l'absorber ? Je crois que c'est un problème posé à l'ensemble de la société. C'est un problème sur lequel il faut mobiliser, non pas une équipe de quarante personnes, mais la totalité des administrations, des collectivités locales, ainsi que des moyens très conséquents. Je pense qu'effectivement, le morceau était gros. Je pense qu'il a toujours été difficile d'en tirer des conclusions imparables, même s'il y a eu des velléités à de très nombreuses reprises, et que cette politique a été évaluée plus que n'importe quelle autre politique de l'État. On ne peut pas tirer de conclusions imparables sur des phénomènes principalement sociaux, d'agrégation, de vivre ensemble, etc. Comment mesurer cela ? C'est extrêmement difficile. On peut le mesurer en partie en évaluant l'évolution de la délinquance, la paix sociale, la réussite scolaire, etc., mais il faut malgré tout constamment se réinterroger sur un problème qu'on ne réglera jamais totalement. Pour répondre à cette interrogation formulée par des fonctionnaires ou des citoyens : « Ça fait trente ans que l'on mène cette politique, et les problèmes ne sont pas réglés, qu'est-ce que vous foutez ? », je leur dis : « C'est absurde. Vous pouvez peut être dire ça pour une politique de l'emploi. Le jour où le plein emploi est réalisé vous pouvez en effet retirer les dispositifs. Mais pour une politique de la ville, une politique qui s'adresse au fonctionnement de la société, vous n'avez jamais terminé votre mission. » Cette mission se poursuivra de manière prolongée, si toutefois on arrive à contenir les difficultés dans ces quartiers.

LES FONDEMENTS IDÉOLOGIQUES DE LA POLITIQUE DE LA VILLE

Grégory Busquet et Émilie Saint-Macary

Depuis la fin des années 1970, les problèmes de ségrégation et d'exclusion ont été constitués en problème public, amenant à la mise en place de la politique de la ville à la fin des années 1980. La logique de cette politique est de réduire les écarts socioéconomiques entre des territoires désignés comme prioritaires et leur environnement. De nombreuses mesures ont depuis été appliquées pour lutter contre la concentration de la pauvreté, considérée comme à l'origine de la spirale de dégradation de ces quartiers et des problèmes de gestion qui lui sont liés. Depuis les premiers dispositifs mis en œuvre dans le cadre de cette politique, il s'est agi d'instaurer davantage de mixité sociale, mais aussi d'intervenir sur le bâti en luttant contre l'enclavement des quartiers rénovés, de résorber le chômage en attirant les entreprises et en favorisant l'emploi dans ces zones, et enfin de lutter, par diverses mesures, contre l'insécurité.

Néanmoins, force est de constater que les résultats n'ont jamais été à la hauteur des espérances. Le rapport Goulard-Pupponi de novembre 2010 établit un bilan très négatif des mesures mises en œuvre : *« Si l'on considère les objectifs de la loi du 1er août 2003, formulés en termes de réduction des inégalités sociales et des écarts de développement, il faut admettre que la situation actuelle n'est dans l'ensemble pas meilleure qu'en 2003. La pauvreté et le chômage demeurent dans les quartiers sensibles à des niveaux élevés, sans amélioration réelle par rapport au reste du pays. Les résultats scolaires en ZUS accusent un retard important par rapport aux moyennes nationales, qui n'a pas été comblé, même partiellement, ces dernières années ; certaines données peuvent même être interprétées comme la preuve d'un « effet quartier » négatif : pour un environnement social et culturel donné, un élève résidant en ZUS aurait moins de chances de réussir qu'un élève résidant hors ZUS. Par ailleurs, les écarts de « pouvoir d'achat » entre les communes, exprimé en termes de potentiel financier, n'ont pas été réduits ces dernières années et ont même connu un léger accroissement. »* (Goulard, Pupponi, 2010)

Au-delà de l'écart entre les résultats et les objectifs de la politique de la ville, on peut légitimement s'interroger sur les objectifs eux-mêmes, ainsi que sur leur évolution, ce qui revient à la fois à effectuer un retour historique sur cette politique, mais aussi à questionner les cadres normatifs qui l'ont guidée depuis maintenant près d'une quarantaine d'années. Il s'agit également d'explorer les systèmes de valeurs des acteurs de cette politique et de s'interroger sur les représentations des rapports entre territoire et société, qui guident l'action publique en France depuis plusieurs décennies. Ces représentations pourront, on peut en gager, éclairer les résultats relatifs de cette action publique, voire expliquer l'évaluation négative de ces résultats au regard de ses objectifs.

Nous pouvons ainsi nous demander si les différents dispositifs de la politique de la ville, malgré leurs dénominations différentes en fonction des alternances gouvernementales, ne découleraient pas tous des mêmes idéologies et des mêmes représentations. Pour vérifier cette hypothèse, nous reviendrons sur plus de trente ans d'application de cette politique territorialisée en retraçant ses fondements idéologiques (1). Puis, nous centrerons notre propos sur la mise en place de l'ANRU[1], en observant les ruptures et les continuités qu'elle a entraînées avec les dispositifs qui la précèdent (2).

Plus de trente ans d'idéologies urbaines et de politiques publiques : des grands ensembles à la politique de la ville

La littérature foisonne sur les causes de la mise en place de la politique de la ville ainsi que sur la conception des grands ensembles qui deviendront l'objet de cette politique. Rappelons simplement que la politique de la ville est mise en place après l'arrivée de la gauche au pouvoir national en 1981. Il s'agit alors d'une politique multi-ministérielle qui vise essentiellement à gérer les quartiers de grands ensembles construits en France pendant les trente glorieuses[2], qui subissent alors une dégradation physique et socio-économique effective et ressentie. Ces grands ensembles, répondant à l'urgence de la crise du logement des années 1950-1960, et faisant la fierté des constructeurs, des premiers habitants et de leurs architectes armés des intentions et parti pris de la Charte d'Athènes (Bachmann, Le Guennec, 1995), voient leur image évoluer rapidement. À partir de la fin des années 1960, les médias, les analystes et certains sociologues se font ainsi l'écho du « mal des banlieues » identifié à la « sarcellite » ou autres psychoses induites par un espace uniformisé et l'« ennui » qui y règne : des difficultés apparaissent liées à la cohabitation entre différentes classes sociales (Chamboredon, Lemaire, 1970) et le constat est posé d'un mécontentement

1 Agence nationale pour la rénovation urbaine, créée en 2003.

2 Les « grands ensembles » sont de grands projets de logements à faible coût, construits de façon volontaire par l'État, dans la période de croissance économique et de pénurie de logements, à partir des années 1950 jusqu'aux années 1970 (Dufaux, Fourcaut, 2004).

engendré par le manque de services, d'infrastructures de loisirs, ainsi que par l'organisation fonctionnaliste et rationnelle de l'espace (Lefebvre, 1960).

Ces quartiers, pourtant conçus selon une idée de mélange des classes sociales dans une perspective visant à « tirer la classe ouvrière vers le haut » (en matière de modèles culturels et de modes de vie), seront progressivement désertés par les couches moyennes, encouragées par les politiques publiques et désireuses d'accéder à la propriété. À partir des années 1980, les discours sur le « ghetto » commencent à se diffuser pour caractériser ces quartiers perçus comme des concentrations de pauvreté (Tissot, 2007). Le début des années 1980 est également marqué par les premières émeutes de banlieue, qui ont lieu à Vénissieux dans la banlieue lyonnaise (ou du moins, par une couverture médiatique et politique sans précédent de celles-ci).

Si l'on peut en voir les prémices dès les années 1970[3], la politique de la ville naît réellement dans ce contexte, pour s'institutionnaliser par la suite[4].

Après une période de mise en place et d'expérimentations dans les années 1970-1980, le renforcement financier et institutionnel de cette politique dure jusqu'au Pacte de relance sur la ville de 1996, sous le gouvernement d'Alain Juppé (création des ZUS, des ZRU et des ZFU[5]).

Or, depuis ses origines dans les années 1980, la politique de la ville est divisée en plusieurs volets (Dubedout, 1983). Si leur importance respective diverge selon les commentateurs et les époques, nous pouvons les regrouper en trois grandes catégories[6] : la première, qu'on peut qualifier de volet policier, consiste en une action, tantôt davantage répressive, tantôt préventive, ciblée sur les populations dites « à problèmes » ; cette action a vocation à contrôler la criminalité dans ces quartiers. Un volet socio-économique dans lequel l'accent est mis sur l'éducation, les services publics,

3 Circulaire du 21 mars 1973 du ministre de l'Équipement Olivier Guichard, destinée à lutter contre la ségrégation par l'habitat et mettant fin à la construction des grands ensembles ; premiers programmes Habitat et vie sociale en 1977.

4 En 1983 est mise en place la mission « Banlieue 89 » confiée par le président François Mitterrand aux architectes Roland Castro et Michel Cantal-Dupart, destinée à « retisser » la banlieue et à désenclaver les grands ensembles ; la même année est mis en place le Conseil national de prévention de la délinquance (CNPD) ; en 1986 est créée la Commission nationale pour le développement social des quartiers (CNDSQ). Ces trois instances sont ensuite réunies dans une « Délégation interministérielle à la ville » (DIV) en 1988 puis dans un « ministère de la Ville » en 1991, après de nouvelles émeutes en 1990. Ce ministère, d'abord confié à Michel Delebarre puis à Bernard Tapie, sera par la suite, tour à tour, ministère ou secrétariat d'État en fonction des gouvernements successifs et de leurs priorités.

5 Respectivement zones urbaines sensibles, zones de redynamisation urbaine, zones franches urbaines, destinées à attirer les entreprises et à aider l'emploi dans les quartiers de grands ensembles périphériques par différents systèmes de détaxations fiscales. Ces zones n'existent officiellement plus depuis 2015 et la simplification de la géographie prioritaire. Elles ont été remplacées par les « quartiers prioritaires ».

6 D'autres typologies existent selon les auteurs (social – dont policier –, économique et spatial, social et spatial, etc.).

l'exonération fiscale pour les entreprises afin d'encourager l'emploi. Le dernier volet se concentre sur les aspects proprement urbains et spatiaux. L'objectif est alors de parvenir à relier physiquement et urbanistiquement ces quartiers périphériques aux centres-villes, et à améliorer le cadre de vie[7].

Le leitmotiv récurrent, depuis les années 1980, est de redorer l'image des quartiers. Il s'est agi, par exemple, de chercher à freiner le départ des couches moyennes en menant des actions pour rendre ces lieux plus attrayants et plus sûrs (aussi bien pour les habitants que pour les entreprises et les investisseurs). Un autre leitmotiv a porté sur le volet policier : il fallait réinscrire ces quartiers dans la République, en y rétablissant l'ordre (policier, parental, scolaire, etc.).

Néanmoins, analyser un type d'action publique territorialisée comme la politique de la ville, réfléchir à ses présupposés idéologiques et évaluer ses résultats – effectifs et attendus – implique de penser la place de l'espace dans les représentations politiques, celles des différents acteurs impliqués, et de raisonner en termes d'idéologie urbaine[8]. Penser en ces termes revient à suivre l'idée selon laquelle l'espace urbain est un produit et un enjeu politiques (Lefebvre, 1973), c'est-à-dire un support et un objet de visions sociales et de stratégies antagonistes, un support et un objet de l'action publique, ou encore un support et un objet du pouvoir et de la domination. Autrement dit, nous partons du principe qu'il s'agit d'un espace instrumentalisé à des fins sociales et selon une vision du monde particulière : tel qu'il est et tel qu'il devrait être. Nous nous intéressons ainsi aux idées des acteurs et aux représentations contemporaines qui considèrent l'espace comme un instrument pour le changement social (Busquet, 2007b), mais également à celles qui leur sont liées, de participation et de mixité résidentielle. Ces trois cadres guident en effet la politique de la ville depuis ses origines et, au-delà, toute l'action publique urbaine depuis plusieurs décennies en France. Il conviendra donc de s'intéresser aux forces d'inertie de ces idéologies ou à leurs transformations éventuelles ainsi qu'à leurs impacts tant sociaux que spatiaux.

7 Ces trois volets se retrouvent dès l'origine de la politique de la ville au sein du CNPD (volet policier), de la CNDSQ (volet socioéconomique) et de la mission « Banlieue 89 » (volet spatial). Voir les témoignages de Rodolphe Pesce et Patrice Dunoyer de Segonzac dans cet ouvrage.

8 Nous comprenons ici l'idéologie au sens de Karl Mannheim, revu par François Châtelet, Raymond Aron et Joseph Gabel, comme système collectif de représentations de la réalité, transmis et diffusé, servant des intérêts particuliers tout en s'opposant au changement – au contraire de l'utopie – bien qu'étant parfois orienté vers l'action.

Idéologies de la politique de la ville, acteurs et évolutions

L'idéologie spatialiste dans l'action publique

L'idéologie spatialiste, étudiée par un certain nombre d'auteurs (Chalas, 1997, Garnier 2001, Busquet 2007b), postule un lien causal et mécanique entre l'espace et la société, un déterminisme spatial sur l'activité sociale et les faits sociaux (les problèmes sociaux, quels qu'ils soient, étant considérés comme induits par un mauvais espace). L'alternative semble alors toute trouvée : pour résoudre les problèmes sociaux, il suffit d'agir sur l'espace. Cette idéologie[9] concerne notre objet à double titre, puisque d'une part, elle a été à l'origine de la conception des grands ensembles, et que, d'autre part, elle parcourt la politique de la ville censée résoudre les problèmes qui leur sont inhérents.

Dans les années 1950-1960, cette idéologie accompagne le volontarisme de l'État gaullien, désireux d'intervenir dans le secteur de la construction de manière à résoudre la crise du logement, les problèmes des bidonvilles, mais aussi de moderniser la société. Ce volontarisme politique et ce projet urbanistique se marient bien avec les théories fonctionnalistes de la Chartes d'Athènes qui entendent créer de nouveaux modes de vie par une nouvelle architecture. L'idéologie, en dépit de l'acception courante, peut ici se comprendre au sens d'Habermas, en tant que liée à la modernité (Habermas, 1968). Cette modernité concerne ici le logement et la ville : l'idéologie passe par la technique (constructive) et la ville comme déterminant toutes deux l'évolution de la société (Castells, 1972). Dans une société prospère comme celle des trente glorieuses, l'idéologie spatialiste intègre les idées du progrès technique et architectural, la création de nouveaux modes de vie, et celles du confort moderne et du logement pour tous.

A partir des années 1970, cette idéologie change de contenu dans l'action publique française. Elle se transforme dans les revendications portées notamment par les mouvements sociaux urbains et la deuxième gauche[10], mais aussi au sein des politiques du *cadre de vie* mises en place sous la

---

9 Dans le cas des régimes totalitaires ou coloniaux, cette idéologie a même été poussée à l'extrême : pour transformer la société, – aboutir à « l'homme nouveau » ou briser les repères culturels avant d'en imposer de nouveaux –, il suffisait d'abord de transformer son espace, voir par exemple les travaux de Robert Jaulin (*La Paix blanche*, 1970), de Pierre Bourdieu et Abdelmalek Sayad sur l'Algérie (*Le Déracinement*, 1964) ou d'Anatole Kopp sur l'URSS (*Ville et révolution*, 1972).

10 Constituée notamment du parti socialiste unifié (PSU), de la CFDT (Confédération française démocratique du travail), des GAM (groupes d'action municipale), etc. qui ont la particularité de constituer, depuis les années 1960, une nébuleuse de gauche non marxiste, non jacobine, et se revendiquant, à l'époque, de l'autogestion.

présidence de Valéry Giscard d'Estaing. En réaction aux approches essentiellement quantitatives de la période gaullienne, la droite giscardienne et la deuxième gauche rocardienne développent ainsi des discours et arguments plus qualitatifs basés sur les thématiques du cadre de vie et de la qualité de vie notamment. Par ailleurs, les mouvements sociaux urbains, dans lesquels certains ont cru déceler la poursuite du mouvement ouvrier (Castells, 1972), ne concernent plus, ou de moins en moins, les couches populaires, mais de plus en plus les couches moyennes urbaines, par qui ils sont dorénavant essentiellement portés (Dagnaud, Mehl, 1981 ; Bidou - Zachariazen, 1984). Ces nouvelles formes de luttes concernent la qualité de la vie dans la ville et, bientôt, l'écologie politique urbaine.

En 1974, une bonne partie de la deuxième gauche intègre le nouveau parti socialiste, et ses idées influencent la décentralisation et surtout la politique de la ville que les socialistes mettent en place après leur accession au pouvoir national (Développement social des quartiers (DSQ), Banlieue 89, contrats de ville). Les membres de cette deuxième gauche investissent même les groupes de travail « Habitat et vie sociale » mis en place au début des années 1970.

À ses débuts, dans les années 1980, la politique de la ville est alors le fait d'une petite équipe de hauts fonctionnaires, d'experts issus de l'École des ponts ou de l'ENA, d'élus locaux, d'associatifs et d'architectes, à qui le pouvoir confie le « retissage » de la banlieue (mission Banlieue 89). Ces hommes de l'art et ces hauts fonctionnaires sont mêlés à des acteurs issus du mouvement social. D'un point de vue idéologique, la politique de la ville naît donc d'une pénétration des idées contestataires dans l'appareil d'État depuis les années 1970.

À l'époque, on s'accorde pour renvoyer les problèmes sociaux à l'existence de ces grands ensembles, à l'ennui et à l'inadaptation de l'habitat. Les premiers sociologues urbains français, comme Henri Lefebvre, ont très tôt participé à cette critique des grands ensembles (Garnier, Goldschmidt, 1978, Busquet, 2007a, 2009). La sociologie urbaine commence même à se développer en France autour de cette thématique. Dans les années 1970, aux côtés de cette nouvelle gauche et des mouvements sociaux urbains qui fleurissent, elle participe à introduire la question du cadre de vie dans la politique française. Cette notion marque avant tout un changement d'échelle de l'idéologie spatialiste : il ne s'agit plus de promouvoir la *tabula rasa* à grande échelle ou de changer la ville dans sa globalité, il faut agir et gérer ce cadre de vie à une échelle modeste, celle du quartier, de l'îlot, de l'immeuble, pour résoudre les problèmes sociaux dans la ville, désormais axés sur le voisinage et le quartier, voire l'individu et la famille (Busquet 2007a). Ce changement d'échelle d'appréhension du fait urbain et des problèmes sociaux est d'ailleurs présent dans les sciences sociales aussi bien que dans le domaine politique et de l'action publique. Comme le déclare Philippe Genestier, l'échelle du quartier devient ainsi, dès les années 1970, l'échelle pertinente d'appréhension de la ville et de l'action publique (Genestier, 1999).

En somme, la critique de l'urbanisme autoritaire a conduit à une autre forme de déterminisme, à une échelle plus fine. En faisant de l'espace local un enjeu en l'assimilant à la question sociale, cette idéologie urbaine a entretenu l'idée selon laquelle l'espace bâti constituait l'instrument essentiel du changement. Elle a du même coup participé à redéfinir les identités collectives en fonction des milieux de vie des populations (habitants des bidonvilles, des grands ensembles, etc.), ce qui a logiquement conduit à l'idée d'une « exclusion sociale » de certains quartiers, élaborée par la sociologie tourainienne et analysée, entre autres, par Sylvie Tissot (Tissot, 2007), et donc à renforcer l'idée de la nécessité d'une politique de la ville exclusivement consacrée aux banlieues. Ce faisant, l'espace n'est plus simplement perçu comme le support et le terrain des politiques publiques ou de leurs contestations, mais acquiert un statut de première importance socialement et politiquement.

La politique de la ville, d'Habitat et vie sociale (HVS) à l'ANRU, consiste en effet à localiser les problèmes sociaux pour tenter de les résoudre, le plus souvent par l'action sur l'espace. Elle cible les quartiers et les populations dits à problèmes. Elle opère par localisation et spatialisation des problèmes sociaux. Cet aspect est renforcé par la notion même de *géographie prioritaire* utilisée pour désigner ces quartiers dans l'action publique. Si ces faits ont été récemment remis en cause par le rapport Hamel-André (Hamel, André, 2009)[11], la politique des quartiers prioritaires est bel et bien toujours en cours, même si son zonage se veut dorénavant plus souple, dans une optique de simplification de l'action publique. C'est ainsi que l'État cible les quartiers et les populations problématiques, en participant du même coup à leur stigmatisation.

L'autre aspect spatial de la politique de la ville, c'est bien sûr son troisième volet : le renouvellement urbain, l'amélioration de l'habitat, les rénovations, les démolitions de barres et de tours, etc. Mais qu'elle agisse sur la transformation spatiale ou non, la politique de la ville spatialise depuis plus de trente ans les problèmes sociaux, et l'émergence de l'intérêt pour le cadre de vie par la nébuleuse d'acteurs identifiés y est pour beaucoup. L'espace local devient alors un enjeu de transformation sociale et ceci est légitimé, d'une certaine manière, par l'injonction à la participation attachée à cette politique.

---

11 Ce rapport sorti en septembre 2009 propose « une conception rénovée de la politique de la ville » en passant « d'une logique de zonage à une logique de contractualisation ».

De l'autogestion à la participation

Les acteurs qui permettent ce changement d'échelle de l'idéologie spatialiste en France (deuxième gauche, acteurs des mouvements sociaux urbains et sociologues urbains marxistes) en appellent, dans les années 1970, à l'autogestion urbaine, c'est-à-dire au droit, pour les habitants, usagers et citadins, à décider eux-mêmes de leur cadre de vie, de sa transformation et de sa gestion. Dès les années 1960, c'est la prise en compte des aspirations et désirs des habitants et usagers, et donc, de leur parole qui est prônée.

Le droit à la ville que théorise Henri Lefebvre en 1968 (droit à la centralité, à l'appropriation et à la participation et à l'information des habitants) et l'*autogestion de la vie urbaine* (Lefebvre, 1970) comptent d'ailleurs parmi les mots d'ordre qui investiront les luttes urbaines mais aussi la pensée politique de la gauche institutionnelle pendant la décennie suivante.

Cette idée de participation se développe en réponse à l'urbanisme de la période précédente – à savoir celui du gaullisme technocratique et dirigiste. Les tenants de l'autogestion urbaine et de l'animation dans les quartiers de grands ensembles (Fourcaut, 2003) participent alors à la résistance contre les politiques publiques. Dès lors, la notion de participation aux décisions, à l'aménagement et à la gestion urbaine se développe concomitamment à celle de cadre de vie.

Au cours des années 1970, les gouvernements successifs de droite font le choix de s'appuyer de plus en plus sur la participation des citadins et de revenir à un urbanisme qualitatif et à taille humaine. Ils rompent ainsi avec la période précédente, et récupèrent les mots d'ordre du mouvement social. Dans la foulée, les premiers programmes HVS sont engagés. Ils sont destinés à améliorer la vie sociale dans les cités de grands ensembles. Ces procédures sont censées « re-socialiser » les grands ensembles par l'animation et la participation.

Le passage de l'autogestion urbaine (contrôle des loyers, cogestion habitante, participation aux décisions d'aménagement et à la gestion urbaine) à l'unique participation marque une dé-radicalisation des idées des acteurs qui utilisèrent tour à tour ces notions (Busquet, 2007b). L'idée de la participation consiste ici à prendre en compte la parole et les aspirations habitantes pour résoudre les problèmes sociaux et urbains ciblés. Selon les propres mots d'Hubert Dubedout, dans son rapport fondateur, la participation nécessaire à la politique de la ville est même censée répondre « aux conflits latents ou ouverts » (Dubedout, 1983, p. 35) au sein de la population des quartiers et aurait donc comme objectif affiché la pacification sociale.

Les études, les rapports et les enquêtes se multiplient aujourd'hui pour montrer que, dans les opérations de rénovation urbaine, la concertation et la participation, pourtant hérissées au fronton de l'action de l'ANRU, restent bien souvent lettre morte[12]. On est désormais bien loin de l'idéal autogestionnaire des années 1970. Il n'existe plus guère d'acteurs de cette politique pour parler d'autogestion aujourd'hui. Mais il est vrai que cette évolution idéologique dépasse la politique de la ville. La participation des habitants semble devenue un leitmotiv de l'action publique, néanmoins de plus en plus vidé de son sens. Cette participation, lors des opérations de rénovation urbaine et de relogement, se résume par exemple souvent à de l'information ou, au mieux, à une consultation. Force est de constater qu'elle disparaît progressivement du projet urbain malgré l'insistance des divers rapports d'évaluation pour la remettre au premier plan. Ceci renvoie sûrement à un problème inhérent à la pratique du projet urbain en France qui peine à s'accommoder des opinions et des attentes des habitants, du fait de la force d'inertie des cultures professionnelles, mais aussi du manque de méthodologie et d'outils disponibles (Bacqué, Rey, Sintomer, 2005). Gageons toutefois que le récent rapport Bacqué - Mechmache, qui promeut l'*empowerment* et le *pouvoir d'agir* des habitants des quartiers dans une démarche de codécision pourra faire bouger les lignes (Bacqué, Mechmache, 2013).

Quoi qu'il en soit, l'animation des quartiers, qui était l'un des buts de la politique de la ville, rattrapée par l'individualisation de l'action sociale, ainsi que l'autogestion ont laissé la place à une gestion des quartiers de grands ensembles par les « spécialistes » (élus, architectes, chargés de mission, chercheurs), alors que la participation et l'animation sont renvoyées au monde associatif ou aux revendications des habitants eux-mêmes, lorsqu'elles ont lieu. Elles sont toutefois toujours mises en avant.

L'ANRU, entre ruptures et continuité avec les différents dispositifs de la politique de la ville

La dernière idéologie inhérente à la politique de la ville est celle de la mixité sociale. Nous l'avons vu, dès la conception des grands ensembles dans les années 1960-1970, l'idée de mixité sociale était présente : ces ensembles d'habitation devaient permettre le mélange des classes moyennes et des ouvriers. Ensuite, selon le même schéma de pensée consistant à croire

12 Voir par exemple les travaux de Jacques Donzelot ou d'Agnès Deboulet sur cette question, la note sur la participation des habitants du comité d'évaluation et de suivi de l'ANRU datant de juin 2006, ou encore le rapport du même CES de l'ANRU *Les quartiers en mouvement. Pour un acte 2 de la rénovation urbaine*, La Documentation française, 2011.

en la cohabitation harmonieuse des classes sociales, destinée à apporter des bénéfices partagés, la politique de la ville a, depuis les années 1980, cherché à stopper le départ de ces couches moyennes, sans résultats probants[13], l'amélioration du cadre de vie et de l'habitat et les rénovations n'arrivant pas à endiguer le départ de ceux qui cherchaient à fuir ces quartiers de plus en plus stigmatisés socialement.

Aujourd'hui, il s'agit de faire revenir ces classes moyennes. Si l'idée de participation semble passer au second plan, le spatialisme et la mixité, idéologies déjà présentes lors de la conception des grands ensembles, demeurent au premier plan de la politique de la ville tout au long de son histoire. Ceci peut s'expliquer par la présence d'acteurs qui les ont portés, mais aussi, certainement, par leur aspect consensuel, voire opérationnel, contrairement à l'idée d'un urbanisme participatif.

La mise en œuvre de l'ANRU, depuis la loi Borloo du 1er août 2003, s'est accompagnée d'un discours général prônant la rupture avec les outils antérieurs de la politique de la ville. Les textes et analyses visent à présenter la nouvelle agence comme un changement radical avec les dispositifs précédents, accentuant ainsi les espoirs de changements, jugés jusqu'ici insuffisants. Cette idée est retranscrite dans un certain nombre de rapports ou documents de planification : la rénovation urbaine doit incarner « *la rupture par rapport aux outils antérieurs de la politique de la ville. Dans les méthodes d'abord, par la mise en place d'une logique de guichet unique. Dans la nouvelle dimension des moyens mis en œuvre ensuite, grâce à une mobilisation programmée et contractualisée des contributions financières de l'État et de ses partenaires* » (Dallier, Karoutchi, 2006, p. 5). Il s'agit d'ailleurs, toujours selon la logique spatialiste, mais radicalisée, « *d'amplifier et d'accélérer la transformation urbaine des quartiers et de l'élargir à un plus grand nombre de quartiers* » (Union sociale pour l'habitat, 2006, p. 17). Le rapport du Sénat de 2006 attribue également à la nouvelle agence un rôle nouveau de réformateur qui se démarque des actions engagées jusqu'ici.

Dans un discours d'évaluation du 19 juillet 2005 aux assises de la ville, c'est l'idée de la rupture que le ministre de la Ville, Jean-Louis Borloo, met à nouveau en avant pour témoigner de l'efficacité du dispositif : « *L'existence de ce « guichet unique » a d'ores et déjà profondément modifié la donne : l'ANRU joue le rôle d'un véritable accélérateur et les maires, qui ont trouvé là un outil à la mesure de leur dynamisme, ne se sont jamais autant mobilisés.* » S'il a réalimenté les discours politiques, cet argument fut également appuyé par des recherches scientifiques. Les travaux de Renaud Epstein évoquent en effet la mise en place de la loi Borloo comme un moyen affirmé de sortir la politique de la ville du cadre contractuel dans lequel elle

---

13 Voir, encore une fois, le CES de l'ANRU, *Les quartiers en mouvement. Pour un acte 2 de la rénovation urbaine*, La Documentation française, 2011.

s'inscrivait depuis son origine (Epstein, 2008). Selon lui, c'est aussi une façon de modifier les politiques des agglomérations en profondeur. La rupture se situerait donc dans les modes d'action de l'ANRU, qui tournerait le dos de façon radicale à une logique de projet territorial et de contrat global. Philippe Méjean évoque également la mise en œuvre de l'ANRU comme signifiant « *la mort de la politique de la ville* » (Méjean, 2003).

Ces analyses sont cependant contrebalancées par d'autres travaux scientifiques qui s'appuient au contraire sur la continuité pour caractériser les dispositifs et modes d'action de la rénovation urbaine, affirmant que la mise en place de l'ANRU serait davantage marquée par les « permanences » avec les outils précédents que par les changements (Legarrec, 2007 ; Bonneville, 2004). Dans cette perspective, Christine Lelévrier met en exergue plusieurs types de continuité[14] au cours des trente dernières années, concernant non plus les dispositifs mais le contenu de l'action : d'abord la mise en avant croissante de l'objectif de mixité sociale et les préoccupations existantes autour de la vie quotidienne des habitants des quartiers qui apparaissent dès le rapport Dubedout (1983). Les permanences du zonage, de l'action physique et des dispositifs d'évaluation qui cherchent à mesurer la réduction ou l'augmentation des écarts sociaux sont également mises en avant. En somme, la démolition, la réhabilitation et la résidentialisation ne voient pas leurs premières applications dans le cadre du nouveau dispositif de l'ANRU[15].

D'un côté rupture, de l'autre continuité, la création de l'ANRU semble en tout état de cause plus polémique que celle des précédents dispositifs. Il convient donc d'apporter certains éclairages sur les permanences et ruptures idéologiques de ce dispositif.

---

14 Arguments issus d'une intervention, « Du développement social à la rénovation urbaine : ruptures ou ajustements ? », lors du séminaire « La politique de la ville, rupture et continuité de l'action et des débats » le 20 novembre 2009, organisé par l'Institut d'urbanisme de Paris et le cabinet Fors recherche sociale.

15 Les premières réhabilitations d'HLM sont initiées dans le cadre de la « reconquête » urbaine de la capitale et de sa banlieue, dès janvier 1964. Le terme de « réhabilitation » n'apparaît cependant qu'au début des années 1970 (Bachmann, Leguennec, 1996). Les premières démolitions d'HLM interviennent dès les années 1960 dans le cadre de la rénovation urbaine, et sont généralisées par la création du prêt « reconstruction démolition » de la caisse des dépôts et consignations dans le cadre du pacte de relance pour la ville de 1996. Les premières résidentialisations sont mises en œuvre simultanément à la création du terme au début des années 1990. Elles introduisent à l'époque un nouveau type d'intervention sur les quartiers qui consiste à donner un caractère privé aux immeubles, permettant une meilleure appropriation par leurs habitants. Voir aussi, à ce sujet, la contribution de Yankel Fijalkow dans le présent ouvrage.

Des permanences : le référentiel de la mixité sociale et la mise en œuvre de la diversité de l'habitat

Depuis 2003, l'intention nationale, portée par l'ANRU, est de modifier durablement la configuration urbaine et résidentielle d'environ deux cents zones urbaines sensibles (ZUS). En conformité avec l'idéologie spatialiste, l'accent est à nouveau porté sur la ségrégation spatiale plutôt que sur les causes structurelles de l'exclusion. Cette pensée déterministe est à nouveau traduite en termes d'action publique, de façon similaire aux tout premiers dispositifs de la politique de la ville. Comme dans les années 1960 où l'urbanisme et l'architecture auraient permis de changer la société, c'est à nouveau par une intervention sur le bâti et sur l'espace que l'on cherche à résoudre des problèmes sociaux. Autrement dit, si l'ordre du jour a changé (il s'agit dorénavant de réparer plutôt que de transformer la ville), la manière dont l'espace, ses relations avec la société et les groupes sociaux sont conçus est restée la même.

Les objectifs de cette transformation urbaine lourde sont d'une part de dé-densifier l'habitat dans certaines zones et, d'autre part, de valoriser les quartiers populaires en intervenant massivement sur l'espace, et, enfin, de restaurer la mixité sociale. L'idéologie spatialiste et l'idéal de mixité résidentielle vont donc toujours de pair, même si les travaux de recherche montrent que la mise en œuvre d'actions menées au nom de la mixité (attirer de nouvelles populations plus aisées tout en reconstituant un offre à bas loyers destinée aux populations à reloger) se heurte bien souvent aux réalités locales (Lelévrier, 2005, 2010). Dans ce contexte, la « diversification de l'habitat » est présentée comme le changement majeur amené par l'ANRU, censé amener plus d'efficacité dans la mise en œuvre de la mixité.

Le référentiel des politiques publiques explique ce processus de modélisation de la réalité sociale[16]. On peut considérer que la notion de mixité sociale est, à la fois, une représentation cognitive, tout en possédant une fonction prescriptive. Porteuse d'idéaux sociétaux reliés à l'idée d'« *échange généralisé lié à la légitimité de la citoyenneté* » (Schnapper, 2005), la mixité sociale est censée assurer une forme de paix sociale, et porter l'avènement d'une société s'autorégulant par la coprésence de ménages aux statuts sociaux divers. Elle a également une fonction prescriptive car elle donne lieu à la constitution d'outils spécifiques pour résoudre les problèmes soulevés.

---

16 Cette partie s'appuie entre autres sur une communication de Cordier-Deutsch M. et Saint-Macary E., « La mise en œuvre des politiques de l'habitat à l'épreuve des représentations sociales », Colloque du PRES, janvier 2010.

La diversification de l'habitat peut, dans ce contexte, être considérée comme un instrument de l'action publique[17] (Lascoumes et Le Galès, 2005) pour mettre en œuvre la mixité. La loi Engagement national pour le logement de 2009 (dite loi Boutin) ainsi que les conventions État-UESL[18] qui entérinent l'intervention nouvelle d'acteurs privés dans la politique de rénovation urbaine peuvent être considérées comme la traduction de cet idéal en mesures légales, censées faciliter la production d'une offre privée conséquente et la multiplication des accédants à la propriété potentiels. La diversification apparaît dans ce contexte comme un objectif évaluable de l'action publique[19] – contrairement à l'objectif de mixité considéré comme inévaluable.

Le référentiel de la mixité sociale perdure donc à travers les dispositifs de la politique de la ville. Si les termes ont certes changé : de la « *lutte contre la ségrégation* » entraînée par « *la répartition des diverses catégories de logement* » dans la circulaire Guichard (1973) à la notion de « *coexistence de diverses catégories sociales* » dans la LOV (1991), en passant par celle de « *rééquilibrage de la composition sociale* » dans le rapport Dubedout (1983), la mixité sociale est lisible en filigrane depuis les tout premiers dispositifs de la politique de la ville. De la même manière, le terme « diversification » qui apparaît dans les textes de l'ANRU est déjà présent de façon sous-jacente dans les documents fondateurs de la politique de la ville à travers l'idée de « diversité de l'habitat » ou de « mixité de l'habitat » ou encore de « mixité urbaine » (Saint-Macary, 2011).

Ce terme entré dans le langage opérationnel, qui fait aujourd'hui l'objet d'évaluation diverses, est néanmoins flou et sert de justification pour des actions très différentes. On pourra ainsi voir une commune élaborer une politique de mixité sociale justifiée par la mise en œuvre de démolitions massives, de relogements effectués hors des quartiers rénovés et de constructions de logements privés ayant vocation à attirer des ménages extérieurs aux quartiers rénovés. Une autre commune pourra, elle, à l'inverse, limiter les démolitions et réaliser davantage de réhabilitations,

---

17 « *Un instrument d'action publique constitue un dispositif à la fois technique et social qui organise des rapports sociaux spécifiques entre la puissance publique et ses destinataires en fonction des représentations et des significations dont il est porteur* ». Les instruments ne sont pas des dispositifs neutres, ils sont au contraire « *porteurs de valeurs, nourris d'une interprétation du social et de conceptions précises du mode de régulation envisagé* » (Lascoumes et Le Galès, 2005).

18 Union des entreprises et des salariés pour le logement.

19 « *La diversification de l'offre de logements est évaluée par : l'évolution des proportions de logements répartis par statut (...), la proportion de l'action de diversification dans l'ensemble des interventions du projet sur l'habitat, l'évolution de la typologie des bâtiments et des logements sur les sites d'intervention* » (Arrêté du 23 avril 2007 portant approbation du règlement général de l'Agence nationale pour la rénovation urbaine, *JO* du 3 avril 2007, titre III, 1-6.

pour améliorer le cadre de vie et limiter les départs du quartier, la mixité étant ici envisagée comme un processus à plus long terme, favorisé par la mise en œuvre de parcours résidentiels ascendants, en maintenant des *familles structurantes*[20] sur les quartiers.

Néanmoins, si la diversité de l'habitat n'est pas une nouveauté, elle engendre des changements dans la mise en œuvre des politiques publiques, et notamment l'élaboration d'un discours plus prononcé sur les vertus de l'accession à la propriété comme facteur de changement pour les quartiers populaires.

L'apanage de la propriété et l'intervention d'acteurs privés : de réelles ruptures ?

De fait, la diversification des statuts de logement telle qu'elle est préconisée par l'ANRU est fondée sur l'apport d'une offre différente[21]. Cette nouvelle offre doit comporter plusieurs statuts de logements, voués à être occupés pas une gamme élargie de ménages, le but étant d'encourager les classes moyennes et une partie des classes populaires à devenir propriétaires (Le Goullon, 2008). Au-delà de la question du statut d'occupation, il s'agit d'amener dans ces quartiers une offre privée, en locatif libre, mais également en accession sociale et privée. Dans le cadre du dispositif ANRU, cette nouvelle offre a vocation à enclencher un processus de changement exogène, en attirant des populations nouvelles, venues de l'extérieur des quartiers rénovés et considérées comme plus aisées. Ces populations sont censées renouveler la population locale.

Dans ce cadre, l'investissement financier qui s'impose aux acheteurs potentiels apparaît comme une garantie de leurs ressources et assure de fait un peuplement plus équilibré.

L'accès à la propriété véhicule de nombreuses vertus supposées : les valeurs familiales d'abord. La famille est bien souvent une des cibles privilégiées des logeurs en général et de ces nouvelles offres en particulier, car elle apparaît comme la garantie d'un peuplement équilibré et stable. On projette dans ces espaces des familles restreintes (un ou deux enfants), en jouant sur la taille des logements construits. Ceci fait écho à la catégorie du

20 Terme souvent employé par les logeurs pour désigner des familles considérées comme stables, tant du point de vue des revenus que de celui des relations sociales. Ce terme fait d'ailleurs référence au peuplement des grands ensembles dans les années 1950-1970, alors que les pouvoirs publics avaient déjà à cœur de composer des quartiers équilibrés en termes de niveaux de revenus, en attribuant tacitement à certains ménages (les plus aisés) une mission d'exemplarité, nécessaire et supposée structurante pour l'ensemble du quartier.

21 Expression fréquemment utilisée dans les conventions partenariales passées avec l'ANRU.

logement familial récurrente dans la production de logements sociaux. Cette dernière renvoie aux représentations positives que véhicule la famille : la projection d'unités de vie à la fois équilibrées et équilibrantes qui rassurent les logeurs ou les communes d'accueil. Cependant, une distinction tacite est faite entre les familles souhaitables et celles qui le seraient moins. Pour faire de la mixité, les organismes HLM préfèrent loger celles qu'ils appellent « les familles structurantes », désignant ces « bons ménages », tant en termes de composition que de niveau de revenu, censés non seulement garantir la paix sociale, mais aussi créer une dynamique et tirer les quartiers vers le haut (Bonetti, 1994, 2005 ; Vieillard-Baron, 2004). Ces logements excluent tacitement « les grandes familles », considérées comme à risque, ceci renvoyant à la crainte des bailleurs sociaux d'accueillir des familles immigrées ou polygames[22] (Cordier-Deutsch et Saint-Macary, 2010).

L'accession à la propriété est également garante d'une certaine stabilité sociale et d'une plus forte implication des habitants dans la cité, voire dans le quartier (Bosvieux, 2005), les propriétaires étant considérés comme détenteurs d'un capital économique supérieur par leurs revenus, mais également de capitaux sociaux et culturels plus élevés. Elle est enfin devenue une protection contre les aléas de la vie, assimilée par certains à une nouvelle forme de protection sociale (Topalov, 1987).

Enfin, la propriété est liée à des notions d'autonomie, et d'émancipation. Robert Castel parle d'une manière d'accéder à la propriété de soi et à une forme d'indépendance. Selon lui, « *les individus tombent dans la sujétion lorsqu'ils n'ont pas eux-mêmes de quoi construire leur vie en mobilisant des ressources qui puissent assurer leur indépendance* » (Castel, 2001). Ces éléments sont parfaitement retranscrits par Edmond Préteceille au début des années 1970, lorsqu'il décrit la dimension symbolique et moralisante de la politique d'accession à la propriété : « *La politique d'accession vise des effets sociaux apaisants, moralisants : l'accession à la propriété serait le symbole de la suppression des divisions de classe ; le travailleur devenu propriétaire passant, à travers cet attribut, du côté des bourgeois, et consacrant son temps dès lors aux saines activités du bricolage, jardinage... et sa vie de famille, se tenant à l'écart des débits de boissons et autres lieux de rassemblement et de fermentations subversives (effets apaisants renforcés par un endettement supérieur, donc une assiduité et docilité escomptable dans le travail ?)* » (Préteceille, 1971). Ces caractéristiques ont depuis servi d'argumentaire pour appuyer le discours politique de la propriété pour tous. Nicolas Sarkozy déclarait d'ailleurs, au tout début de son mandat présidentiel : « *Je souhaite que tous les Français puissent accéder à la*

22 Voir notamment Gaullier P. *L'épreuve du relogement ou le façonnement d'un individu détaché, autonome et responsable : le cas des ménages polygames en France* , thèse en cours à l'IUP sous la direction de Férial Drosso.

propriété. La propriété, c'est la garantie du civisme, des relations de voisinage pacifiées, d'occupants responsabilisés. C'est même la garantie d'une réelle mixité. La propriété, c'est tout simplement le rêve de toutes les familles parce qu'elle est la première des sécurités ».[23]

La propriété apparaît ainsi comme la garantie de cette cohabitation harmonieuse recherchée, mais aussi d'un dynamisme retrouvé dans les quartiers, les « plus forts » tirant les « plus faibles » vers le haut. Lors de la conception des grands ensembles dans les années 1950-1960, l'ambition était la même, concernant les classes moyennes et les classes ouvrières. La nouveauté réside dans le fait que c'est dorénavant l'accession à la propriété qui est favorisée par les pouvoirs publics français, car elle est envisagée comme un moyen d'introduire de la mixité sociale apte à favoriser la requalification urbaine envisagée. De plus, elle serait aussi moins coûteuse pour la collectivité, dans la mesure où les coûts des logements ne sont pas supportés par la collectivité. Si l'idéal de la propriété n'est pas une nouveauté, sa réappropriation à ce degré par un dispositif de la politique de la ville est inédite.

La mise en œuvre de la mixité sociale et celle de la diversification impliquent également une organisation nouvelle des projets urbains par l'implication de nouveaux acteurs privés dans la réalisation des projets[24]. L'Association foncière logement a en charge la construction de logements en locatif libre dans l'ensemble des projets de rénovation urbaine, et les promoteurs privés sont fortement incités à construire des logements en accession à la propriété, par des mesures attractives (TVA 5,5 % dans les zones ANRU et les 500 mètres autour). De ce fait, la mise en œuvre de la diversification de l'habitat dans le cadre du Programme national de rénovation urbaine (PNRU) est autant le résultat de l'objectif social affiché lié à la réalisation de la mixité sociale qu'une nécessité économique aujourd'hui impérative de rentabiliser les opérations d'urbanisme.

Ainsi, la banalisation urbaine recherchée par les opérations de rénovation urbaine se traduit aujourd'hui en termes économiques par l'objectif de création d'un marché immobilier et foncier équilibré : « *sur le plan opérationnel, faire du renouvellement urbain signifie désormais démolir, partiellement chaque année, massivement à la longue, un parc de logements vétustes pour recomposer la trame foncière des quartiers et créer des îlots constructibles et cessibles* » (Gateau-Leblanc et Paris, 2004). De fait, en dehors des objectifs de mixité sociale affichés, les interventions publiques mises en œuvre dans le cadre de la rénovation urbaine visent donc aussi à rendre les sites attractifs pour les investisseurs et les développeurs privés en favorisant la création de valeur sur les marchés fonciers et immobiliers, afin

---

23 Discours du président Nicolas Sarkozy le 11 décembre 2007.

24 Voir la contribution d'Émilie Saint-Macary dans le présent ouvrage.

que le mécanisme de marché puisse prendre le relais (Verhage et Linossier, 2009), le problème essentiel demeurant le partage des risques entre les acteurs des sphères publiques et privées.

Conclusion

En termes d'idéologie, nous avons vu que la politique de la ville comptait remédier aux problèmes que pose l'héritage de l'urbanisme de la période gaullienne en utilisant les mêmes représentations et les mêmes catégories de pensée qu'à cette époque : le rapprochement des classes sociales sera bénéfique et l'action sur l'espace permettra de transformer la société en résolvant les problèmes sociaux. En somme, cette action est censée résoudre les problèmes des grands ensembles avec les mêmes cadres de pensée que ceux qui leur ont permis de voir le jour : l'idéologie spatialiste et l'idéal de la mixité résidentielle. Les hommes ont changé, les discours et l'échelle d'appréhension des problèmes également, mais la pensée demeure la même. La fameuse participation, avatar de l'autogestion urbaine, héritée du mouvement social, a constitué une véritable rupture avec l'urbanisme précédent, mais nous avons vu qu'elle disparaissait aujourd'hui de l'action publique, renvoyant, du point de vue du contenu, aux utopies et expériences « inachevées » des années 1970 (Hatzfeld, 2006)

À une échelle temporelle plus proche et moins vaste, l'évolution de la politique de la ville depuis ses débuts suit le même principe : la mixité est toujours mise en avant par le biais de l'offre de logement. Le retour de l'apologie de la propriété constitue dans ce cadre une réelle nouveauté de l'ANRU. Cependant, la conjoncture économique actuelle rend l'intervention d'acteurs privés dans ces quartiers plus difficile que prévu[25].

Ces idéologies spatialistes et de mixité n'ont en outre pas prouvé leur efficacité : les évaluations des résultats de la politique de la ville sont là pour nous montrer que leur application et leur mise en place n'ont pas eu les effets escomptés. S'agit-il d'un problème intrinsèque à ces cadres de pensée ? S'agit-il d'un problème lié aux dispositifs mis en place pour y parvenir ? Quoi qu'il en soit, des causes aux solutions proposées pour y remédier, les continuités prennent le pas sur les ruptures perpétuellement affichées. Il semble donc difficile pour l'action publique de se débarrasser d'idéologies profondément ancrées dans le fonctionnement collectif, ce qui n'augure pas d'amélioration pour l'avenir et d'espoir pour enrayer

25 L'Association foncière logement s'est fortement désengagée dans un grand nombre de quartiers, alors que son intervention devait être systématique dans tous les PRU. Après une phase d'engouement, les opérations privées de promoteurs sont également moins nombreuses que prévu, suite à des difficultés de commercialisation des premiers programmes.

durablement les problèmes des quartiers sensibles, à supposer qu'ils leur soient spécifiques.

Bibliographie

AVRIL B., ROTH B., 1997, *La promotion immobilière. Construire pour autrui,* Paris, Presses de l'École nationale des ponts et chaussées.

BACHMANN C., LE GUENNEC N., 1996, *Violences urbaines : ascension et chute des classes moyennes à travers cinquante ans de politique de la ville*, Paris, A. Michel.

BACQUÉ M.-H., FOL S., LÉVY J.-P., 1998, « Mixité sociale en banlieue ouvrière : enjeux et représentations », *in* LÉVY J.-P., HAUMONT N. (sous la dir. de), *La ville éclatée : quartiers et peuplement*, Paris, L'Harmattan, pp. 161-173.

BACQUÉ M.-H., FOL S., 2000, « Enjeux et effets des politiques de mixité sociale », *in* REY H. (sous la dir. de), *Xénophobie et Front national en banlieue*, Paris, L'Harmattan, pp. 57-72.

BACQUÉ M.-H., 2003, « Mixité sociale », contribution au *Dictionnaire critique de l'habitat et du logement, sous le regard des sciences sociales*, Paris, Armand Colin, pp. 297-298.

BACQUÉ M.-H., REY H., SINTOMER Y. (sous la dir. de), 2005, *Gestion de proximité et démocratie participative. Une perspective comparative*, Paris, La Découverte, coll. « Recherches ».

BACQUÉ M.-H., MECHMACHE M., juillet 2013, « Pour une réforme radicale de la politique de la ville. Ça ne se fera plus sans nous », rapport à François Lamy, ministre délégué à la Ville.

BECHADE A., 1997, *La promotion immobilière,* Paris, Presses universitaires de France, coll. « Que sais-je ? ».

BIDOU C., 1984, *Les aventuriers du quotidien. Essai sur les nouvelles classes moyennes*, Paris, PUF, coll. « Économie en liberté ».

BONETTI M., 1994, *La gestion urbaine des quartiers d'habitat social et la construction des relations sociales*, Paris, CSTB.

BONETTI M., 2004, « Les risques de dérive dans la transformation des grands ensembles. Analyse d'une vingtaine de projets de renouvellement urbain », *Les Annales de la recherche urbaine,* n° 97, *Renouvellement urbain*, pp. 35-41.

BONETTI M., 2008, « L'injonction paradoxale faite aux bailleurs sociaux de loger les plus démunis et de favoriser la mixité sociale », *in* JAILLET M.-C., MENARD F., PERRIN E., *Actes du séminaire du PUCA « Diversité sociale, ségrégation urbaine, mixité »*, CSTB, pp. 215-231.

BONEVILLE M., 2004, « Les ambiguïtés du renouvellement urbain en France. Effets d'annonce, continuité ou rupture ? », *Les Annales de la recherche urbaine* n° 97. pp.7-15.

BOSVIEUX J., 2005, « Accession à la propriété : des acquéreurs plus nombreux mais prudents », *Economie et Statistiques,* n° 381-382, pp. 41-52.

BUSQUET G., 2007a, « L'idéologie et l'espace urbain dans les années 60-70 : le cas du discours du parti socialiste unifié », *in* VIALA L., VILLEPONTOUX S. (sous la dir. de), *Imaginaire, territoires, sociétés. Contribution à un déploiement transdisciplinaire de la géographie sociale*, actes de l'École d'été de géographie sociale 2005, Mutation des Territoires en Europe – CNRS, Montpellier, Publications de l'Université Paul-Valéry-Montpellier III.

BUSQUET G., 2007b, *Idéologie urbaine et pensée politique dans la France de la période 1958-1981*, thèse de doctorat en urbanisme, Institut d'urbanisme de Paris, Université Paris 12 Créteil – Val-de-Marne, sous la direction de Jean-Pierre Frey.

BUSQUET G., 2009, « Le spatialisme et la pensée politique progressiste sur la ville », *in* BAUDIN G., BONNIN P., *Faire territoire aujourd'hui*, Paris, Editions « Recherches », pp. 281-299.

CASTEL R., HAROCHE C., 2001, *Propriété privée, propriété sociale, propriété de soi. Entretiens sur la construction de l'individu moderne*, Paris, Fayard.

CASTELLS M., 1972, *La question urbaine*, Paris, F. Maspero.

CES de l'ANRU, 2006, *Note sur la participation des habitants,* juin 2006.

CES de l'ANRU, 2011, *Les Quartiers en mouvement. Pour un acte 2 de la rénovation urbaine,* La Documentation française.

CHALAS Y. et *al.,* 1997, *Urbanité et périphérie. Connaissance et Reconnaissance des territoires contemporains*, Paris, ministère du Logement, Plan Construction et Architecture.

CHAMBOREDON J.-C., LEMAIRE M., 1970, « Proximité spatiale et distance sociale : les grands ensembles et leur peuplement », *Revue française de sociologie*, n° XI-1.

CORDIER-DEUTSCH M., SAINT-MACARY E., 2010, *La mise en œuvre des politiques locales de l'habitat à l'épreuve des représentations sociales* , colloque du pôle Ville de l'Université Paris-Est des 20-21-22 janvier 2010.

DAGNAUD M., MEHL D., 1981, « Des contestataires comme il faut », *Autrement*, n°29, pp. 118-126

DALLIER P., KAROUTCHI R., 2005, *Rapport d'information du Sénat* n° 456.

DRIANT J.-C., LELEVRIER C., 2006, « Le logement social. Mixité et solidarité territoriale » *in* LAGRANGE H., OBERTI M., *Émeutes urbaines et protestation,* Paris, Presses de Sciences Po, pp. 117-193.

DROSSO F., 2001, « La propriété, un rêve archaïque ? Contribution à une réflexion sociologique et juridique sur l'attachement des Français à la propriété. », *in* COLOOS B., *Statuts atypiques d'occupation du logement : une réponse pertinente,* Paris, Plan Urbanisme Construction et Architecture, pp. 127-136.

DUBEDOUT H., 1983, *Ensemble, refaire la ville,* rapport au Premier ministre du président de la Commission nationale pour le développement social des quartiers, Paris, La Documentation française.

DUFAUX F., FOURCAUT A., 2004, *Le monde des grands ensembles*, Paris, Créaphis.

EPSTEIN R., KIRSZBAUM T., 2003, « L'enjeu de la mixité sociale dans les politiques urbaines », *Regard sur l'actualité* n° 292. La Documentation française, juillet 2003.

EPSTEIN R., 2008, *Gouverner à distance. La rénovation urbaine, démolition-reconstruction de l'appareil d'État,* thèse de doctorat en sociologie de l'École normale supérieure de Cachan, sous la direction de Patrice Duran.

FATOME E., LEBRETON J.-P., 2002, « Problèmes juridiques du partenariat public-privé dans la rénovation urbaine », *Les séminaires de la CDC – Partenariat public-privé et collectivités territoriales,* La Documentation française.

FOURCAUT A., 2003, « L'animation dans le béton : autogérer les grands ensembles », *in* GEORGI F. (sous la dir. de), *Autogestion. La dernière utopie ?,* Paris, Publications de la Sorbonne, pp. 585-595.

GARNIER J.-P., 2001, *Quelle politique de la ville ?*, tribune de *Politis,* 14 février 2002.

GARNIER J.-P., GOLDSCHMIDT D., 1978, *La Comédie urbaine ou la cité sans classes*, Paris, F. Maspero.

GATEAU-LEBLANC N., PARIS R., 2004, « Économie du renouvellement urbain », *Les Annales de la recherche urbaine*, n° 97, pp.17-22.

GAULLIER P., *L'épreuve du relogement ou le façonnement d'un individu détaché, autonome et responsable : le cas des ménages polygames en France »*, thèse en cours à l'IUP sous la direction de Férial Drosso.

GENESTIER P., 1999, « Le sortilège du quartier : quand le lieu est censé faire lien », *Les Annales de la recherche urbaine*, n° 82.

GOULARD F., PUPPONI F., 2010, *Rapport d'information fait au nom du comité d'évaluation et de contrôle des politiques publiques sur l'évaluation des aides aux quartiers défavorisés*, tome 1 : Rapport, oct. 2010.

HABERMAS J., 1968, *La technique et la science comme « idéologie »*, Paris, Gallimard.

HAMEL G., ANDRE P., 2009, *Sur la révision de la géographie prioritaire et la contractualisation de la politique de la ville,* rapport fait à la demande de M. Fillon, Premier ministre, septembre 2009.

HATZFELD H., 2005, *Faire de la politique autrement. Les expériences inachevées des années 1970*, Rennes, ADELS, PUR.

HOUARD N., 2009, *Droit au logement et mixité, les contradictions du logement social,* Paris, L'Harmattan, coll. « Habitat et sociétés ».

JAILLET M.-C., 1998, « À propos de la mixité », *Cahiers du DSU*, n° 21. pp. 38-43.

JAILLET M.-C., 2003, « La politique de la ville en France : histoire et bilan », *Regards sur l'actualité*, n° 296, La Documentation française, pp. 5-23.

LASCOUMES P., LE GALES P., 2005, *Gouverner par les instruments,* Paris, Sciences Po les Presses.

LE GOULLON G., 2008, « Les banquiers-bâtisseurs. La Caisse des dépôts et consignations à Villiers-le-Bel, 1950-1965 », *Histoire urbaine* n°23. pp.81-94

LEFEBVRE H., 1960, « Les nouveaux ensembles urbains. Un cas concret : Lacq-Mourenx et les problèmes urbains de la nouvelle classe ouvrière », *Revue française de sociologie*, Paris, pp. 186-201.

LEFEBVRE H., 1970, *La Révolution urbaine*, Paris, Gallimard, 1970.

LEFEBVRE H., 1972, *Le Droit à la ville II : Espace et politique*, (2e édition), Paris, Anthropos, 2000.

LEGARREC S., 2007, *Le renouvellement urbain, la genèse d'une notion fourre-tout,* Paris, PUCA.

LELÉVRIER C., 2005, « Mixité : de l'idéal social aux incertitudes des politiques urbaines », *Urbanisme*, janvier 2005.

LELÉVRIER C., 2005b, « La mixité comme objectif des politiques urbaines », *Cahiers français*, n° 328.

LELÉVRIER C., 2010, « La mixité dans la rénovation urbaine : dispersion ou re-concentration ? », *Espaces et Sociétés*, n°140-141, pp. 59-74.

MEJEAN P., 2003, « La politique de la ville à l'épreuve de la loi Borloo », *Etudes foncières*, n° 106.

MULLER P., 2006, *Les politiques publiques.* Paris, PUF, col. « Que sais-je ? »

POLLARD J., 2009, *Acteur économique et régulation politique : les promoteurs immobiliers au centre des politique du logement dans les régions de Paris et Madrid,* thèse de doctorat sous la direction de Patrick Le Gales, IEP de Paris.

PRETECEILLE E., 1971, *La production des grands ensembles,* Paris, CSU 1971.

RABAUD A., PALOMARES E., 2006, « Minoritaires et citoyens ? Faites vos preuves », *L'Homme et la société,* 2006/2, n° 160-161.

SAINT-MACARY E., 2009, *De la difficulté de mettre en œuvre la diversification : l'intervention nouvelle d'acteurs privés pour la construction de logements neufs dans les opérations de rénovation urbaine,* communication au colloque jeune chercheur, Toulouse, novembre 2009.

SAINT-MACARY E., 2011, *Mixité sociale et diversité de l'habitat : l'intervention nouvelle d'acteurs privés dans les opérations de rénovation urbaine,* thèse de doctorat sous la direction de Férial Drosso et Christine Lelévrier, IUP-Lab'Urba.

SCHNAPPER D., 2005, « Idéal et limites de la mixité sociale », *Informations sociales,* n° 125.

TISSOT S., 2007, *L'État et les quartiers. Genèse d'une catégorie de l'action publique,* Paris, Le Seuil.

TISSOT S., 2006, « La notion de "mixité sociale" dans les politiques publiques du logement : une discrimination en douce ? », *Plein droit*, n° 68.

TOPALOV C., 1987, *Le logement en France. Histoire d'une marchandise impossible,* Presses de la Fondation nationale des sciences politiques, Paris.

UNION SOCIALE POUR L'HABITAT, 2006, *Livre blanc de la rénovation urbaine*, congrès 2006 – 19-21 septembre, document d'étape.

VIEILLARD-BARON H., 2004, « Sur l'origine des grands ensembles », *in* DUFAUX F., FOURCAUT A., *Le monde des grands ensembles*, Paris, Ed. Créaphis.

VERHAGE R., LINOSSIER R., 2009, « La co-production public/privé des projets urbains », *in* BOINO P., JOUVE B., LINOSSIER R. et VERHAGE R. (sous la dir. de), *Lyon – la production de la ville,* Marseille, Editions Parenthèses, coll. « La ville en train de se faire », pp. 144-179.

INSTITUTIONS ET DISPOSITIFS

Dans la première partie de cet ouvrage, Patrice Dunoyer de Segonzac témoignait de la complexité de mener une politique à la croisée des administrations, d'engager un travail collectif horizontal dépassant les chapelles ministérielles. La politique de la ville est aussi un travail, qui dans la pratique, doit se co-construire de manière verticale, s'articuler entre les échelons territoriaux et faire dialoguer des acteurs et institutions forcément nombreux et divers dans ce paysage de mille-feuille territorial français.

Ce tableau des participants à la politique de la ville est nécessairement déséquilibré entre acteurs forts et acteurs faibles, entre acteurs institutionnels et citoyens, entre élus et hauts fonctionnaires, entre financeurs et porteurs de projets, entre acteurs privés et acteurs publics... En effet, le spectre des acteurs impliqués dans la politique de la ville est large, allant de l'habitant d'un quartier ZUS au ministre de la Ville, en passant par le maire, le président de l'EPCI, les chargés de mission de l'ANRU, de la DIV, les bailleurs sociaux ou encore les promoteurs privés.

Cette deuxième partie posera deux questions complémentaires : qui fait la politique de la ville ? Et quel est l'échelon d'intervention le plus pertinent pour mener à bien cette politique ?

La politique de la ville est avant tout portée sur l'amélioration des conditions de vie et du cadre des quartiers de grands ensembles construits après-guerre dans l'urgence. L'expression *Politique de la ville* souligne l'importance qu'il y a à dépasser le simple territoire du quartier, pour résoudre plus globalement le phénomène flagrant de concentration des problèmes socioéconomiques. L'échelle de la ville s'impose-t-elle donc ? Est-on impuissant à l'échelle micro-locale du quartier ? Tout cela relève-t-il d'un niveau bien supérieur ? Ou tout cela à la fois ?

En 2013, le taux de chômage dans les ZUS atteint 24,2 %, avec un taux record de 45 % pour les jeunes de 15 à 24 ans (rapport Onzus, 2013) ; peut-on espérer résoudre, à l'échelle de quelques barres d'immeubles, le problème du chômage, alors que l'origine de ce phénomène correspond à un contexte économique national et international qui échappe en grande partie à tous les leviers de l'action publique ?

Un autre leitmotiv de la politique de la ville est le désenclavement de ces quartiers souvent construits sur un plan introverti. Une simple politique micro-locale ne pourra rien à cet enfermement de fait, enfermement physique, qui se prolonge souvent par un sentiment d'assignation à résidence. Seule une politique de ville et surtout d'agglomération pourra relier ces quartiers au reste du territoire. Depuis le milieu des années 1980, le tramway fait sa réapparition dans les grandes villes (Nantes, Grenoble) et se généralise dans les années 1990 et 2000. Le plus souvent, il relie les extrêmes de la ville (à savoir les grands ensembles) au centre-ville. Ainsi, dans l'agglomération Caen-la-Mer, le tramway (inauguré en 2002) relie et traverse les ZUS d'Hérouville-Saint-Clair, au nord-est, et les ZUS de la Guérinière et de la Grâce-de-Dieu, au sud, en passant par le centre névralgique de la ville. Ces dispositifs de transport créent un double mouvement d'entrée dans les ZUS pour les personnes qui y étaient souvent étrangères (puisque le tramway draine de nouvelles activités et services publics, notamment facilités par les dispositifs ZFU) et de sortie de la ZUS pour des habitants qui s'y sentaient parfois piégés. Une telle politique de transport ne peut être élaborée qu'à l'échelle de l'agglomération, avec une vision collective partagée des élus et un consentement des habitants. L'articulation des échelles d'intervention est ici clairement mise en lumière.

Ce questionnement peut se poser de la même manière pour la mixité sociale ou encore le développement économique. La politique de la ville nécessite une action multiscalaire, avec de nécessaires interventions différenciées et complémentaires en fonction des échelles et des différents territoires. Se pose alors le problème de la co-construction des décisions et des actions, chacun ayant tendance à vouloir capter des financements et se prétendre plus légitime que les autres dans cette politique. François Geindre et Fabrice Peigney questionnent les légitimités d'intervention dans le cadre de la politique de la ville, en passant au scanner, entre autres, les relations de l'État avec les maires, par le biais d'institutions comme l'ANRU. François Geindre témoigne de sa double casquette de maire d'Hérouville-Saint-Clair (1971 - 2001) et de président de la CNDSQ. Il témoigne du nécessaire ancrage de l'élu dans ces quartiers, mais aussi du nécessaire travail coopératif entre ville, agglomération et État.

Fabrice Peigney analyse la marge de manœuvre des maires face à ce qui a souvent été décrit comme une machinerie bureaucratique : l'ANRU qui ne serait qu'un guichet distribuant les subsides de l'État pour des programmes pré-formatés, sans adaptation possible aux contexte locaux.

Depuis 2003, un nouvel acteur fait irruption sur la scène de la politique de la ville : le secteur privé. Jusque-là cantonnée à un trio bien rodé (pouvoirs publics – bailleurs – habitants), la politique de la ville, comme beaucoup d'autres politiques publiques aujourd'hui dans le cadre des PPP[1], va inviter dans la partie des promoteurs et constructeurs jusque-là mis au ban des banlieues. Émilie Saint-Macary présente dans son article l'évolution de cette privatisation de la politique de la ville et la place effective du secteur privé dans la construction de cette politique.

Céline Braillon et Élisabeth Pasquier adoptent, elles, la focale de l'habitant. La politique de la ville est en partie née des revendications des habitants, de l'expression du mal-être vécu dans certains quartiers de grands ensembles. Céline Braillon revient sur cette origine, sur l'intégration, voire la

1 Partenariats public-privé.

récupération de certains acteurs issus de la société civile. Élisabeth Pasquier suit depuis longtemps les processus de participation des habitants dans les quartiers des grands ensembles à Nantes. Elle nous offre donc une étude locale des jeux d'acteurs dans cette agglomération, du positionnement des uns et des autres.

Ce questionnement sur la participation des habitants est plus que jamais d'actualité puisque les évolutions actuelles de la politique de la ville semblent (re)mettre l'habitant au cœur du dispositif[2], reprenant – au moins – le vocabulaire du rapport remis au gouvernement par Marie-Hélène Bacqué et Mohamed Mechmache.

Enfin, la politique de la ville, dès son origine, se construit sur la base d'un système dans lequel les habitants sont plus ou moins inclus, et se réinterroge à travers ses évaluations. Celles-ci sont présentes depuis le début des interventions, tout comme la participation. L'article d'Élise Roy questionne le rôle de ces évaluations dans les évolutions de cette politique.

Ministres et secrétaires d'État à la ville

1990	Michel Delbarre	2007	Fadela Amara
1991	André Laignel	2009	Brice Hortefeux
1992	Bernard Tapie	2009	Xavier Darcos
1993	Simone Veil	2010	Maurice Leroy
1995	Éric Raoult	2012	Pascal Lamy
1998	Claude Bartolone	2014	Najat Vallaud-Belkacem
2002	Jean-Louis Borloo	2014	Patrick Kanner
2007	Christine Boutin		

2 « La loi du 21 février 2014 pose le principe de la co-construction de la politique de la ville avec les habitants : dorénavant, l'ensemble des projets menés dans ces quartiers au titre d'une politique de la ville devront être conçus et pilotés en associant les citoyens concernés et en s'appuyant sur l'expertise du quotidien des habitants. C'est une exigence de démocratie et d'efficacité. Les opérations de renouvellement urbain en particulier sont des opérations lourdes qui peuvent même être contreproductives si les habitants ne se les approprient pas. Le "pouvoir d'agir" des habitants dans ces quartiers prioritaires sera renforcé grâce aux conseils citoyens qui auront pour mission d'être des lieux d'échanges entre habitants, de développer l'expertise d'usage et d'assurer la représentation des habitants dans toutes les instances de pilotage du contrat de ville. Ces futurs conseils citoyens seront composés de volontaires, d'associations et d'habitants tirés au sort, et comporteront autant d'hommes que de femmes. » *http://www.gouvernement.fr/action/la-nouvelle-geographie-prioritaire*

LA POLITIQUE DE LA VILLE : JEUX D'ACTEURS, JEUX D'ÉCHELLES

François Geindre

Ce témoignage a été recueilli le 27 novembre 2008, à l'occasion du séminaire « Politiques de la ville : idéologies et réalité » qui s'est tenu à l'École nationale supérieure d'architecture de Paris – Val-de-Seine. La journée de séminaire s'intitulait « L'Articulation entre l'État et les acteurs locaux ». Y participaient également Céline Braillon (témoignage dans la deuxième partie de cet ouvrage) et Fabrice Peigney (article suivant).

J'ai été maire d'une commune née d'une ZUP de 10 000 logements, implantée par l'État sur le territoire d'un village de 1 400 habitants. C'est sur la base de cette expérience que ma réflexion portera. Je m'exprimerai également du point de vue de président de la Commission nationale pour le développement social des quartiers (CNDSQ) à la suite d'Hubert Dubedout, Rodolphe Pesce, et suivi dans ces fonctions par André Diligent*.

Je pourrais écrire des centaines de pages sur Hérouville-Saint-Clair et m'exprimer pareillement sur la politique nationale, mais je vais me concentrer ici sur le rapport entre les deux : le lien entre le maire et l'État dans le cadre de la politique de la ville.

Le maire et l'État

L'implication des maires dans les organes nationaux de la politique de la ville

Le lien entre le maire et la politique de la ville a été immédiatement perçu comme primordial par Pierre Mauroy, Premier ministre de François Mitterrand de 1981 à 1984. Il a notamment désigné à la CNDSQ Hubert Dubedout, maire de Grenoble, puis Rodolphe Pesce, maire de Valence. Puis, ce fut mon tour, et la désignation de maires s'est poursuivie jusqu'à la création de la Délégation interministérielle à la ville (DIV) en 1988, avec la mise en place de son premier responsable, Yves Dauge, maire de Chinon. Tout ceci montre bien, dès le départ, que la conviction des autorités politiques était que rien ne pouvait fonctionner correctement sans une articulation étroite entre les maires et l'État.

C'est à ce titre que j'ai une expérience un peu particulière puisque, nommé par le Premier ministre Laurent Fabius, j'ai perduré pendant un peu plus d'un an sous le gouvernement de Jacques Chirac. Comme j'étais maire, j'étais politiquement affiché socialiste et, ensuite, cela a été André Diligent (centre des démocrates sociaux), maire de Roubaix. On était des hommes politiques affichés et j'ai vécu cette expérience originale de faire de l'interministériel dans un gouvernement de droite alors que j'étais engagé à gauche.

André DILIGENT (1919-2002)

D'abord élu conseiller municipal en 1947, il devient député MRP en 1958. Il est battu aux législatives de 1962, mais est élu sénateur en 1965. En 1974, il est élu conseiller régional et, en 1979, député européen.
André Diligent devient maire de Roubaix en 1983, fonction qu'il devra abandonner en 1994 pour raisons de santé. Vice-président du centre démocrate en 1973 puis du centre des démocrates sociaux en 1974, il a été secrétaire général de ce parti de 1977 à 1983. Il est l'un des mentors de François Bayrou.

Cette relation maire-État se concrétisait en fait dans l'un des fondements de base de la politique de la ville, celui de la contractualisation. Les trois piliers de la politique de la ville étaient en effet : le contrat (elle devait s'élaborer, s'inscrire et se réaliser dans un cadre contractuel entre la collectivité locale et l'État), le partenariat (partenariat interministériel du point de vue gouvernemental, inter-administratif du point de vue des administrations territoriales, et avec toute une série de partenaires : les organismes HLM, les caisses d'allocations familiales, les structures sociales, les structures associatives, etc.), et enfin la participation[1] (il convient de rappeler que nous sommes alors en 1982 et que la participation est déjà présente dans la politique de la ville). À cette époque, les expérimentations de participation ne sont pas toujours des réussites, mais elles ont le mérite de poser les fondements de la question. Bien que la façon de faire les choses ait évolué, la participation est toujours aujourd'hui un des piliers de la politique de la ville.

1 Voir la contribution de Céline Braillon dans le présent ouvrage.

Les fondements de la politique de la ville et la multiplication des quartiers prioritaires

Les raisons de l'application de la politique de la ville restent, dans des contextes politiques, économiques et sociaux différents, toujours fondamentalement les mêmes : des parties de villes ou d'agglomérations partent à la dérive, victimes de la concentration de populations qui cumulent un certain nombre de difficultés. De plus, la situation et la structuration urbaine de ces quartiers sont parfois telles qu'ils sont aussi physiquement très coupés du reste de la ville, restant à l'extérieur de celle-ci, souvent de l'autre côté du périphérique, de l'autre côté des voies de chemin de fer, de l'autre côté du pont, etc., ces situations entravant fortement les liens avec le centre. Il s'opère donc une relégation croissante à la fois sociale, par concentration de personnes fragiles, et économique, car peu d'activités s'installent ou perdurent dans ces quartiers.

Ce sont les fondements qui justifient une politique spécifique pour ces quartiers, une politique pour tenter de les ramener doucement vers le « droit commun » de la ville. Il s'agit d'en faire des quartiers comme les autres, des quartiers de populations plus mixtes, qui vraisemblablement resteront des populations simples, modestes, mais qui rejoindront un certain équilibre par l'atténuation progressive des déséquilibres et des inégalités.

Dans la démarche initiale, l'État avait repéré des quartiers en difficulté, d'abord dans une vingtaine de villes, puis, lorsque j'étais président de la CNDSQ, il s'agissait de trois cents quartiers dans cent quarante villes. Par la suite, au début de la DIV, huit cents quartiers étaient concernés. Aujourd'hui, environ deux mille quartiers figurent dans des CUCS[2].

La mise en relation de l'État et des municipalités dans le cadre contractuel

L'État ayant repéré un certain nombre de dysfonctionnements urbains, il s'est adressé directement aux maires, démontrant les dérapages, les mauvais fonctionnements, par des analyses menées au niveau national. Il proposait, dans le cadre contractuel, inter-partenarial et participatif, une réflexion commune avec la municipalité. Il s'agissait d'une vraie démarche. L'État n'arrivait pas avec des solutions et des propositions « clés en mains », mais avec une volonté de co-construire un projet.

Il y avait une double volonté de la part de l'État : mobiliser les acteurs nationaux et locaux au service de projets, et faire prendre conscience aux

2 Contrats urbains de cohésion sociale, mis en place en 2006 dans le cadre de « la géographie prioritaire ». Ils succèdent en 2007 aux contrats de ville.

collectivités locales des problèmes, et les mobiliser pour qu'elles s'y affairent en mettant en place des programmes pour ramener dans le droit commun les quartiers en voie d'exclusion.

Au départ, il n'y avait donc pas de programmes tout faits. Nous n'arrivions pas avec toute une série de tiroirs dans lesquels les collectivités pouvaient se servir. Nous n'avions pas affaire à une politique de guichet[3]. Nous n'avions pas une politique d'appels d'offres encadrés et déterminés qui orientent les actions comme c'est le cas actuellement.

L'État avait une politique d'incitation et de mobilisation. Il s'adressait aux collectivités territoriales en leur demandant de générer des projets et, face à ces projets, on engageait la négociation contractuelle. L'État mobilisait alors ses services : ceux de l'Éducation nationale, des ministères de l'Intérieur et de la Police, de la Jeunesse et des Sports, de l'Emploi, de la Formation, de la Justice, etc. Au-delà du droit commun, on mobilisait, dans les différents ministères, des crédits supplémentaires pour mettre en œuvre ces contrats, puisque la situation était, dans ces quartiers, plus difficile qu'ailleurs.

Du projet local à la politique « de guichet »

Il y a eu une dérive extrêmement remarquable aujourd'hui. Je dirais que l'on n'est plus vraiment dans une politique contractuelle, mais dans un système d'accumulation des quartiers prioritaires et des propositions d'action. À la CNDSQ, nous gérions environ 200 quartiers, avec une quinzaine de chargés de mission. On avait des gens attentifs, dynamiques, qui savaient dialoguer. Il ne s'agissait pas de personnes qui montaient sur pieds des programmes clés en mains. Et puis la DIV s'est constituée petit à petit, par dérives successives, en une véritable administration de plus d'une centaine de personnes[4]. Comme on avait affaire à des personnalités extrêmement intelligentes, elles se sont mises à faire des programmes, et la DIV a ouvert des casiers dans lesquels ces programmes ont été mis, et dans lesquels les collectivités locales n'avaient plus qu'à se servir.

Conjointement à l'action de la DIV, les ministères se sont mis à créer eux-mêmes des politiques et des programmes spécifiques adressés aux territoires couverts par la politique de la ville. Et donc, petit à petit, au lieu de partir d'une analyse locale, de générer un projet local, avec un véritable dialogue, notamment avec la participation des habitants, on a amené les maires à choisir à un guichet des moyens d'action qui devaient se transposer à leurs collectivités territoriales.

3 Comme certains auteurs qualifient aujourd'hui la politique de l'ANRU.

4 Voir le témoignage de Patrice Dunoyer de Segonzac dans cet ouvrage

Bien sûr, c'est simplifier le propos que de présenter les choses comme cela, car il y a toujours une marge de manœuvre, des moyens d'adaptation. Mais cela démontre tout de même un changement fondamental de la philosophie de la politique de la ville. D'une politique qui émanait du projet local, qui rentrait en négociation et qui s'écrivait à travers un contrat, on en est venu à une politique imaginée au niveau national et proposée aux collectivités locales pour qu'elles fassent rentrer leurs quartiers dans le droit commun.

Je pense qu'à un moment donné, on a vraiment basculé. Si on regarde aujourd'hui les programmes de la DIV[5], ils sont pleins de propositions spécifiques d'actions, de micro-programmes développés les uns à coté des autres, et avec lesquels on fait localement du Mecano. Mais il ne s'agit plus vraiment de négociation d'un projet global et collectif. C'est peut-être une première hypothèse de ma part, mais j'y crois profondément.

La dissociation contemporaine : rénovation urbaine / cohésion sociale

Depuis 2005, on a véritablement quitté ce qui était fondamentalement de l'ordre du contrat pour une politique de guichet, avec un moment un peu « criminel », qui a été la dissociation du social et du spatial dans la restructuration urbaine avec la création de l'Agence nationale pour la rénovation urbaine (ANRU)[6] d'un côté et la création de l'Agence nationale pour la cohésion sociale et l'égalité des chances (ACSE) de l'autre[7].

Hubert Dubedout expliquait très bien, dès le début de la politique de la ville, qu'on ne réussirait rien si on n'associait pas la transformation urbaine à l'action sociale au sens large (sociale, économique, formation, etc.). Durant toute l'histoire de la CNDSQ et de la DIV, on s'est toujours acharné à lier les deux avec plus ou moins de réussite, en s'obligeant toujours à avoir un outil global qui permettait à chaque fois de travailler sur le bâti et sur l'espace architecturé, tout en se questionnant sur les actions à mener pour le développement de la vie locale, pour le bien-être des ménages dans ces quartiers. On ne faisait pas l'un sans l'autre. Par moments, on mettait plus l'accent sur la transformation physique, par moments davantage sur l'action sociale, mais les deux ont toujours été pensés conjointement.

L'ANRU permet de fongibiliser et de mobiliser des crédits d'État et de structures extérieures (ceux du 1 % logement essentiellement). Aujourd'hui,

---

5 L'intervention a été réalisée préalablement à la disparition de la DIV.

6 Créée en 2004, suite à la loi de 2003, d'orientation et de programmation pour la ville et la rénovation urbaine (dite loi Borloo), établissant le Programme national de rénovation urbaine (PNRU).

7 Créée en 2006 par la loi pour l'égalité des chances, cette agence est chargée du volet « cohésion sociale » de la politique de la ville.

l'État ne finance presque plus l'ANRU, contrairement d'ailleurs à ses engagements[8]. Mais surtout, en fongibilisant et en faisant une structure nationale, on a dissocié le projet de transformation du bâti de toute l'action sociale au sens large dans ces quartiers. Un rapport du conseil général des Ponts et chaussées (CGPC)[9] de novembre 2008 met l'accent sur cette dissociation et sur la difficulté extrême de trouver un équilibre entre un outil « rouleau compresseur », l'ANRU, et les wagons de queue à vocation sociale. L'objectif est de démolir des logements sociaux, a priori pour réintroduire du logement intermédiaire, locatif ou en accession, de façon à faire ce que l'on appelle de la mixité sociale.

L'Association foncière logement (AFL) se révèle un outil important de réinvestissement dans l'immobilier locatif intermédiaire, mais quand elle intervient sur le terrain des ZUS, des ZRU, etc., elle le fait en choisissant les meilleurs terrains : les plus proches des transports en commun, les mieux desservis, l'environnement le plus agréable, et ce, sans préoccupation sociale d'aucune sorte.

Cela fait bien évidemment partie de ses missions, mais, selon moi, il serait souhaitable qu'elle ramène de l'habitat social intermédiaire dans les secteurs qui concentrent exclusivement des personnes en difficulté. Il y a une certaine logique dans ce cadre, mais cela renforce le caractère descendant des décisions. Ce sont en effet des chargés de mission de l'ANRU ou de l'AFL qui descendent sur le terrain en disant « ce terrain-là, je le prends », « celui-là, je ne le prends pas », « celui-là, vous me le proposez mais je n'en veux pas », « et là, je ferais ceci ou cela ». Ce fonctionnement est vraiment assez caractéristique et il renforce à la fois la rupture entre les volets sociaux et spatiaux de la politique de la ville, ainsi que l'aspect politique de guichet.

Quelle échelle d'intervention ?

Des politiques municipales ou d'agglomération ?

Une autre problématique qui me paraît primordiale et sur laquelle j'ai du mal à me faire un avis pose la question de l'interlocuteur idéal au niveau local. Qui devrait être le maître d'ouvrage de la politique de la ville : la commune ou l'agglomération ? La logique voudrait que l'agglomération prenne en charge la politique de la ville parce qu'il n'y a pas de possibilité de sortie de crise uniquement endogène pour ces territoires en difficulté. Ces quartiers ne peuvent pas seulement espérer se transformer de l'intérieur. La

8 Voir l'article d'Émilie Saint-Macary dans cet ouvrage.
9 Conseil général des Ponts et chaussées.

réussite vient forcément d'un projet global sur l'ensemble du tissu urbain, économique et social. Ceci étant, ces quartiers aussi ont besoin d'une reconnaissance et d'une vie démocratique que l'agglomération aujourd'hui ne donne pas puisque les structures d'agglomération (communautés d'agglomération, communautés urbaines) ne sont jamais que des forums permanents de la négociation entre les maires, et du compromis qui va satisfaire le désir des uns et des autres dans le cadre d'un projet plus ou moins partagé.

On note toutefois quelques exceptions qui viennent souvent des communautés urbaines qui ont su créer des solidarités beaucoup plus fortes. Mais les communautés d'agglomération d'aujourd'hui sont bien ce lieu de la négociation permanente entre les maires, de l'accord sur la réalisation de chacun de leurs projets, avec un minimum de coordination. Ce fonctionnement politique ne peut pas répondre aux besoins de reconnaissance démocratique, de reconnaissance politique dont ont besoin les quartiers.

Hérouville-Saint-Clair, une ZUP devenue ville

Je pense à ce titre qu'Hérouville-Saint-Clair a été une expérience réussie. Hérouville est une des grandes ZUP de 10 000 logements en France qui n'est pas devenue un grand quartier en difficulté. C'est une ville qui est restée équilibrée, une ville où il me semble que les gens vivent relativement bien, où on a su garder une vraie mixité sociale. C'est ce que beaucoup d'observateurs disent et ce que l'on peut observer sur le terrain. Cela s'explique entre autres par le fait que sur 35 membres du conseil municipal (années 1970-1980), 32 habitaient les quartiers de la ZUP, qui constitue par ailleurs 85 % du territoire urbanisé. À titre de comparaison, au Val-Fourré à Mantes-la-Jolie, ZUP de la même importance créée à la même époque, les habitants étaient représentés au mieux par un ou deux élus au sein du conseil municipal.

Ici, la problématique de la participation change parce qu'il ne s'agit plus d'instituer une participation des habitants d'un territoire qui représente 5 %, 10 % ou 15 % de l'ensemble de la ville. Il y a un mode de participation fondamental qui est celui de l'élection, celui du rapport entre le citoyen et ses élus. Ce rapport s'estompe, sauf quand on partage ensemble, à 35, au sein d'un conseil municipal, le même intérêt pour la vie de ce territoire, pour la vie de cette ville. Dans ce cas, les actions sont vraiment menées avec un lien, un cordon ombilical qui ne se scinde pas, qui ne se coupe pas entre les habitants et leurs élus. Donc, si la maîtrise d'ouvrage de la politique de la ville est donnée à l'agglomération, le lien extrêmement fort qui peut exister entre la commune et son quartier sera coupé.

Je pense qu'il faut un juste milieu, il faut forcément associer les échelons. L'agglomération doit prendre des responsabilités importantes. Elle en prend d'ailleurs obligatoirement dans la mesure où elle est aujourd'hui en charge de compétences qui lui ont été transférées : celle des transports notamment, et on sait que ceux-ci sont extrêmement importants dans le cadre de politiques de désenclavement des quartiers. La commune doit également fortement représenter ses habitants.

Pour une nouvelle donne territoriale

Aujourd'hui, la question des territoires d'action devient plus complexe encore, avec les débats sur l'évolution de la politique de la ville. J'ai participé pour ma part à la fameuse RGPP (révision générale des politiques publiques[10]) sur les questions d'habitat, de logement et de la ville en général. Les débats étaient extrêmement houleux avec des questions primordiales en jeu : est-ce qu'il faut, par exemple, faire en sorte que la DSU[11] ne soit plus une DSU communale, mais devienne une DSU d'agglomération, charge à l'agglomération de répartir cette dotation sur des actions spécifiques, sur le traitement des quartiers en difficulté de la communauté d'agglomération par exemple.

Personnellement, je pense que les choses deviendront différentes le jour où on se résoudra, en France, à faire de l'organe délibérant de l'agglomération un organe élu au suffrage universel, porteur d'une politique, au lieu d'être le lieu permanent d'un compromis entre les différents maires de l'agglomération. Il faut, pour les agglomérations, un véritable projet politique qui soit choisi par le suffrage universel et mis en œuvre au niveau de l'agglomération. C'est à cette condition que les changements d'échelle dans la politique de la ville pourront être efficaces.

Cependant, je crois important dans ce cas de figure d'appliquer, pour les agglomérations de région, un système du type PLM[12] qui permet d'avoir, comme à Paris, des arrondissements, des mairies d'arrondissement, et donc des élus d'arrondissement, ce qui donne à des territoires urbains inclus dans une agglomération des conseils de quartier ou d'arrondissement élus au

---

10 Lancée en 2007 sous la présidence de Nicolas Sarkozy, dans le but de réduire les dépenses de l'État, de réformer celui-ci et d'améliorer les politiques publiques.

11 Dotation de solidarité urbaine. Cette mesure est créée en 1991 pour aider les villes les plus pauvres à répondre au financement de leur charge. Elle consiste en un rééquilibrage des richesses, via une redistribution financière par l'État.

12 La loi n° 82-1169 du 31 décembre 1982 relative à l'organisation administrative de Paris, Marseille, Lyon, et des établissements publics de coopération intercommunale, est dite loi PLM pour les initiales des trois grandes métropoles concernées. Dans le cadre de la première décentralisation, il a été décidé de découper ces grands territoires administratifs en sous-espaces électoraux avec des maires d'arrondissement élus au suffrage universel.

suffrage universel. Ces espaces seraient donc dotés d'une véritable dimension politique, au sein d'une entité plus grande.

J'ajoute en conclusion qu'il est impératif que les projets de rénovation urbaine soient systématiquement réexaminés en y incluant une négociation avec l'Éducation nationale et le ministère de l'Intérieur sur la présence et l'organisation des écoles, collèges et lycées ainsi que l'organisation de la sécurité. Aujourd'hui, jamais les ministères concernés n'ont consenti à ce travail partenarial.

LES ARTICULATIONS ENTRE L'ÉTAT ET LES ACTEURS LOCAUX. LE CAS DE LA RÉNOVATION URBAINE

Fabrice Peigney

Initiée au début des années 1980, la politique de la ville doit sa réalité à la décentralisation, car les lois de 1982 et 1983 ont permis aux maires de voir leurs prérogatives élargies (politique d'urbanisme notamment) et les ont amenés à s'emparer des premiers dispositifs inventés pour lutter contre les inégalités territoriales révélées par les émeutes des Minguettes en 1981. Tout au long des années 1980, le Développement social des quartiers (DSQ) puis le Développement social urbain (DSU) se sont déployés en France (passant en moins de dix ans de quelques dizaines de sites à plusieurs centaines).

L'intervention conjointe de l'État déconcentré et des mairies avait pour objectif de développer une nouvelle stratégie dans les quartiers sur la question sociale : éducation, prévention de la délinquance, insertion des jeunes. Ce mode d'action était largement porté par les communes en partenariat avec les préfets et s'appuyait sur un chef de projet qui disposait, au cours de cette période, d'une certaine autonomie et d'une légitimité, car il était en contact direct avec les habitants et rendait compte tout à la fois au préfet et au maire.

Cette façon d'agir, en lien direct avec les habitants et les maires, et sans réel pilotage par des instances nationales, a progressivement évolué. En effet, la politique de la ville, considérée comme locale, s'est progressivement constituée comme une politique nationale à travers deux grandes étapes.

La première, certainement la plus décisive, a eu lieu entre 1988 et 1999[1] avec la création du ministère de la Ville, de la Délégation interministérielle à la ville (DIV), du Comité interministériel des villes (CIV) et du Conseil national des villes (CNV). Cette institutionnalisation de la politique de la ville avait pour objectif de la rendre plus efficace et lisible, car les nombreuses initiatives locales sans coordination nationale donnaient une impression d'émiettement et de saupoudrage[2] incompatible avec la gravité des problèmes qui se déployaient dans les quartiers dits à problèmes.

---

1 Sylvie Tissot (2007) a réalisé la sociogenèse de la DIV, pierre angulaire de la politique de la ville des années 1990.

2 La Commission nationale du développement social des quartiers (CNDSQ), créée en octobre 1981, fonctionnait davantage comme une instance de consultation que comme une instance directrice ou portant des initiatives.

Par la suite, les dispositifs mis en œuvre au cours des années 1990, à savoir le contrat de ville, la zone franche urbaine (ZFU) et le grand projet de ville (GPV), ont tenté d'agir contre les importants phénomènes de ségrégation observés. Dans chaque cas, le pilotage du dispositif était confié aux maires qui recrutaient au sein de leurs administrations des chefs de projet dédiés.

Les négociations et la mise en œuvre des dispositifs n'étaient pour autant pas comparables. Si le contrat de ville est une forme « administratisée » du DSU (moins de contact direct avec les habitants, dépendance directe du chef de projet au maire, intégration dans l'appareil municipal) qui agit en coordination étroite avec les services préfectoraux, la ZFU et le GPV présentent des modes de fonctionnement différents, en offrant davantage d'autonomie aux collectivités locales. Ainsi, la zone franche, une fois son périmètre défini avec les collectivités locales, est laissée au pilotage quasi unilatéral des communes. En fonction du contexte local et de leurs objectifs, elles se dotent des moyens et outils qu'elles souhaitent sans que l'État n'intervienne. Plus encore, l'évaluation des effets locaux des zones franches n'a pas été une priorité pour l'État, en atteste la rareté de l'organisation par les préfectures des comités de pilotage (censés être annuels) pour évaluer les effets. Au cours de cette période, les villes ont été libres de faire ce qu'elles voulaient au sein d'un dispositif d'exonérations qui coûte plus cher à l'État (environ 500 millions d'euros en 2012) que le volet social de la politique de la ville (346 millions d'euros pour le financement de l'ACSE[3] en 2012).

Les GPV offraient eux aussi beaucoup de latitude aux maires qui établissaient librement leurs projets urbains en partenariat avec l'État déconcentré. Plutôt axé sur la réhabilitation que sur la démolition-construction, le GPV portait des projets d'aménagements globaux mais les maires négociaient la participation de l'État tous les ans.

Cette séquence historique (de 1988 à 2002) a été marquée par la multiplication des dispositifs et une rationalisation de la géographie prioritaire (Estèbe, 2004) des fonds investis et des moyens humains. Cette rationalisation a pris une forme différente dans la seconde étape du passage de la politique de la ville à une politique nationale, qui a eu lieu en 2003-2005 avec la création de deux agences, à savoir l'Agence nationale pour la rénovation urbaine (ANRU), l'Agence nationale pour la cohésion sociale et l'égalité des chances (ACSE) puis de l'Observatoire national des zones urbaines sensibles (ONZUS) (Epstein, 2008).

Si le processus d'amélioration de l'efficacité de l'action publique vers les quartiers a été un objectif des années 1990, il n'a pas été atteint selon le rapport de la Cour des comptes présenté au président de la République en

3 Agence nationale pour la cohésion sociale et l'égalité des chances.

2002. En effet, celle-ci prolongeait une partie des constats établis dans le rapport Sueur (1998), en pointant une imprécision des objectifs de la politique de la ville qui aurait produit « *un empilement de procédures et un enchevêtrement des zones d'intervention, difficilement lisibles tant pour les acteurs que pour la population* » (Cour des comptes, 2002). C'est ce constat qui a donné naissance aux deux agences évoquées (ANRU et ACSE).

Les deux étapes de l'institutionnalisation de la politique de la ville comme une politique nationale ne sont pas équivalentes. La première étape a consisté à mettre en œuvre une coordination et une évaluation nationales des dispositifs. La seconde, marquée par un contexte de rigueur plus saillant, a visé l'efficacité des dispositifs par une nouvelle réaffirmation de l'État. Lors de ces deux étapes centralisatrices, les voix décentralisatrices se sont élevées pour dénoncer un retour d'un État inquisiteur ou dirigiste. À ce titre, on peut souligner que si la création de la DIV (en raison de la centralisation qu'elle représentait) a été très contestée, son projet de disparition l'a également été par les maires, à tel point qu'elle a été finalement conservée mais transformée[4].

Quoi qu'il en soit, le Programme national de rénovation urbaine (PNRU) a généré beaucoup de craintes lorsqu'il a été créé : par son ampleur d'abord (42 milliards d'euros d'investissement total dont une subvention d'environ 12 milliards attribuée à 500 quartiers), par son mode d'intervention ensuite (une agence dédiée avec un président et un conseil d'administration relativement autonomes de l'appareil d'État), par ses objectifs affichés enfin, souvent interprétés comme une « chasse aux pauvres », une « dispersion des ménages défavorisés pour les cacher », un « oubli des habitants dans la production des projets urbains », ou encore une « ingérence de l'État dans la démocratie locale ». Ce dernier point a rassemblé un grand nombre d'acteurs disparates. La contribution la plus visible dans ce domaine a été la thèse de Renaud Epstein (2008)[5] qui estimait que l'ANRU représentait un nouveau modèle de gouvernance par lequel l'État assurait l'application de son modèle de projet urbain par appel à projet et incitation financière.

Dix ans après la naissance de la rénovation urbaine, examinons cette question : lequel de ces deux échelons, l'État ou les communes, fait réellement la rénovation urbaine ?

4 Elle est devenue le secrétariat général du comité interministériel des villes.

5 Il y affirme une inclinaison forte de la politique de la ville dans les années 2000 en affirmant que, sous l'égide des deux agences précitées, elle serait davantage guidée par l'État.

La nouvelle place de l'État dans la gouvernance de la politique de la ville

On peut lire la rénovation urbaine comme une étape supplémentaire de « nationalisation » de la politique de la ville à travers la création d'une agence et d'un programme national ainsi que d'un outillage spécifique de contrôle et de financement.

Le PNRU : un programme à la fois vaste et détaillé

L'article 6 de la loi d'orientation et de programmation pour la ville et la rénovation urbaine fixe les objectifs du PNRU : « *restructurer, dans un objectif de mixité sociale et de développement durable, les quartiers classés en zone urbaine sensible* ». Il comprend « *des opérations d'aménagement urbain, la réhabilitation, la résidentialisation, la démolition et la production de logements, la création, la réhabilitation et la démolition d'équipements publics ou collectifs, la réorganisation d'espaces d'activités économiques et commerciales, ou tout autre investissement concourant à la rénovation urbaine* »[6].

L'État, à travers le PNRU, pose donc un cadre d'intervention urbain précis applicable à l'ensemble du territoire national. Il est complété d'objectifs chiffrés en matière de démolition et de reconstruction (250 000), de réhabilitation et de résidentialisation (400 000)[7], ainsi que par un règlement général informant très précisément des conditions de financement.

Le règlement général de l'ANRU[8] est aussi une nouveauté et une complexité supplémentaire pour les porteurs de projet. Il s'agit d'un arrêté qui a une portée réglementaire. Le titre III de ce document porte sur la nature des opérations aidées et les conditions d'attribution des subventions et reprend toutes les familles d'opérations[9] pour lesquelles les villes peuvent obtenir des subventions. Plus d'une quarantaine d'opérations types peuvent être financées à ce titre.

---

6 Loi n° 2003-710 du 1er août 2003 d'orientation et de programmation pour la ville et la rénovation urbaine

7 Le programme quantitatif initial a été modifié par la loi n° 2006-872 du 13 juillet 2006.

8 Arrêté du 20 mars 2007 portant approbation du règlement général de l'Agence nationale pour la rénovation urbaine. La circulaire n° 2004-56 UHC/IUH 2 du 25 octobre 2004, relative aux aides au logement dans les territoires d'intervention de l'Agence nationale pour la rénovation urbaine, avait précédé le règlement général de l'ANRU (RGA) pour définir le programme.

9 Démolition, construction, changement d'usage, requalification, réhabilitation, résidentialisation, amélioration de la qualité de service, aménagement, équipement, espaces commerciaux, habitat privé, ingénierie.

Pour exemple, dans la catégorie « reconstitution de logements sociaux », on trouve quatre déclinaisons, « la production de logements et les subventions foncières », « les règles d'octroi des subventions PLUS CD », « la vente en état futur d'achèvement » et « les travaux d'intérêt architectural », qui détaillent chacune son contenu. Les règles sont parfois difficiles à comprendre ou à appliquer par les porteurs de projet comme par exemple : « *le relogement d'un nombre de ménages doit être au moins égal à 50 % des logements financés en PLUS CD dans des logements sociaux neufs ou conventionnés depuis moins de cinq ans à la date de relogement.* »[10] Considérant la part de l'ANRU (27 %) dans l'investissement total des projets, les municipalités n'ont pas voulu se passer d'une telle manne au nom de la complexité ou au nom d'un désaccord sur telle ou telle opération. Elles ont donc œuvré avec l'agence et les DDE pour « entrer dans le cadre », quitte parfois à faire (dans de très rares cas) ce qui ne leur apparaissait pas prioritaire.

Les objectifs du PNRU et son pilotage national tranchent donc avec l'expérience des GPV qui ne contenaient pas d'objectifs précis à atteindre sur l'ensemble du territoire.

Une agence forte et autonome

La création d'une agence pour mener le PNRU allait de soit pour Jean-Louis Borloo. Elle représentait la garantie du bon accomplissement de la mission à venir. L'agence a été créée sous la forme d'un établissement public à vocation industrielle et commerciale qui « *a pour mission de contribuer, dans un objectif de mixité sociale et de développement durable, à la réalisation du programme national de rénovation urbaine dans tous les quartiers visés à l'article 6 en accordant des concours financiers aux collectivités territoriales, aux établissements publics de coopération intercommunale compétents et aux organismes publics ou privés qui y conduisent des opérations concourant à la rénovation urbaine, à l'exception des établissements publics nationaux à caractère administratif dont les subventions de l'État constituent la ressource principale. Il passe des conventions pluriannuelles avec les collectivités et organismes destinataires de ces subventions. Son conseil d'administration peut fixer, en fonction du montant des subventions ou du coût de l'opération financée, des seuils au-dessous desquels il n'est pas conclu de convention.* »[11]

10 Extrait du RGA, titre II, 1.1.1.2 : « Les règles d'octroi des subventions PLUS-CD ».
11 Loi n° 2003-710 du 1er août 2003 d'orientation et de programmation pour la ville et la rénovation urbaine, article 10.

La création de l'ANRU accroît d'un pas l'implication de l'État dans la politique de la ville. En effet, les GPV ne rendaient pas de comptes, au sens strict, à l'État. En tant que guichet unique et axe central du PNRU, l'ANRU implique une concentration de l'autorité à la manière d'une administration centrale. Tous les projets de rénovation urbaine (à l'exception des opérations dites « isolées ») doivent passer par l'ANRU et être défendus par les maires devant le comité d'engagement[12] de l'agence.

L'ANRU a été critiquée pour son centralisme, mais également pour son absence d'écoute des premières critiques formulées (CES de l'ANRU, 2007, 2008). Il a été dit qu'elle fonctionnait comme un « rouleau compresseur » et que rien ne pouvait l'arrêter. Le statut d'« agence » peut expliquer cette situation. L'ampleur du programme et sa jeunesse (l'État est parti d'une page blanche pour le constituer) ont contribué à cette impression de surdité. On pourrait aussi supposer que les promoteurs du PNRU n'avaient pas d'autre choix que d'avancer pour attester de la cohérence du programme national.

L'imposition d'une doctrine et d'un rythme

Comment se sont constitués les projets de rénovation urbaine ? D'abord à partir de la doctrine de l'ANRU et de ce qui est devenu la pierre angulaire du programme d'aménagement, à savoir les démolitions. Il fallait « casser les ghettos » et détruire un parc considéré comme obsolète et stigmatisé afin de banaliser les quartiers. « Casser les ghettos » n'était pas une formule partagée par tous, sachant qu'en France, les réseaux politiques et universitaires s'accordaient pour dire que les quartiers de la politique de la ville ne ressemblaient pas à leurs homologues américains, auxquels ils étaient souvent comparés. Pour autant, les maires se sont engagés dans le processus en pensant pouvoir négocier, ce qu'ils ont fait, mais moins qu'ils ne l'avaient imaginé.

En effet, les DDE, relais fidèles de l'ANRU, ont particulièrement insisté sur l'importance des démolitions à effectuer. Bien souvent, les discussions commençaient par ce sujet et non par le projet urbain dans son ensemble. Il fallait aller vite et imposer un rythme national aux collectivités qui était notamment déterminé par l'appel à projets. Chaque ville devait présenter son projet à l'ANRU, sachant que celle-ci fonctionnait à enveloppe fermée. Cette logique induisait que le premier arrivé était le premier servi et qu'en

12 Le comité d'engagement de l'ANRU rassemble les principaux acteurs du financement du PNRU : l'Union sociale pour l'habitat (USH), l'Association foncière logement (AFL), la caisse des dépôts et consignations (CDC), le ministère du Logement ainsi que le SG-CIV. Le comité reçoit les maires qui présentent le projet urbain et ses avenants. Il donne ensuite un avis positif ou négatif sur la demande.

conséquence, les municipalités candidates aux fonds nationaux devaient s'aligner sur les délais imposés.

En outre, une grande partie des services municipaux se sont sentis dépassés par les événements car leurs interlocuteurs, pour l'essentiel issus du corps des Ponts ou des Travaux publics, disposaient d'une expertise qui faisait défaut dans la plupart des collectivités locales. Les services des mairies pouvaient difficilement lutter techniquement contre leurs interlocuteurs, tout comme les maires pouvaient difficilement lutter contre le ministre ou ses représentants. Évidemment, plus les collectivités locales étaient importantes (les grandes agglomérations), plus elles disposaient de ressources et moins elles pâtissaient de ce rapport de force.

La question des démolitions a parfois pris des formes caricaturales : des représentants de l'État venaient sur site et indiquaient quels immeubles il fallait démolir, sans connaissance fine du quartier ou sans diagnostic préalable. Pourtant, au fil de l'avancement des projets, ils se confrontèrent à un mode de fonctionnement complexe et notamment l'instruction opérationnelle et financière de la convention. L'ANRU a en effet mis en place un système centralisé strict auquel les porteurs de projet ont dû s'adapter, souvent non sans mal. Chaque opération devait en effet être recensée et respecter le règlement général, au logement près, ce qui était parfois perçu comme un excès de zèle et un manque de confiance de l'État envers ses collectivités.

Enfin, l'instruction financière particulièrement lourde a amené les porteurs de projet à réorganiser leurs services. Malgré les moyens mobilisés, les délais de paiement de l'agence ont été très longs, surtout au début, (plus de 200 jours en 2008) et donc très difficiles à supporter financièrement. Ce délai était notamment dû à la centralisation de l'instruction financière.

Au regard des origines de la politique de la ville, l'instauration du PNRU et d'une nouvelle gouvernance en a donc représenté une évolution importante dans la politique de la ville. Mais ce processus a-t-il desservi ou affaibli les communes ?

Les villes maîtrisent la rénovation urbaine

La « nationalisation » de la politique de la ville à travers la rénovation urbaine a occulté le rôle majeur que les municipalités ont occupé lors des différentes étapes de la réalisation de la politique publique.

Les maires de la politique de la ville à l'origine du PNRU

Annoncer que l'État maîtrise la rénovation urbaine suppose l'oubli d'un certain nombre de facteurs qui amènent à penser que les villes ont eu un poids, une marge de manœuvre et une capacité d'innovation importants dans la rénovation urbaine. Ainsi, les députés, souvent titulaires d'un mandat local, ont adopté la loi de rénovation urbaine dans un consensus suffisamment rare pour être souligné. À l'opposé du pacte de relance pour la ville en 1996, qui avait très vivement opposé la gauche et la droite sur la question de la ZFU, la loi Borloo n'a pas suscité de clivages importants. On peut avancer deux raisons à cela : d'abord, les principaux thèmes de la rénovation urbaine étaient portés par les maires de la politique de la ville. Au premier titre desquels on trouve Jean-Louis Borloo, maire de Valenciennes qui, dès 2001, avait accueilli le dispositif GPV. Agir sur le bâti et, d'une façon générale, sur l'urbain des quartiers des grands ensembles était une demande des habitants et une nécessité pour les maires et les bailleurs.

Ensuite, les maires y voyaient un moyen unique de financer des opérations d'amélioration du cadre de vie qu'ils ne pouvaient effectuer sans l'apport de l'État. Ils ont perçu à juste titre que les subventions de l'ANRU allaient financer le déficit de toute une série d'opérations comme la démolition-reconstruction, l'acquisition foncière, la réalisation d'équipements.

D'une manière générale, les GPV ont posé les conditions de réalisation des PRU. D'abord, parce qu'en cherchant à améliorer l'urbain pour améliorer l'humain, les décideurs et les techniciens ont progressivement avalisé l'idée que les démolitions d'immeubles pouvaient être nécessaires et positives pour améliorer les conditions de logement des habitants, mais surtout banaliser les quartiers, et les rendre plus sûrs et plus lisibles.

On pourrait même dire aujourd'hui que les PRU corrigent un des défauts majeurs des GPV, à savoir l'annualisation inadéquate des financements pour mener à bien un projet urbain. En effet, une des caractéristiques du PNRU est d'avoir pluriannualisé les subventions. Avec l'ANRU, les porteurs de projet sont certains de recevoir les subventions sur les cinq ans de la convention.

La paternité du PNRU, tant sur le fond que sur la forme, peut donc être pour partie revendiquée par les maires. Ils l'ont parfois critiqué (notamment la lourdeur administrative et financière), mais l'ont toujours appelé de leurs vœux. Ainsi en 2007, suite aux émeutes de Villiers-le-Bel, alors qu'à peine un quart des conventions avaient été signées, Stéphane Gatignon (maire de Sevran) et François Pupponi (maire de Sarcelles) enjoignaient[13] l'ANRU

13 Voir : http://www.acad.asso.fr/?Forum-Politique-de-la-Ville

d'accélérer le mouvement (ce qui est, on l'a vu, paradoxal car une bonne partie des porteurs de projet considérait que l'ANRU voulait aller trop vite).

En 2012, les collectivités locales prennent toujours position en faveur du PNRU. Ainsi, le manifeste pour une nouvelle politique de la ville[14], signé par les associations des maires des grandes villes, des communautés urbaines et Ville et Banlieue, qui a été adressé aux candidats à l'élection présidentielle, a appelé à la poursuite du PNRU. Si les villes avaient été dépossédées de leurs prérogatives et pouvoirs, on peut supposer qu'elles ne tiendraient pas ces propos aujourd'hui. D'ailleurs, les signataires de ce manifeste reprennent largement la doctrine de l'ANRU : mixité sociale, désenclavement, gestion urbaine de proximité, à laquelle s'ajoutent de nouveaux sujets comme la lutte contre la précarité énergétique, l'intervention plus forte vers les copropriétés dégradées, etc. Sur le plan de la gouvernance, les signataires demandent le renforcement des moyens de l'État (notamment l'ANRU) ainsi qu'une consolidation de la place du ministère de la Ville et l'instauration du couple commune-agglomération comme chef de file de la politique de la ville.

L'État confie le pilotage de la rénovation urbaine aux maires

Souhaitée par les villes, la rénovation urbaine a logiquement été dirigée par elles, ce qui n'était pas évident pour au moins deux raisons. D'abord parce qu'en 2003, l'impulsion de la loi Chevènement[15] sur les intercommunalités, et notamment les communautés d'agglomération, aurait pu faire penser que le porteur de projet aurait dû être le président de l'intercommunalité. Ensuite, parce que les villes contribuent peu au financement du PNRU : moins de 10 % des dépenses totales. Pour autant, c'est bien le maire qui est chargé d'assurer la coordination de l'ensemble des maîtres d'ouvrage et qui est le premier responsable devant le comité d'engagement. Cependant, il a été considéré que l'échelon communal était tout à la fois le plus efficace et le plus capable de mener à bien localement la politique publique.

Les promoteurs du PNRU ont aussi pensé que l'action de la rénovation urbaine pouvait s'assimiler à des procédures d'aménagement (ZAC ou autres) qui depuis trente ans sont pilotées par les communes (les directions de l'urbanisme opérationnel déterminant l'action des aménageurs privés ou publics). Ce n'est donc pas un hasard si le titre II du règlement général de

14http://www.grandesvilles.org/sites/default/files/thematiques/Politique%20de%20la%20ville/manifeste_ politique_de_la_ville_mars_2012_86677.pdf

15 La loi n° 99-586 du 12 juillet 1999 relative au renforcement et à la simplification de la coopération intercommunale.

l'ANRU (RGA) est structuré autour de quatre sujets au cœur des opérations d'aménagement : l'habitat, l'aménagement, les équipements et l'ingénierie. Les communes possédaient la légitimité politique et technique pour piloter la rénovation urbaine. Elles devaient s'adapter à un cadre qu'elles ne connaissaient pas mais qui volontairement se rapprochait de ce qu'elles faisaient en dehors des grands ensembles, et ce sur plusieurs points : premièrement celui de la durée. En effet, aucune autorité au-delà de celle du maire n'arrête de date définitive de fin de ZAC, d'où parfois la durée très longue (15 ou 20 ans) de certaines d'entre elles. Avec l'ANRU, les projets doivent être achevés en 5 ans (en réalité, c'est en moyenne 7 ans, ce qui reste très rapide au regard de la complexité des interventions). Deuxièmement, le volet social (participation des habitants et relogements) devait faire l'objet d'une attention accrue, ce qui a été le cas. Troisièmement, l'orchestration des différents acteurs (en ZAC, en général, l'aménageur s'occupe de ce volet) devait être assurée par le directeur de projet.

Parmi les programmes de rénovation urbaine, il n'y a eu aucune opération d'intérêt national (OIN), signe d'une implication forte de l'État au détriment de la souveraineté locale. Même le plus important d'entre eux (Clichy-sous-Bois/Montfermeil) n'a pas fait l'objet de ce type de décision.

Les communes ont donc mené leur projet d'aménagement avec leurs ressources financières, techniques, humaines. Elles ont souvent fait appel à un architecte urbaniste qui a réalisé un schéma directeur d'aménagement, puis elles ont recensé, budgété et inscrit dans un calendrier toutes les opérations à réaliser. Les DDT ont pu les appuyer dans ce processus, mais elles n'ont pas eu de droit de veto. Il n'est de toute façon pas certain qu'elles disposaient des moyens humains et techniques nécessaires pour effectuer un suivi de projet. Les communes se sont appuyées sur des bureaux d'études qu'elles ont choisis pour la conception de leurs équipements, de leurs espaces publics. Elles ont suivi le processus de relogement et les décisions des bailleurs.

Un cadre commun, mais de grandes marges de manœuvre

Le cadre de la rénovation urbaine est précis, mais il est aussi très vaste. Il permet donc aux communes de produire leur projet avec une marge de manœuvre importante. Cette marge de manœuvre est d'autant plus forte que la collectivité dispose de toute une série de moyens financiers, techniques et humains.

Les collectivités ont choisi *in fine* leurs projets urbains et ont décidé des immeubles à démolir, de la forme des espaces publics, de l'apparence et de la structure de leurs équipements, de l'organisation du relogement, de la mise en œuvre de la gestion urbaine de proximité, de la manière de mettre en œuvre la charte d'insertion et de beaucoup d'autres sujets. Il faut à ce titre souligner que l'ANRU a, au fil du temps, gagné en souplesse et en efficience : elle a accompagné les porteurs de projet dans des voies qu'ils n'auraient pas empruntées initialement[16]. Examinons deux exemples.

L'agglomération de Creil compte 70 000 habitants et a la spécificité de ne pas avoir de centre, les villes et les quartiers visés par la rénovation urbaine s'étant constitués aux franges et sur les coteaux, alors qu'au centre se trouvait une immense zone industrielle en friche. Le quartier de Gournay à Creil est situé dans la zone industrielle et fait l'objet d'une intervention de l'ANRU, alors qu'il ne comprend aucun logement social. L'objectif est double : redonner une attractivité aux quartiers du Rouher, de la Commanderie, des Martinets, d'Obier-Granges, et redonner sa fonction au centre de l'agglomération (qui est aujourd'hui une succession de friches industrielles).

L'ANRU a accepté de financer un programme de logement sur un secteur industriel grâce notamment à la volonté des élus locaux et à une détermination intercommunale.

La convention de Bayonne ne comporte pas de démolitions de logements car la ville ne le souhaitait pas pour de multiples raisons (état du bâti, caractère patrimonial des principaux immeubles, tension forte du marché du logement, etc.). En contrepartie de l'absence de démolitions, les acteurs locaux se sont engagés à modifier le peuplement de la barre Jourdain (qui compte plus de 1 000 logements). L'objectif inscrit dans la convention porte sur un changement de 30 % des locataires de l'immeuble en cinq ans (soit 300 logements) afin d'attirer des « *ménages en couple gagnant 1.5 fois le SMIC* ». Ce changement de peuplement, en voie de réussir, a été précédé d'importants efforts de gestion de la barre qui ont permis de réduire drastiquement les incivilités et les dégradations.

Ces deux exemples d'initiatives locales et/ou de dérogation à « l'orthodoxie » de l'agence pourraient être multipliés : restructuration massive du centre-ville de Vaulx-en-Velin, processus d'implication des « habitants exemplaires » à Arcueil[17] et à Chambéry, accompagnement des nouveaux copropriétaires à la Duchère, résidence intergénérationnelle à Poitiers, dispositif d'accompagnement post-relogement à Clichy-sous-Bois, développement de nouveaux quartiers à Woippy permettant de relier les quartiers de la rénovation urbaine, mise en place de transports en commun dans de nombreuses agglomérations etc. L'ensemble de ces exemples

16 Les rapports du CES de l'ANRU sont émaillés d'expériences locales montrant la richesse des initiatives produites. Voir notamment *La rénovation urbaine à l'épreuve des faits*, Paris, La Documentation française, 2009 et *Les quartiers en mouvement, Pour un acte 2 de la rénovation urbaine*, Paris, La Documentation française, 2010.

17 Voir le témoignage de Daniel Breuiller sur Arcueil, en troisième partie de cet ouvrage.

montre la capacité de l'échelon local à enrichir et infléchir une politique publique, pourtant accusée d'autoritarisme.

Conventions, contrats ou charte d'engagement ?

Les conventions signées entre l'ANRU, l'AFL, les bailleurs et les collectivités locales sont des documents qui contractualisent les engagements des acteurs. Si par exemple l'ANRU ne procède pas au versement d'une subvention, elle s'expose à une procédure judiciaire. Mais l'inverse n'est-il pas vrai ? En effet l'ANRU n'a jamais sanctionné un maire en raison de l'irrespect des objectifs inscrits dans la convention. Elle s'y est toujours refusée au nom du lien de confiance à préserver avec les élus.

Pourtant, même si les cas ne sont pas nombreux, certains porteurs de projet ne respectent pas les conventions signées. Dès lors, les conventions ne peuvent pas être comme des contrats où les parties se contrôlent réciproquement. Dans la lignée des moyens d'action créés par la politique de la ville, l'État ne sanctionne pas, il accompagne les maires dans leurs projets.

Conclusion

L'arbre cache souvent la forêt. La création de la rénovation urbaine et de son agence a pu faire oublier le chemin politico-administratif parcouru depuis le début des années 1980. En effet, la France est un pays décentralisé dans lequel les collectivités locales ont acquis un pouvoir et une légitimité impensables auparavant. Ainsi, au fil du temps, on a pu constater un transfert de pouvoir entre le préfet et le maire. En 2003, lorsqu'un maire de ville moyenne se rendait en préfecture, il se disait qu'il reviendrait avec quelque chose tellement il était convenu que le préfet, au nom de la subsidiarité, donnerait raison à l'édile local.

La reconnaissance des prérogatives des maires ainsi que leur très bonne connaissance de leur ville et des quartiers représentent des atouts sur lesquels s'appuient les services déconcentrés de l'État. Ces derniers ont d'ailleurs, eux aussi, connu des transformations importantes au cours des dernières décennies : de moins en moins étoffés, ils sont parfois dans l'incapacité de remplir leurs missions régaliennes. La décentralisation a atteint ses objectifs initiaux de confier des prérogatives importantes aux élus locaux. Elle les a peut-être même dépassés quand on sait que la politique nationale du logement ne peut défaire ou contrer ce que font les politiques locales de l'habitat. En effet, la sous-production de logements, et particulièrement de logements sociaux, ne peut être attribuée totalement aux promoteurs ou à l'État, car les principaux contributeurs de cette question sont les communes.

Les municipalités ont accueilli le PNRU comme un grand programme d'aménagement. Si les villes avaient été bousculées par un « État-ANRU dirigiste », elles seraient aujourd'hui particulièrement hostiles au programme et à l'agence. Or, les maires sont reconnaissants du travail effectué et, paradoxalement, de la pression imposée aux porteurs de projet en termes de respect de calendrier. Ils considèrent l'ANRU comme une banque qui verse ses subsides sous conditions, ce qui semble leur paraître normal. Certaines communes ont d'ailleurs exprimé le souhait que, dans le cadre du PNRU2, les subventions soient versées en bloc, le porteur de projet étant mieux placé pour savoir comment les utiliser. Mais si ce scénario devait voir le jour, il poserait la question du bon usage des fonds et des modalités de contrôle ou de sanctions en cas d'irrespect des objectifs. Ce schéma n'avait pas été retenu dans la première phase de la rénovation urbaine au nom de l'égalité de traitement sur tout le territoire. Ainsi, l'ANRU aurait représenté la figure d'un État fort, un peu à la manière de ce qu'il pouvait être dans les années 1960, critiqué par les décentralisateurs au nom de la particularité du local.

Bibliographie

CES de l'ANRU, 2007, *De nouvelles perspectives pour la rénovation urbaine*, Paris, La Documentation française.

CES de l'ANRU, 2008, *Rénovation urbaine 2004-2008. Quels moyens pour quels résultats ?*, Paris, La Documentation française.

Cour des comptes, 2002, *La politique de la ville*, rapport au président de la République.

ESTÈBE P., 2004, *L'usage des quartiers, action publique et géographie dans la politique de la ville (1982-1999)*, Paris, L'Harmattan.

EPSTEIN R., 2008, *Gouverner à distance, démolition-reconstruction de l'appareil d'État*, thèse de doctorat, ENS Cachan.

SUEUR J.-P., 1998, *Demain la ville*, rapport présenté au ministre de l'Emploi et de la Solidarité, La Documentation française.

TISSOT S., 2007, *L'État et les quartiers*, Paris, Le Seuil.

LA MONTÉE EN PUISSANCE DE L'INTERVENTION D'ACTEURS PRIVÉS DANS LES OPÉRATIONS DE RÉNOVATION URBAINE

Émilie Saint-Macary

Le Programme national de rénovation urbaine (PNRU) institué par Jean-Louis Borloo en 2003[1] est le cinquième dispositif[2] consécutif de la politique de la ville, mise en œuvre au début des années 1980. Bien souvent présenté comme « le nouveau plan Marshall des banlieues » amené à marquer « une rupture avec les dispositifs antérieurs », il est néanmoins caractérisé par une certaine continuité avec les objectifs initiaux de la politique de la ville[3], et en tout premier lieu celui de la mise en œuvre de la mixité sociale. Les termes ont certes changé : il s'agissait, à l'époque de la circulaire Guichard de 1973, de « *lutter contre les tendances à la ségrégation qu'entraîne la répartition des diverses catégories de logements entre les communes des agglomérations urbaines* »[4] ; le rapport Dubedout[5] de 1983 parlait d'« *équilibrage de la composition sociale des quartiers* » et de « *stopper le processus ségrégatif* », tandis que la Loi d'orientation pour la ville de 1991 devait « *permettre d'insérer chaque quartier dans la ville et d'assurer dans chaque agglomération la coexistence des diverses catégories sociales* ».

Le terme de « diversification[6] », mis en avant dans le cadre des opérations de rénovation urbaine comme une nouveauté pour introduire la mixité sociale, apparaît également dans ces mêmes textes à travers l'idée de « diversité de l'habitat » ou de « mixité de l'habitat ». Le terme de diversification apparaît de manière récente dans les textes diffusés par l'ANRU (et notamment le règlement général, titre III, 1-6), et concerne de

1 Loi d'orientation et de programmation pour la ville et la rénovation urbaine, n° 2003-710 du 1er août 2003.

2 Après les dispositifs suivants : Habitat et vie sociale (HVS) de 1977 à 1981, puis le Développement social des quartiers (DSQ) entre 1982 et 1988, puis les Grands projets urbains (GPU) de 1991 à 1999, les Grands projets de ville (GPV) / Opération de renouvellement urbain (ORU) en 1999 à 2003.

3 Voir l'article de Grégory Busquet et Émilie Saint-Macary dans le présent ouvrage.

4 Circulaire Guichard relative aux formes d'urbanisation dites de « grands ensembles » et à la lutte contre la ségrégation sociale par l'habitat du 21 mars 1973.

5 Le rapport Dubedout publié en 1983 fonde les principes d'un politique tournée vers les quartiers en difficulté et marque un tournant important dans la mise en place de la politique de la ville.

6 Voir la contribution de Christine Lelévrier dans le présent ouvrage.

façon relativement large la diversification de l'habitat, qui consiste à introduire des logements privés dans des quartiers d'habitat majoritairement social, ainsi que des logements sociaux dans des quartiers majoritairement privés. Elle comprend également la diversification fonctionnelle qui consiste à introduire des équipements et des zones d'activités dans des ensembles a priori majoritairement résidentiels. Il n'existe cependant pas de définition précise de ce terme devenu une catégorie d'action publique, qui demeure dès lors imprécis, y compris pour les opérationnels.

Il s'agissait jusqu'ici de mixer différentes catégories de logements au sein du parc social (prêt locatif aidé d'intégration (PLAI), prêt locatif à usage social (PLUS), prêt locatif social (PLS)). Mais si l'on peut bien imputer un changement majeur à la rénovation urbaine, il se situe surtout dans l'intervention nouvelle d'acteurs privés dans la mise en œuvre de cette politique. Depuis quand ce changement est-il amorcé ? Quelles en sont ses composantes ? Nous cherchons ici à mettre en évidence une montée en puissance de l'intervention privée dans les opérations de rénovation urbaine, à travers deux aspects principaux : au niveau des financements du dispositif national d'abord où nous retraçons l'émergence de l'intervention du 1 % logement – désormais appelé Action logement depuis janvier 2010 – dans les fonds alloués à la rénovation urbaine (1) ; au niveau de la production locale de logements ensuite, à travers l'apparition de nouveaux acteurs privés dans les enceintes des ZUS (2).

Le financement du 1 % logement et la politique de rénovation urbaine : quelle place pour un acteur privé dans une politique publique ?

Action logement[7] est créée en 1953 dans le but de favoriser le parcours résidentiel des salariés[8]. Son intervention survient dans un contexte de pénurie de logements, alors que des fonds financiers sont nécessaires pour la reconstruction du pays, sévèrement touché par la seconde guerre mondiale.

---

7 Au sujet du 1 % logement, voir la thèse de Jules-Matthieu Meunier : « Le 1 % logement : la participation d'une institution paritaire à la production de l'action publique. Genèse, perte de légitimité et reprise en main par l'État », sous la direction de Jean Claude Driant. Soutenue le 26 novembre 2013 à l'Institut d'urbanisme de Paris.

8 Elle taxe alors toutes les entreprises privées (non agricoles) de plus de 10 salariés à hauteur de 0,45 % de la masse salariale pour la construction de logements, taxe appelée « participation des entreprises à l'effort de construction » (PEEC). Ces sommes sont ensuite gérées par les comités interprofessionnels du logement (CIL), eux-mêmes regroupés dans l'Union d'économie sociale pour le logement (UESL).

Deux axes sont alors privilégiés : financer la construction de logements locatifs sociaux en échange de réservations pour les salariés, puis octroyer des prêts complémentaires aux ménages pour l'accession à la propriété.

Depuis 2001, les fonds d'Action logement alimentent la politique de rénovation urbaine. C'est la première fois qu'une politique publique est cofinancée dans des proportions si importantes par des fonds privés en France.

Pour quelles raisons un dispositif initialement destiné à financer le logement des salariés du secteur privé en vient à investir le tiers de sa ressource dans une politique publique ? Quelles incidences cela a-t-il sur la mise en œuvre des politiques investies ? Nous tenterons d'apporter des éléments de réponse à ces questions en retraçant les principaux éléments de l'émergence d'Action logement dans le cadre de la politique de la ville. Pour ce faire, nous séparerons notre propos en deux périodes : avant (1.1) et après (1.2) la mise en place de l'ANRU.

Les financements de la politique de la ville avant la mise en place de l'ANRU (2004), aux prémices de l'intervention privée

Le financement de la politique de la ville est le fruit de la mutualisation de sommes financières éparses : les principaux collecteurs sont le ministère de l'Emploi et de la Solidarité, les ministères de l'Intérieur, de l'Éducation nationale et le secrétariat au logement, les financements de l'Europe et, enfin, la caisse des dépôts et consignations qui contribue aux prêts aux collectivités et aux organismes HLM. Les différents rapports de la Cour des comptes mettent cependant en lumière la difficulté de distinguer précisément les crédits affectés à la politique de la ville[9]. On sait néanmoins que, depuis 1998, les crédits du budget du ministère de la Ville sont connus pour augmenter plus que les autres, les montants étant passés de 1,7 milliard d'euros en 1995 à environ 7 milliards en 2005 (Chaline, 2006). Cette croissance importante des besoins va tendre peu à peu vers un élargissement du nombre des financeurs.

La participation d'Action logement à la politique de la ville intervient d'abord dans un contexte de mutation importante du dispositif, caractérisé par trois changements majeurs survenus entre 1990 et 2001[10] : tout d'abord,

9 Il faut attendre 2002 pour que la Cour des comptes examine dans le détail les dépenses affectées aux différentes actions et tente d'en évaluer l'efficacité.

10 Ces changements sont matérialisés par les trois conventions suivantes, passées entre l'État et l'UESL : tout d'abord, la convention « en faveur des personnes ayant des difficultés particulières » du 14 mai 1997, puis la convention « relative à la modernisation du 1 % logement » du 3 août 1998, et enfin la convention « relative à la prolongation de la convention du 3 août 1998 » du 11 octobre 2001.

l'affectation de 10 % des fonds collectés par les CIL, désormais encadrés par l'UESL (récemment créée depuis 1997), à la politique du logement et des populations ayant des difficultés particulières. Cette convention[11] n'attribue pas spécifiquement de subventions à la politique de la ville, mais elle marque le début de l'engagement social du 1 % logement par un élargissement des bénéficiaires de ses subventions et un appui plus large à la construction de logements, et notamment de logements sociaux.

Un an plus tard, les missions du 1 % sont élargies par la création de dispositifs aidés type Loca-pass[12], prêts-pass travaux[13], etc. accessibles aux salariés des entreprises cotisantes. Une nouvelle convention fixe en effet les objectifs d'un investissement annuel pour les associés collecteurs de 690 millions d'euros environ sur une durée de cinq ans. Les partenaires sociaux sont désormais investis sur une durée pluriannuelle, et impliqués dans des négociations élargies attribuant au 1 % logement un rôle plus proactif. Cette convention[14] marque un tournant pour Action logement dont la participation financière est rendue indispensable pour l'État dans la construction de logements. Elle permet à l'organisme de participer au financement du patrimoine locatif privé conventionné en cours de constitution et décidé par l'État (depuis la loi Besson). Ainsi, l'aide élargie à la construction de logements variés reste réelle, et l'idée d'une contrepartie favorable aux salariés cotisants est instaurée. Cette étape marque également un changement d'attitude de l'organisme dont l'engagement serait en cours de passer d'une logique de constat a posteriori à une logique d'engagement a priori (Lamy, 2000).

Enfin, alors que, depuis le début des années 1990[15], la PEEC était recentrée sur les financements des aides en faveur de l'accession à la propriété, une convention signée en 2001[16] marque l'adhésion du 1 %

---

11 Cette première convention passée entre l'État et l'UESL est appelée « la convention 10 % ». Elle instaure une participation qui prend la forme de financements destinés aux bailleurs sociaux et d'aides directes aux personnes physiques.

12 Financement du dépôt de garantie et prise en charge des impayés de loyers par les CIL.

13 Aide financière à la réalisation de travaux au taux réduit de 1,5 % dans la limite de 8 000 € (9 600 € dans certains cas).

14 Cet engagement n'ayant pas été respecté, un avenant à cette convention est signé le 7 mars 2001, qui maintient l'objectif financier d'un investissement annuel de 690 millions d'euros, abondé de 152 millions d'euros. Ces prêts équivalent à des subventions pour le calcul des équilibres financiers des opérations réalisées par des organismes HLM.

15 La première convention signée dans ce sens est celle du 1er septembre 1993 : les partenaires sociaux signent une convention dans laquelle ils s'engagent à améliorer l'efficacité des investissements du 1 % logement et doublent le montant moyen du prêt de chaque salarié accédant à la propriété.

16 Ce texte annonce un financement de 2,5 milliards d'euros en faveur de la rénovation urbaine et clarifie les postes financés : démolition de logements sociaux, démolition de copropriétés dégradées, amélioration de l'équilibre financier des opérations visant à maintenir un loyer minoré pour les locataires, etc.

logement à la politique de renouvellement urbain. Il conditionne alors sa participation à un investissement financier égal à celui de l'État. Il s'agit d'un tournant important dans l'histoire de la politique de la ville. Cette contribution tient à un arbitrage délicat entre les partenaires sociaux et l'État qui vont chercher à attribuer un tiers des ressources collectées par les CIL qui demeure alors sans affectation au plan national (Meunier, 2005). Cette manne financière est alors courtisée par le financement du PTZ (prêt à taux zéro) ou l'augmentation du loca-pass aux étudiants. Or, ces projets rencontrent une opposition de deux syndicats (MEDEF[17] et CFDT[18]) qui voient davantage d'intérêt à financer les opérations de démolition-reconstruction, en créant en parallèle une instance nouvelle chargée de produire des logements. Faisant écho aux besoins de logements, à la difficulté des bailleurs sociaux à enrayer la crise seuls, mais également aux efforts pour mettre en œuvre la mixité sociale, désormais affichée comme prioritaire, cette dernière proposition trouve l'accord du cabinet du Premier ministre et entérine la création de l'Association foncière logement (AFL). Cette prise de position dans le cadre de la rénovation urbaine répond par ailleurs aux enjeux internes du 1 % logement qui tentait, depuis sa création, de rentrer dans « le champ des relations paritaires » avec l'État, afin que les partenaires sociaux aient un pouvoir plus affirmé pour y défendre les intérêts des salariés (Meunier, 2005).

Ces mutations importantes du dispositif créent les conditions favorables pour qu'en 2003 le 1 % logement confirme son adhésion au PNRU. Mise en œuvre par un nouvel organe financeur – l'ANRU –, la loi Borloo inscrit l'intervention publique sur le long terme, en simplifiant les procédures et en mobilisant les moyens financiers nécessaires.

L'article 12 de la loi prévoit que les ressources de l'ANRU proviendront de la mutualisation des fonds de l'UESL, de l'État, de la caisse de garantie du logement locatif social (CGLLS) et enfin de la CDC[19]. En effet, dans la foulée de la création de l'ANRU, une convention entre l'État et l'UESL entérine l'affectation des fonds du 1 % logement à la nouvelle agence et réaffirme le conditionnement des subventions aux « efforts de mixité de l'habitat »[20]. Il est par ailleurs convenu que l'UESL finance le PNRU à parité avec l'État.

---

17 Mouvement des entreprises de France.

18 Confédération française démocratique du travail.

19 Caisse des dépôts et consignations.

20 Convention du 10 septembre 2003 relative à l'intervention du 1 % logement dans la politique de rénovation urbaine et portant modification des conventions du 11 octobre et du 11 décembre 2001 art I-2.

Composition du budget annuel de l'ANRU (2006)

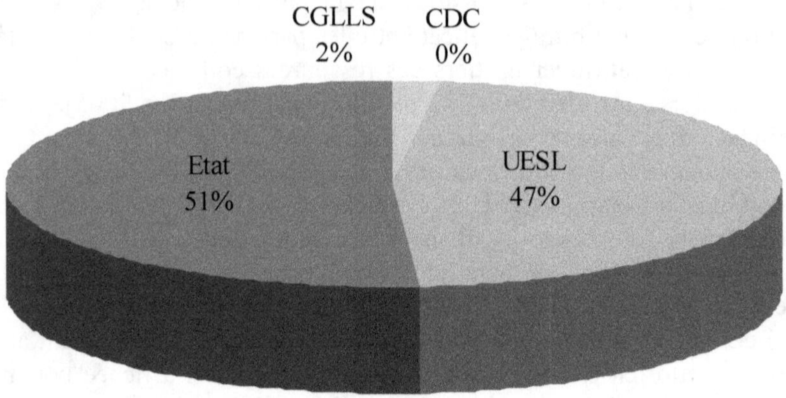

Source : É. Saint-Macary d'après la loi de finances 2006

Dès le début du dispositif, les subventions de l'UESL sont envisagées comme un appui conséquent, constant et durable, puisque comme celles de l'État, elles sont supposées accompagner les projets jusqu'à la fin du dispositif. L'UESL contribue à la moitié des financements du PNRU et devient de fait un acteur incontournable de la politique de rénovation urbaine. Comment la place de ce nouveau financeur s'est-elle affirmée depuis ?

Depuis 2004, la rénovation urbaine et l'augmentation des financements privés d'Action logement : substituer les financements privés aux financements publics ?

Depuis la mise en place de l'ANRU, l'UESL cofinance donc à parité avec l'État la politique de rénovation urbaine et occupe une place prépondérante dans les négociations. Les années qui suivent vont donc voir le rôle du 1 % logement se préciser et largement s'affirmer à travers une nouvelle série de conventions passées entre l'État et l'UESL[21].

21 Convention « relative à l'intervention du 1 % dans la location-accession, le logement locatif et la rénovation urbaine » signée le 15 juillet 2004. La convention « relative à l'accompagnement du plan de cohésion sociale et à l'application du plan de rénovation urbaine » du 27 octobre 2004 ; convention « relative à l'intervention du 1 % logement dans la politique de rénovation urbaine » du 22 mai 2006 ; convention tripartite « relative au développement de l'accession sociale par portage foncier » du 20 décembre 2006, signée par la CDC, l'UESL et l'État.

L'investissement financier conséquent du 1 % logement se formalise autour de certains principes : tout d'abord, l'équivalence globale des versements entre la part de l'État et celle de l'UESL, déjà évoquée, sur l'ensemble de la période du PNRU. Puis, l'acquisition par l'AFL d'emprises foncières dans les quartiers où intervient l'ANRU, à hauteur d'une enveloppe annuelle de 100 milliards d'euros (convention État-UESL de 2003). Et enfin, l'attribution de contreparties foncières à l'AFL, représentant entre 15 % et 35 % de droits à construire, rendus disponibles par les démolitions prévues par les projets de rénovation urbaine[22]. Cette mesure rend l'intervention de l'AFL systématique et obligatoire pour tout projet réalisant des démolitions.

Les financements du 1 % sont donc intimement liés à ceux de l'État. Tandis que le nouveau dispositif concerne cinq fois plus de quartiers et consacre quarante fois plus d'argent à la restructuration des quartiers que les anciens GPV[23], on observe un investissement croissant de l'État pendant les premières années. L'engagement de l'État dans la politique de rénovation urbaine passe de 2,5 milliards d'euros pour 4 ans à 6 milliards d'euros sur six ans. Accolé aux financements du 1 % logement, lorsque les montants de l'un varient, les autres changent a priori dans les mêmes proportions. Ainsi, les conventions passées entre l'État et l'UESL confirment en parallèle l'engagement financier du 1 % logement à hauteur de celui de l'État, et affinent le rôle de l'AFL dans les PRU. La répartition prévisionnelle des financements – relevée essentiellement dans les lois de finances – met en lumière une participation de l'État sensiblement majoritaire, y compris au cours des années 2006 et 2007, évaluées comme étant les plus coûteuses, du fait des décalages des remboursements de l'ANRU[24] (Graphique 1). Cet engagement parallèle entre l'État et le 1 % logement marque une volonté initiale d'équilibrer les financements publics et privés. Néanmoins, depuis la loi du 25 mars 2009, dite loi Boutin, les modalités de financement du PNRU ont été fondamentalement modifiées : la participation de l'État devient quasi nulle (elle est réduite aux financements des frais de fonctionnement de l'ANRU), et celle du 1 % logement est presque doublée (passant de 400 à 775 milliards d'euros), la majoration de la participation du 1 % logement se substituant finalement à celle de l'État (Graphique 2).

22 Au départ, ces contreparties étaient situées dans une fourchette allant de zéro à 50 % de la SHON (surface hors-œuvre nette) disponible après les démolitions.

23 Grands projets de ville. L'État a débloqué en tout 1 milliard d'euros pour le financement de 14 GPU – Grands projets urbains – (entre 1991 à 1994), 50 GPV et 70 ORU – opérations de renouvellement urbain – (entre 1994 et 2001). Le PNRU concerne lui 530 quartiers dont 189 prioritaires et prévoit d'y consacrer 40 milliards d'euros selon le site de l'agence.

24 En effet, la loi de finances 2008 évoque une « bosse de l'ANRU » au cours des années 2006 et 2007 : les besoins financiers ont été planifiés supérieurs au cours de ces deux années, car les premières opérations financées en 2004 devaient démarrer en 2006 au plus tôt, provoquant un écart prévisible entre les crédits engagés et les recettes du dispositif.

Répartition prévisionnelle des financements de l'ANRU (en milliards d'euros)

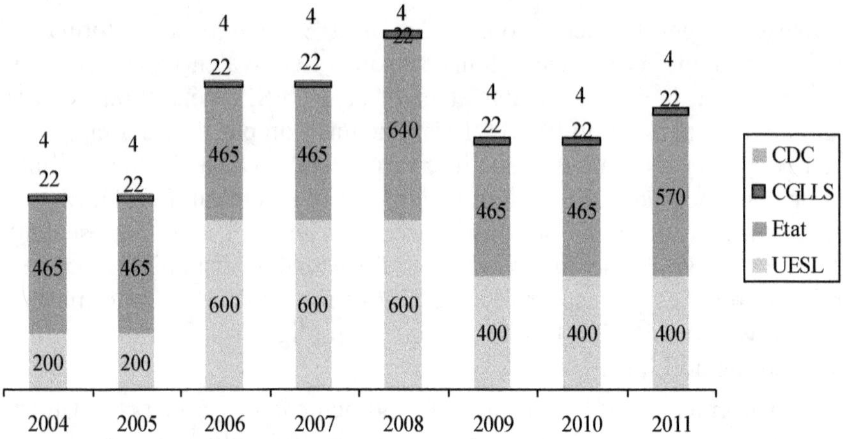

Source : Rapport financier ANRU 2004

Evolution réelle des financements de l'ANRU (en milliards d'euros)

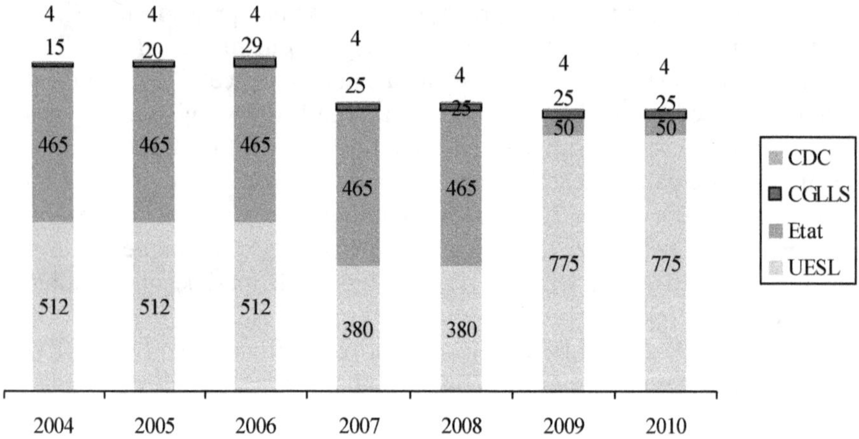

Source : É. Saint-Macary[25]

25 Informations récoltées dans les bilans d'activité de l'ANRU et les rapports du CES de l'ANRU. À noter que l'investissement de l'État pour les années 2009-2010 est une estimation approximative réalisée en fonction des diverses informations recueillies à ce sujet.

Ainsi, l'UESL est devenue le principal financeur de la politique de rénovation urbaine. C'est un décret[26] qui indique le montant de sa participation exacte, engagements rapidement entérinés par une nouvelle convention signée le 1er octobre 2009. Le 1 % logement devient alors le principal financeur du PNRU[27]. Cette convention fixe les principes d'une coopération durable entre l'État et l'UESL ainsi qu'une tendance à la budgétisation des fonds de l'action publique, où il ne s'agit plus de fonctionner par l'intermédiaire de conventions, mais davantage grâce à une cagnotte annuelle que s'approprie l'État.

En comparant les prévisions aux évolutions réellement constatées[28], trois points nous semblent importants à soulever : tout d'abord, la participation de l'UESL est au final bien plus élevée que ce qui était prévu au départ pour la totalité du dispositif ANRU[29]. Elle a par ailleurs été bien supérieure aux prévisions au cours des premières années, dépassant dès le début la participation de l'État. Enfin, on notera l'importance des financements d'Action logement dans les dernières années, où ils se substituent totalement ou presque à ceux de l'État. S'il avait en effet été envisagé de procéder à une révision de la planification financière en 2009, aucun élément ne pouvait prédire une telle montée en puissance du 1 % logement. Cette augmentation subite aurait pu être le résultat d'une augmentation substantielle des besoins financiers. Ce n'est visiblement pas le cas puisque les dépenses du programme sont constantes depuis 2007. Cette nouvelle mutation est importante au point de modifier la part des financements entre l'État et l'UESL et d'inverser totalement le rapport de force entre ces deux acteurs, alors que l'UESL finance désormais plus de 90 % du PNRU.

Cette inversion pose un certain nombre de questions sur la suite à venir du PNRU : pour quelles raisons cet équilibre entre les financements de l'État et l'UESL, qui apparaissait au départ comme une condition de bon fonctionnement, disparaît-il totalement ? S'agit-il pour Action logement d'un choix stratégique consistant à recentrer ses missions autour de la rénovation

---

26 Décret n° 2009-747.

27 Par cette même loi, Action logement finance également le Programme national de requalification des quartiers anciens dégradés (PNRQAD) à hauteur de 480 millions d'euros par an entre 2009 et 2011, programme qui doit permettre de résorber efficacement l'habitat indigne, de remettre sur le marché des logements vacants et de lutter contre la précarité énergétique, tout en maintenant la mixité sociale.

28 Il faut noter ici la difficulté d'obtenir des informations complètes sur les dépenses de l'ANRU dans les divers documents comptables et financiers internes à l'ANRU, ainsi que dans les rapports nationaux (ENA, loi de finances etc.). Dans ce cadre, la participation de l'État de 50 milliards d'euros pour les frais de fonctionnement de l'ANRU pour les années 2009 et 2010 est une estimation que nous avons faite en fonction des informations que nous avions.

29 Elle serait de 3 846 milliards d'euros sur 7 ans, tandis que les prévisions s'élevaient à 3 000 milliards d'euros pour cette même période.

urbaine ? Jules Meunier explique dans ses travaux que l'engagement financier conséquent du 1 % logement résulte plus d'une crise de légitimité de l'institution, qui laisse la porte ouverte à l'accaparement de sa ressource financière, que d'une réelle stratégie (Meunier, 2005 ; 2007). Cette crise de légitimité serait en partie liée à une hésitation ancienne entre la fonction du 1 % au profit du logement des salariés, et une autre destinée vers la politique du logement. La rénovation urbaine apparaît dans ce domaine comme l'endroit adapté permettant de relier ces deux missions : d'une part, en finançant un pan important de la politique locale de l'habitat[30] et, d'autre part, en créant l'AFL, dont nous allons voir que l'activité est tournée vers les salariés du secteur privé. Si cette situation semble satisfaire pleinement les orientations d'Action logement, elle apparaît plus étonnante pour l'État, dont le désengagement total remettrait même en cause sa capacité de contrôle à distance[31] (Epstein, 2003).

Mais l'augmentation très importante des fonds d'Action logement que nous venons de décrire dans la politique de rénovation urbaine s'accompagne également d'une intervention plus locale d'opérateurs privés, pour la production de logements. S'il va de soi que ces deux éléments sont en partie corrélés, ne serait-ce que par la création de l'AFL, nous montrerons en quoi ces nouveaux acteurs sont également devenus incontournables dans les projets urbains actuels.

La production de logements dans les ZUS par de nouveaux acteurs privés : vers de nouveaux partenariats public-privé

La question du peuplement des quartiers sensibles est souvent associée à celle des bailleurs sociaux, et plus particulièrement à celle de leurs capacités à construire une offre suffisante et adaptée à la demande locale. Depuis une dizaine d'années (parallèlement à la mise en place de l'ANRU), on ne peut plus exclure de ces préoccupations les acteurs privés, qui contribuent désormais à la production de logements dans les ZUS. Pourtant, ce lien entre acteurs privés et production de logements privés est nouveau : si la thématique de la « diversification » mise en avant dans les textes de l'ANRU introduit la production de logements privés comme une nouveauté salutaire

30 Soit environ 9 % des crédits ville et logement, selon la loi de finances 2010.

31 Renaud Epstein explique en effet que la mise en place de la rénovation urbaine a créé un changement important avec les dispositifs « politique de la ville » précédents dans la mesure où la responsabilisation des instances locales (en l'occurrence des communes) conduit à une modification de la place de l'État qui tendrait à s'éloigner des territoires et de la mise en œuvre opérationnelle des projets pour mieux « gouverner à distance ».

qui devrait permettre de retrouver la mixité sociale[32], la présence de logements privés dans les grands ensembles existe depuis leur création : le plan Courant (1953) initie en effet la mise en œuvre d'un investissement privé important dans les banlieues françaises.

Néanmoins, c'est un organisme public, la Société centrale immobilière de la caisse des dépôts et consignations (SCIC), considérée à l'époque comme « le plus gros promoteur immobilier français » (Préteceille, 1973), qui va en grande partie porter cet investissement en complétant la production massive de logement social par des programmes privés, de façon plus ou moins conséquente en fonction des quartiers. Ces logements privés, construits simultanément aux logements sociaux, sont réalisés dans un certain conformisme par rapport aux logements sociaux et n'ont pas vocation à s'en démarquer physiquement. Il s'agit également de logements collectifs, réalisés dans une volonté de modernité et d'innovation affichée par les pouvoirs publics au sujet des logements sociaux : logements vastes, salle d'eau, etc. À l'époque, il s'agit davantage de produire des logements en masse que de planifier la construction de logements variés. L'état d'esprit général est à la production où « chaque logement nouveau représente un combattant de moins sur le front de la révolution » affirme Jacqueline Thome-Patrenôtre, sénateur de Seine-et-Oise en 1950 (Tellier, 2007). Selon, le rapport de l'Observatoire national des zones urbaines sensibles (ONZUS, 2007), ces logements privés constituent 37,4 % des logements des ZUS.

Si la production quantitative de logements privés n'a pas forcément beaucoup augmenté depuis cette époque, les objectifs ont d'abord changé – il s'agit aujourd'hui surtout de produire la mixité sociale –, et plusieurs nouveaux acteurs produisent aujourd'hui cette nouvelle offre : émanation du 1 % logement, l'Association foncière logement (AFL) construit des logements en locatif libre sur l'ensemble des opérations de rénovation urbaine.

Encouragés par des mesures favorables que nous détaillerons, des promoteurs privés construisent également des logements privés dans des ZUS et héritent également depuis peu d'un rôle non négligeable dans la production de logements sociaux.

---

32 Les règles de l'ANRU sont véhiculées par deux documents que sont le règlement général (RGA) et le règlement comptable et financier. Dans le règlement général, la diversification de l'offre de logements est associée à l'objectif de mixité, comme un outil de mise en œuvre. Un paragraphe est consacré à cette question dans lequel on peut lire : « La diversification de l'offre de logements est l'outil principal d'amélioration de la mixité sociale lorsqu'elle redonne au quartier une réelle attractivité pour des catégories de population différentes. »

L'Association foncière logement, chef de file de la mixité ?

La production de logements privés dans le cadre d'opérations de restructurations profondes comme celles qui sont mises en œuvre en France est fréquente dans des opérations comparables à l'étranger : en Angleterre, la section 106 du Town and Country Planning Act de 1990 permet aux autorités locales de passer des accords avec des promoteurs privés, les collectivités pouvant le cas échéant produire elles-mêmes les logements abordables, moyennant une contribution financière des promoteurs (Monk et al., 2006). Au Canada, les municipalités s'appuient également sur le secteur privé pour la production de logements destinés aux ménages modestes. Aux États-Unis, la diversité de l'habitat est encouragée par des règles locales d'aménagement (dites *inclusionary zoning*) et des accords avec le secteur privé (Smith, 2002). En Italie enfin, les plans régulateurs généraux[33] visent à stabiliser des consensus entre les acteurs privés et publics intervenant sur les projets de requalification urbaine[34] (Novarina et Pucci, 2004).

Néanmoins, que cela soit en Europe ou outre-Atlantique, nul pays n'investit dans des opérations d'interventions urbaines comparables à la rénovation urbaine française. Que ce soit en Angleterre, aux Pays-Bas, au Danemark ou aux USA, nul n'a encore créé d'instance ad hoc telle que l'AFL chargée de produire une offre spécifique au contexte de rénovation urbaine. Il s'agit en effet d'une spécificité française que de créer de toutes pièces l'objet même du partenariat public-privé. Nous montrerons comment l'intervention de l'AFL dans les PRU se veut un élément central de la rénovation urbaine, et mettrons en lumière certaines difficultés d'intervention depuis sa création.

Association de loi 1901, l'AFL est une conséquence directe de la privatisation du financement de la rénovation urbaine : issue de la convention État-UESL de 2001, elle constitue la contrepartie du financement du 1 % logement à la politique de l'ANRU, aujourd'hui financeur majoritaire depuis la loi Boutin, nous l'avons vu. Dans ce cadre, il incombe à l'AFL « *d'élaborer et de mettre en œuvre une politique de diversification et de renouvellement de l'offre locative, avec la volonté affirmée de participer, à terme, au financement des retraites des salariés du secteur privé* »[35]. L'association est gérée paritairement par les partenaires sociaux, sa direction s'appuyant sur les services d'une société anonyme simplifiée (SAS).

33 Équivalents des plans locaux d'urbanisme français.

34 Nommés les PRUSST (programmes de requalification urbaine et de développement durable)

35 Site internet : http://www.foncierelogement.com/

Présenté tantôt comme « un instrument novateur », tantôt comme un « pari sur l'avenir », cet organisme est porteur de grands espoirs de changements notamment sur l'impact en termes du peuplement qu'il doit permettre. Car l'AFL intervient sous deux aspects : d'une part, 40 % des logements sont réalisés dans le cadre de la rénovation urbaine (où il s'agit d'introduire des logements en locatif libre dans des quartiers ZUS, majoritairement constitués d'habitat social). Il est ensuite prévu de revendre les parcelles foncières (d'ici 20 ans environ), au profit du financement des caisses de retraite. D'autre part, et c'est une mission qu'on lui connaît moins, 60 % des logements seront construits ou acquis dans des communes souffrant d'une insuffisance locative sociale (« les communes SRU »[36] en particulier). Dans ce cas de figure, les logements seront soumis aux plafonds de loyers et de ressources des PLS[37]. L'AFL a donc vocation à faire de la mixité « par les deux bouts ».

Son intervention est une obligation fixée par l'ANRU, dès lors que les projets comprennent des démolitions de logements. Elle a donc à la fois un rôle de maître d'ouvrage local, et une mission de décideur national puisqu'elle est intégrée au conseil d'administration de l'ANRU. Cette double casquette nationale-locale, sa vocation sociale en faveur des retraites ainsi que le caractère obligatoire de son intervention sur l'ensemble des PRU la rendent bien souvent prioritaire dans l'attribution des parcelles foncières, pour les communes. Cet élément contribue d'ailleurs à faire de l'AFL un organisme à part. À part dans sa gestion (double casquette) et son organisation (seul un petit nombre de salariés ont en charge l'ensemble des PRU, ce qui ne leur permet pas de prendre part à la mise en œuvre locale des projets[38]) ; à part dans l'offre de logements produite qui a vocation à se distinguer du reste des logements des quartiers (avec la volonté de produire des logements d'une qualité architecturale de standing et des prestations haut de gamme) ; à part enfin dans le choix des emplacements géographiques (souvent privilégiés aux franges des quartiers rénovés).

Après six années de mise en œuvre du PNRU, l'intervention de l'AFL est encore marginale. Seuls une dizaine de projets financés bénéficient de programmes construits, ce qui suscite souvent de la déception et des

36 Correspondent aux communes visées par l'article 55 de la loi SRU, qui détiennent moins de 20 % de logements sociaux.

37 Les logements bénéficieront de la TVA à 5,5 %, mais pas de l'exonération taxe foncière sur la propriété bâtie (TFPB). Les partenaires sociaux et l'État ont par ailleurs fixé « la règle des trois tiers ». Un tiers des locataires à l'entrée devra avoir des revenus inférieurs à 60 % des plafonds de logements sociaux, un autre tiers des revenus compris entre 60 et 100 % de ces plafonds, et un dernier tiers entre 100 et 130 %. Ces logements sont conventionnés à l'APL jusqu'à la date de transfert au bénéfice des régimes de retraite.

38 Quatre chargés de mission gèrent les 350 PRU en cours. Compte tenu d'un fonctionnement en effectif réduit, l'AFL se trouve débordée par le nombre de projets financés.

interrogations de la part des acteurs locaux face au peu de résultats concrets. Ceci d'autant plus qu'émergeaient des discours de l'AFL à ses débuts une rhétorique du commencement et de l'impulsion : « *On doit amorcer la mixité où naturellement elle ne se fait pas, pour montrer que le logement social doit se déployer à une autre échelle. On est "l'empêcheur de tourner en rond". (...) L'AFL doit être une locomotive pour que l'image des quartiers change. Il faut arriver sur ces quartiers avec une casquette de privé. Nous, on ne refait pas des HLM, l'objectif, c'est que derrière, les promoteurs arrivent.* »[39] Jeune de sept ans à peine, l'AFL doit « apprendre en marchant » et son intervention obligatoire est parfois vécue comme un acte autoritaire, allant à contre-courant des choix effectués localement. Les relations avec les équipes locales peuvent être tendues et l'opacité de son mode d'intervention lui est souvent reprochée.

D'après l'AFL, ces retards seraient liés aux risques financiers engendrés par son intervention, l'incitant finalement à privilégier la mise en œuvre des programmes en queue des projets, alors que les démolitions et les réhabilitations auront déjà impulsé un changement visible nécessaire. Construire des logements non aidés, en locatif libre, dans des quartiers peu attractifs représente en effet un risque important pour l'AFL, qui a longtemps tâtonné sur les populations potentiellement intéressées par ce type de produit : qui des classes supérieures des quartiers rénovés – susceptibles d'être également tentées par des produits d'accession à la propriété – ou des populations extérieures aux quartiers – que des produits locatifs n'attirent pas forcément – peupleront les nouveaux logements ? L'AFL met dans le principe un point d'honneur à attirer des populations de l'extérieur :

« *On n'a pas vocation à loger les personnes du quartier. Non pas par ségrégation, mais parce qu'on échouerait si on en venait à loger ces populations-là. Cela voudrait dire qu'on n'a pas du tout réussi à faire venir des populations de l'extérieur et qu'il y a des logements vacants, et que par défaut, on loge ces gens-là...* » (chargé de mission AFL – 2008)

L'AFL est parfois en concurrence avec les logements privés construits par les promoteurs, attisant une crainte sur sa capacité à capter une population différente. C'est pourquoi la catégorie des « salariés en mobilité professionnelle » est évoquée comme étant une cible potentiellement réaliste de l'AFL, ces derniers n'étant a priori pas dans une stratégie d'ancrage résidentiel, contrairement à beaucoup d'accédants à la propriété. Le peu de logements aujourd'hui sortis de terre ne permet pas de faire des pronostics sur le peuplement futur des logements de l'AFL. On constate sur certains

39 Propos tirés de divers entretiens réalisés en 2007, auprès de trois chargés de mission et d'un administrateur de l'AFL.

sites que les nouveaux locataires de l'AFL proviennent néanmoins très largement du quartier (au Havre notamment).

Si l'AFL apparaît aujourd'hui dans les discours nationaux comme une des pierres angulaires de la politique de rénovation urbaine française, ne serait-ce que par l'originalité d'un tel dispositif, elle peine donc à mettre en pratique ses objectifs de départ et à jouir de la même reconnaissance au niveau local. L'AFL interagit peu ou pas avec les promoteurs immobiliers – qui ont une action différente sur les quartiers –, si ce n'est ponctuellement dans le choix des parcelles foncières.

Les promoteurs privés : de nouveaux partenaires du projet urbain

Les promoteurs immobiliers interviennent de façon très récente sur les opérations de rénovation urbaine. Fortement sollicités par l'ANRU pour « *fournir une offre différente* », ils sont qualifiés de « *maillons essentiels dans la diversité urbaine* ». Ils doivent par ailleurs « *soutenir les efforts des bailleurs sociaux* » dans leur intervention sur les quartiers défavorisés[40]. Ces initiatives partent du constat que des morceaux de ville entiers échappent à l'inflation des valeurs immobilières et qu'il s'agit de les ramener dans le marché (Novarina, Pucci, 2004). Deux rôles principaux leur incombent dans le cadre de la rénovation urbaine : la production de logements privés, et la vente en état futur d'achèvement (VEFA) de logements aux organismes HLM (activité non exclusive à la rénovation urbaine).

Dans le cadre de la première mission, leur intervention est pour la première fois reliée aux démolitions des logements sociaux. Sur de nombreux projets, les logements privés construits par les promoteurs prennent en effet la place de parcelles libérées par les démolitions, les logements sociaux étant, dans la mesure du possible, reconstruits en dehors des sites de démolition.

Dans le sens des objectifs fixés pour instaurer la mixité sociale, l'État encourage la « diversification de l'offre de logements » en multipliant les mesures favorisant l'accession à la propriété pour les ménages modestes : la loi ENL de 2006 a, entre autres, instauré la TVA à 5,5 % dans l'enceinte des ZUS et dans les 500 mètres autour. Ceci constitue un appel d'air important pour les promoteurs qui voient désormais dans les opérations de rénovation urbaine une piste intéressante de développement et la possibilité de toucher une population jusqu'ici exclue de leur cible et du marché de l'accession.

40 CES de l'ANRU, *De nouvelles perspectives pour la rénovation urbaine. Rapport d'évaluation 2006,* La Documentation française, p. 43.

« *On s'aperçoit que des programmes de moyenne gamme se commercialisent un peu plus difficilement et ne nous permettent pas de toucher une certaine population qui souhaite pourtant accéder à la propriété. Les zones ANRU permettent d'aller toucher cette clientèle. On bénéficie de conditions de défiscalisation, de la TVA à 5,5 %, de majorations du PTZ, et puis c'est la volonté des collectivités. On s'aperçoit sur les trois ou quatre projets effectués que ça marche très bien. Ce sont des réussites.* » (Promoteur Constructa)

Dès lors, et compte tenu de l'ampleur du PNRU et des sites concernés, les promoteurs mettent en place des stratégies différentes, entre autres en fonction de leur capacité d'investissement[41]. Certains œuvrent pour des stratégies de conquête à grande échelle où il s'agit de multiplier les partenariats avec les communes. D'autres optent pour une implication plus circonscrite à un territoire délimité (régional ou départemental) et/ou à un public précis.

Ces quartiers dits hors marché ont donc un potentiel d'attractivité, d'autant que des mesures favorables permettent aux promoteurs d'adapter leurs produits : mis en place par la loi ENL, le « bail à construction » permet de désolidariser les coûts du foncier du bâti pour la construction de logements en accession aidée (type maisons à 100 000 €). Une majoration du prêt à taux zéro (PTZ) est également instituée pour les ménages modestes souhaitant acheter ou construire un logement neuf dans une collectivité territoriale accordant elle-même une aide à l'accession. Ces orientations sont confirmées trois années plus tard par la « loi Boutin »[42] qui met en avant le statut de propriétaire comme un moyen de lutter contre la crise du logement. De plus, l'ANRU elle-même soutient les opérations de constructions privées à hauteur de 10 000 € par logement.

Ainsi, si elle est encore marginale en quantité, la production de logements privés dans le cadre des opérations de rénovation urbaine tend aujourd'hui à devenir une constante (Noyé, 2009). Une étude réalisée dans la région francilienne en 2009[43] montre que plus de la moitié des conventions ANRU planifient des programmes privés. Attirer les promoteurs, particulièrement

41 Développée dans Saint-Macary É., *Mixité sociale et diversité de l'habitat : l'investissement d'acteurs privés dans les opérations de rénovation urbaine*, thèse soutenue le 5 avril 2011, réalisée sous la direction de Férial Drosso et Christine Lelévrier à l'Institut d'urbanisme de Paris – Paris 12.

42 Cette loi entérine par exemple une atténuation des sanctions financières contre les communes ne disposant pas des 20 % de logements sociaux, à condition qu'elles engagent des programmes d'accession à la propriété, et institue un mécanisme de bonus pour les communes dépassant ce seuil de 20 %.

43 « La diversification de l'habitat et diversification fonctionnelle dans les opérations de rénovation urbaine en Île-de-France », étude réalisée pour le compte de la DREIF et de l'AORIF, sous la direction de Christophe Noyé (2009).

dans les ZUS, est en effet devenu un défi récurrent pour des communes qui cherchent à diversifier leur population.

Par ailleurs, nous le disions, les promoteurs sont mis à contribution depuis quelques années dans la production de logements vendus en VEFA à des organismes HLM. Ce dispositif permet à un promoteur immobilier privé de vendre à un organisme HLM une partie du programme qu'il a construit. Au départ marginale, cette activité est devenue courante, et ponctuellement utilisée dans le cadre de la reconstitution de l'offre sociale[44]. Dans un contexte de production difficile de logements sociaux, elle permet au bailleur de profiter rapidement[45] de logements neufs. Bien souvent, ces programmes sont également présentés comme un moyen supplémentaire de favoriser la mixité sociale : ils permettent de greffer une opération de logements sociaux sur une opération immobilière privée (souvent appelée « opération mixte »). Elle offre également la possibilité de construire un logement social en milieu urbain, où l'accès au foncier n'est pas aisé, soit en raison même du projet d'habitat social, soit en raison de la concurrence vive pour l'achat du foncier. Cela permet donc de lancer une construction là où les bailleurs n'auraient pas pu investir directement. Cette procédure offre par ailleurs une sécurité financière importante pour le promoteur[46]. Cette nouvelle configuration favorise donc un nouveau dialogue entre promoteurs immobiliers et organismes HLM et crée une dynamique nouvelle de coopération pour la construction de logements sociaux. Face au risque financier que représente la construction de logements privés dans les ZUS, la vente de logements en VEFA à des bailleurs sociaux peut être une façon intéressante de pérenniser leur activité et leur intervention.

Ces deux activités développées par les promoteurs dans les opérations de rénovation urbaine mettent en lumière le rôle devenu crucial de ces nouveaux acteurs privés. S'il semble en effet important pour les pouvoirs publics de pouvoir partager les coûts et les risques d'opérations urbaines avec des acteurs privés, la montée en puissance de l'intervention des promoteurs immobiliers dans les opérations de rénovation urbaine montre bien que l'intérêt est partagé, et que ces derniers ont également des intérêts propres à s'allier aux acteurs publics.

---

44 L'ANRU impose une reconstitution de l'offre de logements sociaux démolis au « un pour un » : chaque logement démoli doit être reconstruit, sans contrainte spécifique sur l'emplacement des reconstructions, mais avec une préférence affichée pour reconstruire hors des ZUS.

45 Le temps de production de logements est en général de deux ans en VEFA alors que celui des constructions HLM est de quatre à cinq ans.

46 Il s'assure au moment du montage de l'opération de la vente de la moitié de son programme, ce qui permet un apport immédiat de trésorerie.

Conclusion

La rénovation urbaine est devenue depuis quelques années un cadre d'expérimentation pour de nouveaux partenariats public-privé (dits PPP). Ces derniers permettent d'associer les acteurs publics et privés à des opérations d'intérêt général qui ne peuvent être mises en œuvre par le seul jeu du marché (Lignières, 2003). Favorisés par le législateur, ces partenariats correspondent également à un mouvement général qui considère que le secteur privé est une voie plus sécurisée de distribution des ressources. La multiplication des formes d'organisation impliquant des partenariats public-privé, et la privatisation des politiques publiques tendraient ainsi à reconfigurer la notion même de gouvernance urbaine (Le Galès, 1995). Dans le cadre spécifique de la rénovation urbaine, un double mouvement d'intervention privée est observé :

Au niveau national d'abord avec la montée en puissance des financements d'Action logement. Si le désengagement de l'État des financements de la politique de la ville pouvait laisser craindre l'instauration de conditions déséquilibrées et la potentielle mutation des objectifs de la rénovation urbaine en faveur des salariés du secteur privé, on constate que c'est davantage le poids et la place d'Action logement qui sont questionnés que ceux de l'État lui-même qui a maintenu au final un rôle régulateur dans la gouvernance des PRU, donc les objectifs ont bien souvent été définis par les instances locales de projets.

Au niveau local ensuite, ce mouvement se caractérise par l'intervention d'acteurs privés pour la création de logements (sociaux et privés) : la place du secteur privé est ici questionnée dans un contexte français qui, en comparaison avec d'autres pays, serait encore peu enclin à jouer le jeu, alors que les collectivités ne lui ménagent pas encore de conditions suffisamment favorables telles que la balance entre les risques encourus et les gains attendus penchant en faveur des seconds (Fatome, Lebreton, 2002). Malgré les incitations fortes, la place des acteurs privés dans les opérations de rénovation urbaine locale est donc aujourd'hui encore très marginale, la crise économique de 2009 ayant également fortement atténué les incitations de la puissance publique et, de fait, impacté l'intervention et le poids économique qu'ils auraient pu jouer localement.

Bibliographie

CHALINE C., 2008, *Les politiques de la ville,* Paris, PUF, coll. « Que sais-je ? ».

EPSTEIN R., 2005, « Gouverner à distance, quand l'État se retire des territoires », *Esprit* – dossier « Des sociétés ingouvernables ? ».

FATOME E., LEBRETON J.-P., 2002, « Problèmes juridiques du partenariat public-privé dans la rénovation urbaine », in *Les séminaires de la CDC – Partenariat public-privé et collectivités territoriales,* La Documentation française.

KIRSZBAUM T., 2008, « Mixité sociale dans l'habitat », *Revue de littérature dans une perspective comparative,* Études et recherche, La Documentation française.

LAMY D., 2000, *Le nouveau 1 % logement*, Quatrième édition, Guides juridiques, Le Moniteur.

LE GALÈS P., 1995, « Du gouvernement des villes à la gouvernance urbaine », *Revue française de science politique*, 45e année n°1, pp. 57-95.

LIGNIERES P., 2003, « Quels partenariats public-privé dans la France de demain ? », *in Développement des territoires, quels outils financiers pour le partenariat public-privé ?,* Les entretiens de la caisse des dépôts, La Documentation française, pp. 9-20.

MEUNIER J.-M., 2005, « Le financement social du renouvellement urbain », *études foncières*, n°114, mars-avril 2005.

NOVARINA G., PUCCI P., 2004, « Renouvellement en France/requalification en Italie. Formes récentes du partenariat public-privé », *Les Annales de la recherche urbaine*, n° 97, pp. 83-91.

NOYÉ C., LELÉVRIER C., 2009, « La diversification dans les opérations de rénovation urbaine », rapport effectué pour le compte de la DREIF.

PRÉTECEILLE E., 1973, *La production des grands ensembles*, Paris, Éditions Mouton.

TELLIER T., 2007, *Le temps des HLM 1945-1975, la saga des trente glorieuses*, Autrement, coll. « Mémoire/Culture ».

LA CONSTRUCTION D'UN NOUVEL ACTEUR DE LA POLITIQUE DE LA VILLE : L'HABITANT

Céline Braillon

Ce témoignage a été recueilli le 27 novembre 2008, à l'occasion du séminaire « Politiques de la ville : idéologies et réalité » qui s'est tenu à l'École nationale supérieure d'architecture de Paris – Val-de-Seine. La journée de séminaire s'intitulait « L'articulation entre l'État et les acteurs locaux » ; y participaient également François Geindre (témoignage dans cette partie de l'ouvrage), ainsi que Fabrice Peigney (article dans cette partie).

L'objectif de cette contribution n'est pas de retracer une chronologie précise de la participation des habitants, mais plutôt de situer historiquement les grands enjeux qui se sont joués autour de cette pratique.

En général, dans le cadre de la politique de la ville, on fait remonter la participation des habitants aux années 1980 avec le Développement social des quartiers (DSQ).

D'autres politiques étaient cependant en œuvre auparavant, comme Habitat et vie sociale (HVS), mise en place suite aux luttes urbaines des années 1970.

Les logiques de la participation des habitants

Politiquement et socialement, plusieurs logiques ont présidé à la participation des habitants au long de l'histoire de la politique de la ville, logiques qui se sont parfois juxtaposées ou succédées.

L'appropriation

La première, émanant directement d'HVS, a été une logique d'appropriation. Que cherchait-on à faire en invoquant le mot « participation » ? On cherchait à ce que les habitants s'approprient au maximum leur vie, leur environnement quotidien. Après-guerre, la construction des grandes ZUP[1] est un plus. Elles introduisent la modernité dans la ville, bien qu'elles aient été réalisées selon le principe des chemins de grue, c'est-à-dire au moyen de grosses machines à fabriquer du logement social. Cette méthode permet néanmoins de construire rapidement et en très grand nombre des tours et des barres standardisées. Cette nouvelle forme d'habitat est à l'époque très bien vécue, mais les choses se dégradent petit à petit, et ce, pour différentes raisons. D'abord, certains ménages en ascension sociale (les couches moyennes) quittent les quartiers pour accéder à la propriété. Puis, la crise pétrolière des années 1975 accentue la paupérisation de ces quartiers, le chômage étant de plus en plus important.

Avec la concertation, il s'est agi de créer une dynamique d'appropriation du territoire par les habitants. Dans un premier temps, les projets leur ont été mieux expliqués.

Par la suite, la consultation leur laissait des marges de manœuvre sur l'aménagement intérieur et l'espace public. Les habitants pouvaient choisir leur papier peint, la couleur des cages d'escalier, les aménagements des pieds d'immeuble, etc. Cette logique d'appropriation par les habitants a été un objectif phare des pouvoirs publics, au travers notamment du dispositif HVS (Habitat et vie sociale) qui a inauguré cette démarche.

La participation : un instrument des luttes urbaines

La deuxième logique d'apparition de la participation des habitants émane des luttes urbaines des années 1970. La dégradation des quartiers est un fait, et on assiste à une mobilisation d'un certain nombre d'associations d'éducation populaire, comme l'Alma-Gare à Roubaix, les Béalières à Meylan. Elles ont joué un rôle important dans l'invention de la participation et de ses dispositifs. Les pouvoirs publics ne sont donc pas les seuls à souhaiter que l'habitant s'approprie sa vie quotidienne ; ce phénomène est aussi impulsé par la société civile.

Des collectifs et des associations ont le désir de s'emparer des outils pour proposer, monter des projets et s'imposer par le biais de la négociation dans un rapport de force politique. Cela a effectivement été le cas d'Alma-Gare, où s'est développé un contre-projet habitant qui allait à l'encontre du projet de rénovation de la municipalité.

---

1 Zone à urbaniser en priorité (ZUP), mesure d'urbanisme opérationnel utilisée massivement entre 1959 et 1967 pour construire principalement les quartiers de grands ensembles sociaux.

Le lien social

La troisième logique est celle du lien social. Elle a eu cours surtout dans les années 1980, avec la mise en place du Développement social des quartiers et du Conseil national de prévention de la délinquance (CNPD). L'objectif de ces dispositifs était de « remettre à niveau » les quartiers dits en difficulté, face à la montée des inégalités territoriales. Des chercheurs ont notamment travaillé sur ces questions, comme l'équipe du CERFISE[2] qui a œuvré pour la réhabilitation du Petit Séminaire ou du quartier des Flamands à Marseille. Ils ont initié de nouvelles approches pour mettre les habitants au cœur du projet. L'idée était de trouver la bonne échelle de participation. On promouvait alors la proximité. Il s'agissait de recréer du lien social dans ces quartiers alors devenus des « villes-dortoirs » où les habitants ne se parlaient plus, et au sein desquels les espaces publics n'étaient plus des lieux de dialogue.

Les espaces communs et les espaces verts se dégradaient. On constatait une carence d'appropriation et de hiérarchisation de l'espace public. Le maître mot de l'époque était en effet de « hiérarchiser l'espace public » en créant des espaces de proximité : une aire de jeux, des jardins en pied d'immeuble, des espaces pour les jeunes, des lieux de convivialité pour les femmes des quartiers par exemple, etc. Il fallait redonner à l'espace public sa fonction de lieu d'échange, dans l'optique de recréer ce fameux lien social. Des fonds ont été débloqués pour mener à bien ces projets, permettant l'intégration de ces actions dans la politique nationale. Le premier fut le FIC (Fonds d'intervention culturelle, en 1971) puis le FIV (Fonds d'intervention pour la ville, en 1995). Plusieurs outils[3] furent ainsi destinés à recréer des espaces de convivialité élaborés avec les habitants.

C'est ainsi que des microprojets ont fleuri pour créer et favoriser de la vie collective : fêtes d'immeuble, repas de quartier, aires de jeux, etc. L'objectif était de restaurer la parole et de reconstituer une identité commune au quartier, à laquelle les habitants seraient attachés.

La paix sociale

La quatrième logique dans la participation était celle du maintien de la paix sociale. Ces instances de participation ont dans ce cadre souvent joué le rôle de soupape de sécurité. Il était primordial d'éviter les conflits. Il

---

2 Centre d'études, de recherches et de formation institutionnelle du sud-est, fondé en 1975 par Michel Anselm sur le modèle du CERFI, inspiré par les travaux de Michel Foucault.

3 Fonds de participation des habitants, Fonds de travaux urbains initiés dans la région Nord-Pas-de-Calais.

s'agissait d'aplanir, d'apaiser les tensions. Le dialogue était favorisé pour gagner la paix sociale.

Or, cela a été à l'origine un des effets pervers de cette politique. Le conflit n'était en effet jamais au cœur de la façon d'envisager le rôle et la participation des habitants. On cherchait au contraire, coûte que coûte, à aplanir les aspérités. Tout le monde devait se parler, travailler ensemble, sans tenir compte des problématiques et des points de vue particuliers. Finalement, une grande déconnexion s'est établie entre les instances de débat, qui pouvaient être cantonnées à la proximité, et les opérateurs des projets urbains organisés à une autre échelle, même si l'articulation pouvait quand même se faire au travers d'autres outils comme les conseils de quartier ou les comités de quartier.

La reconnaissance de l'expertise d'usage et ses effets pervers

La cinquième logique a été la reconnaissance de ce qu'on a appelé par la suite la maîtrise d'usage, soit l'expertise d'usage des habitants.

À partir des années 1990, face à la complexité de la ville et la complexification des outils de gestion des villes, nous sommes passés d'une dimension « quartier » à une dimension plus globale, avec le contrat de ville, qui pouvait même être signé à l'échelle de l'agglomération.

La première génération des contrats de ville a été mise en place en 1992, sous l'impulsion de Michel Rocard et dans le contexte de la création de la Délégation interministérielle à la ville (DIV). Dans l'administration et dans le monde politique, on avait pris conscience que l'on ne pouvait pas tout régler au niveau du quartier, que certaines dimensions, comme la dimension économique ou les transports, ne pouvaient plus se traiter uniquement à l'intérieur des quartiers. On s'est rendu compte qu'il fallait des outils contractuels et partenariaux pour traiter des problèmes aux bons échelons. C'est ce que l'on a appelé le principe de subsidiarité. La corrélation peut être faite entre la transformation de ces outils et la mutation des modes de gouvernance qui passent du quartier à la ville, voire à l'agglomération. Dans ce mouvement, les modes de faire avec les habitants ont évolué, avec la clarification des différents champs : la maîtrise d'ouvrage, la maîtrise d'œuvre et la maîtrise d'usage.

La maîtrise d'usage telle qu'elle a été formulée a été intégrée dans une logique de proximité, dans laquelle était plongé l'habitant et pas forcément l'élu (notamment quand les ZUP étaient de grande taille). L'habitant a finalement été considéré comme le meilleur connaisseur de son quartier. Plusieurs outils ont été créés, et notamment la gestion urbaine de proximité (GUP), qui s'est particulièrement développée à partir de 1995. Tandis que les enjeux s'élargissaient, passaient du quartier à la ville, puis à l'agglomération, il s'agissait d'instaurer une forme de délégation à l'échelle du quartier. Cela s'est traduit par un renforcement des partenariats (*ville – services municipaux ; techniciens – élus – services municipaux ; ville – bailleurs sociaux)* et par la mise en place d'outils collectifs comme les régies de quartier, dont les objectifs sont à la fois l'insertion sociale et professionnelle, l'amélioration du cadre de vie, le développement du lien social. Ces régies de quartier sont devenues des outils de gestion urbaine de proximité, par le biais de conventionnements avec les bailleurs et les collectivités. Une logique partenariale s'est ainsi progressivement forgée autour de la reconnaissance de l'habitant en tant que résidant du quartier, consommateur des services publics, parent d'élève, etc. Cette logique a été positive dans le développement d'une vie de quartier, mais elle a eu un effet négatif, celui de cantonner l'habitant à sa posture d'usager de son quotidien, alors que d'autres savoirs pouvaient être mobilisés et donner davantage de souffle aux instances de concertation locale, pour mettre en regard les projets de quartier avec des stratégies globales de ville, d'intercommunalité, de bassin de vie, etc. De plus, cette logique ne facilitait pas d'ouverture à d'autres partenaires comme les organismes liés au monde économique. On assiste à un cloisonnement des publics, des concertations.

La citoyenneté

C'est à partir de 1995 que l'on a commencé à intervenir sur la question du rapport au politique dans les quartiers de la politique de la ville. En 1993, avec la création de l'atelier de travail urbain de Grande-Synthe, on invente un nouvel outil qui permet la confrontation constructive entre trois types d'acteurs : élus, techniciens et habitants. L'expérience de Grande-Synthe a démontré que des habitants pouvaient rentrer en dialogue avec des élus et des techniciens pour co-construire des projets. On n'est plus simplement dans l'information et la consultation, mais dans la véritable participation. C'est-à-dire que la population s'exprime et on tient compte de ses avis pour co-élaborer des projets. Dans ce cas de figure, les pouvoirs publics n'arrivent pas avec un projet ficelé. Néanmoins, seule une partie des projets restent négociables, et bien souvent certains impondérables restent fermés à la discussion. Ce qui est négociable est mis en débat et peut donc faire l'objet d'un travail de construction collective.

C'est ainsi que les ateliers de travail urbain se sont multipliés : Grande-Synthe, Montreuil-sous-Bois, Fontaine, Saint-Pol-sur-Mer, etc. Ils sont intervenus davantage dans le champ du registre politique, en mêlant le « pouvoir débattre » et le « pouvoir agir ». Il s'agissait de co-construire des projets urbains sur la base du trépied : élus, techniciens, habitants, mais aussi de développer des initiatives : jardins partagés, animation culturelle, etc. C'est cette faculté d'intervenir dans l'espace public par le débat et la confrontation avec le politique, mais aussi par la transformation concrète de ces lieux de vie qui pouvait redonner un sens politique à l'action dans les quartiers. Ceci s'est vérifié partiellement parce que ces lieux de « mise en tension » dans le temps connaissent un certain essoufflement, parce que l'implication réelle dans la décision politique n'est pas forcément évidente, parce que les conditions d'une mobilisation de tous ne sont pas forcément réunies.

Zoubida MEGUENNI

Elle est née et a longtemps habité dans les quartiers nord de Marseille. Elle se sent dès lors très vite concernée par la relégation des quartiers périphériques et fait très vite le constat des inégalités sociales.
Dès 16 ans, elle s'implique dans les mouvements antiracistes, puis perpétue ses engagements dans diverses associations, dont certaines qu'elle crée, comme Shebba. Cette association se penche sur les rapports entre l'école et les familles d'élèves.
Fonctionnaire territoriale, elle travaille sur les questions de politique de la ville. Elle siège au titre de ces divers engagements dans la société civile au Conseil national des villes de 1998 à 2006.

L'institutionnalisation de la participation

Le Conseil national des villes (CNV)

En 1997-1998, on assiste à un changement de cap politique avec la cohabitation droite-gauche. Le nouveau Premier ministre, Lionel Jospin, et le ministre de la Ville, Claude Bartolone, mettent en avant une injonction de participation dans la contractualisation urbaine. S'engage alors une réflexion qui suscite beaucoup de débats et de propositions. Le CNV – qui existe depuis 1988, mais qui est alors en sommeil – est réactivé. Il a la particularité d'être composé d'élus, de professionnels, d'associatifs, mais aussi d'habitants lambda, ce qui le rend d'autant plus pertinent sur les questions de participation[4]. On trouvait des militants de l'échelon local, des personnes

4 Le CNV est un lieu de réflexion, d'analyse et d'anticipation des évolutions de la politique de la ville. Il est également un relais entre les habitants des quartiers, les acteurs de terrain, les responsables des politiques publiques, aux différents niveaux, et le gouvernement. Il émet des avis, sur saisine du gouvernement ou de sa propre initiative, sur les problématiques de la politique de la ville.

comme Zoubida Meguenni* de l'association Shebba, implantée dans les quartiers nord de Marseille. La création du CNV et sa remise en activité à partir de 1998 montrent l'intérêt des pouvoirs publics à écouter ces acteurs jugés porteurs d'une réflexion intéressante sur les questions de la ville et de son renouvellement. Ce mode de fonctionnement était une première dans l'histoire des institutions publiques. C'était la première fois que des personnes, soit militantes dans des associations locales, non représentatives au niveau national, soit ayant un parcours atypique, siégeaient dans une commission nationale. On ne cherchait pas nécessairement à ce qu'elles soient représentatives, elles étaient simplement considérées comme représentatives de leur propre parole et de leur propre parcours, faisant ainsi écho aux instances locales de participation comme les ateliers de travail urbains évoqués précédemment.

Cette organisation a créé une dynamique intéressante entre les différents acteurs. La confrontation avec les élus et les professionnels a été très riche entre 1998 et 2004. On a demandé au CNV, face à cette injonction de participation dans les contrats de ville, d'accompagner les démarches.

De sa fonction initiale de groupe de réflexion sur le champ du développement de la citoyenneté, un glissement s'est rapidement effectué vers des réflexions plus larges sur le champ du renouvellement de la démocratie : le rôle et l'implication des habitants apparaissent alors comme une condition de ce renouvellement dans un contexte de démocratie représentative un peu essoufflée. Il en a émergé l'idée qu'en complément à cette démocratie représentative, ce système nécessitait des espaces de dialogue, de co-construction et donc de participation, constitutifs d'une démocratie participative.

La confiance dans les dispositifs de participation

Les débats au sein de la CNV sont égalcment ravivés par la loi Vaillant sur la démocratie de proximité en 2002. Cette loi instaure la création de conseils de quartier dans les villes de plus de 80 000 habitants et leur création facultative dans les villes de 20 000 à 80 000 habitants. La mise en place de cette loi contribue à créer une dynamique globale entre les membres du CNV.

Dans le cadre de la contractualisation, le CNV juge qu'il faut des outils forts pour la participation désormais obligatoire : c'est ainsi que l'idée d'une charte de la participation apparaît. Celle-ci aurait pu être un document annexé au contrat de ville. L'idée était toujours de partir du triptyque élus-techniciens-habitants pour co-construire les règles du jeu du dialogue et de la construction de l'action publique locale. Cette charte aurait eu pour objectif de fixer des réponses à ces questions : quels types de moyens sont disponibles ? Qu'est-ce qui est négociable, et qu'est-ce qui ne l'est pas ? Que fait-on de l'information ou de la concertation ? Va-t-on plus loin ? Est-ce que l'on co-produit quelque chose ? Dans la mise en œuvre du projet, comment intègre-t-on la participation ? Est-ce que l'on va jusqu'à l'évaluation, sur le modèle de l'évaluation partagée ? Est-ce que les habitants ont des outils pour suivre la mise en œuvre et l'évaluation des actions proposées ?

L'idée était de créer un cadre commun dans lequel la confiance pouvait s'instaurer puisqu'on s'était mis d'accord sur des règles auxquelles on pouvait se reporter en cas de dysfonctionnement. Il y avait une véritable volonté d'instaurer la confiance dans les opérations de politique de la ville en définissant, en co-produisant les règles de la participation pour que chacun puisse s'y projeter.

Au niveau national, le CNV n'a pu que fixer les contours de cette charte, sans en faire une obligation en accompagnement des contrats de ville, notamment à Mulhouse, lors d'un colloque.

Au niveau local, les chartes de la participation se sont beaucoup développées, que ce soit au Grand Lyon (à l'initiative du conseil de développement), à Bordeaux, à Lille, Mulhouse etc., dans les villes moyennes et petites. Elles n'ont pas toutes été co-construites avec les habitants, mais elles ont souvent été mises en débat avec les instances de concertation, type conseil de quartier, conseil de développement, forum, etc. Si la base de leur développement est la politique de la ville, beaucoup ont maintenant été construites en référence au développement durable.

La politique de la ville : un laboratoire de la démocratie participative

Ainsi, la politique de la ville a été un fer de lance de la démocratie participative. Elle a été un terrain d'expérimentations, parce qu'elle avait une histoire. Il s'agissait d'une politique partenariale contractuelle qui plaçait les habitants au cœur des dispositifs dès le début. Cette idée est allée assez loin puisqu'entre les années 1970 et le début des années 2000, on parlait de « droit » : droit à l'information, droit à être consulté et à s'exprimer, droit à la négociation et à la concertation, mais aussi droit au conflit pour reprendre une expression de Patrick Viveret[5] qui parle du conflit comme « *une alternative à la violence* ». Cela sous-entend évidemment la présence d'outils de gestion des conflits et de construction des points de vue, d'argumentation pour permettre de dégager ce qui peut faire consensus et divergence. Ce droit au conflit va de pair avec le développement d'instances de médiation, de négociation. On a également parlé de droit à la co-décision mais c'est en fait un droit à la co-élaboration du processus de décision. La décision finale

5 Philosophe, auteur du rapport « Reconsidérer la richesse », janvier 2000.

revient toujours aux élus, mais avec une obligation de transparence et de légitimation par rapport au processus participatif et ses acteurs, condition sine qua non pour l'instauration d'un climat de confiance durable.

Ces éléments concernent principalement le droit de débattre, auquel doivent s'adjoindre, dans certains cas, un droit de faire, un droit d'initiative. L'intérêt général, tel qu'on a l'habitude de le définir, qui est une prérogative exclusive des élus et de l'État, devient dès lors partagé. Cela est encore plus vrai aujourd'hui dans un contexte où la conjugaison des crises écologiques, sociales, économiques et démocratiques oblige à penser et agir de manière systémique, à considérer la complexité de la société et donc à envisager des solutions collectives. Le développement durable des territoires induit la responsabilisation, les changements de comportements individuels et collectifs en mettant l'accent sur la notion de bien commun que sont nos ressources, nos services, notre patrimoine naturel, architectural, etc. Comment fait-on évoluer ce bien commun ? N'est-il pas du ressort de tous, au travers d'une gouvernance partagée qui reste à construire ?

Vers une politique de la ville durable...

Je m'arrête ici volontairement avant la mise en place de l'ANRU, car on observe une nette régression de la place donnée aux habitants, dans les projets ANRU ou dans les CUCS. J'ai le sentiment que l'on stagne, voire que l'on régresse en matière de participation dans les projets urbains. Je n'ai pas l'impression qu'il s'agisse encore d'une modalité d'intervention très volontariste.

Je pense qu'à l'heure actuelle, la politique de la ville devrait intégrer plus fortement des démarches de développement durable sur les territoires. À travers ce filtre-là, les acteurs de la politique de la ville pourraient reprendre la main dans le cadre d'une politique dont les finalités sont à la fois l'épanouissement humain, la cohésion sociale et la solidarité, mais aussi le changement climatique, la question de la biodiversité, de la production et la consommation responsable. Les inégalités sociales et écologiques sont de plus en plus prégnantes. Il est temps de mettre la cohésion sociale au cœur du développement durable et de bâtir un projet de société dans un système démocratique renouvelé dans lequel chacun, individuellement et collectivement, peut trouver son espace pour débattre et agir, espace de construction, mais aussi espace de régulation des conflits et de gestion des rapports de force. Ce sont donc les conditions du vivre ensemble qui sont en question, mais aussi les conditions du faire ensemble.

« L'EFFET QUARTIER » DANS L'HISTOIRE DE LA DÉMOCRATIE LOCALE NANTAISE[1]

Élisabeth Pasquier

Nantes ne fait pas partie des villes pionnières dans le domaine de la démocratie participative comme ont pu l'être Grenoble ou Lille et ça n'est qu'à partir de la première municipalité de gauche en 1977 que ces enjeux ont émergé d'une manière spécifique autour de la participation des nouvelles classes populaires logées en HLM. Les dispositifs nantais de démocratie locale sont les héritiers d'une histoire imbriquée dans celle des quartiers d'habitat social, d'où l'effet quartier annoncé dans le titre de l'article. Nantes, avec ses 24 000 logements HLM dont une majorité se trouve dans des grands ensembles (un quart des logements de la ville), a connu des processus de négociations, d'expérimentations souvent liés aux différentes strates d'action publique qui s'y sont appliquées : des réhabilitations aux procédures de renouvellement urbain, en passant par l'ensemble des dispositifs de développement social urbain. Nantes a été prise dans un jeu d'alternance politique et ces questions se sont révélées majeures aux échéances de 1983 et 1989. Depuis 1989, ces préoccupations ont mobilisé l'équipe du maire socialiste Jean-Marc Ayrault et chaque nouveau mandat renvoie à une étape de cette construction.

La participation des locataires à leur cadre de vie : un enjeu politique municipal

Dès la livraison des grands ensembles, période au cours de laquelle toute la géographie sociale et symbolique de la ville a été recomposée, ces quartiers par nature hétérogènes (Chamboredon, Lemaire, 1970) ont été au principe d'un brassage socioculturel qui a créé un rapport de force spatialisé d'un genre nouveau avec la ville-centre. Ces quartiers de ville, conçus comme des isolats et livrés rapidement pour assurer le droit au logement, ont très vite montré des défaillances au niveau du bâti et de la gestion, et des lacunes en matière d'équipements publics (transports en commun, loisirs…).

1 Cet article repose sur différents travaux réalisés en collaboration avec d'autres chercheurs, il doit beaucoup aux échanges avec Laurent Devisme. La problématique a été travaillée dans le mémoire pour l'habilitation à diriger des recherches soutenu par Élisabeth Pasquier en mai 2011 à Paris 8 sous le titre *Contribution à une sociologie des cultures populaires spatialisées. Retour réflexif sur un parcours de recherche à Nantes*. Il a été écrit à cette date.

Ces difficultés ont favorisé l'émergence de formes collectives d'implication et de négociations. La formulation de ces besoins collectifs et la nécessité de réguler les nouvelles formes de sociabilité ont posé les limites de la démocratie représentative, tant au niveau de la périodicité que de la nécessaire prise en compte des territoires du quotidien. Vivre dans ces quartiers, au-delà des systèmes de contraintes à l'origine des parcours et des situations, a, au fil du temps, fondé, pour une partie du moins des acteurs, une culture de l'habiter reposant sur une négociation quotidienne des valeurs collectives et de l'intérêt général. Parmi ceux qui ont habité dans les grands ensembles au démarrage de leur trajectoire résidentielle ou dans les habitations qui les jouxtaient, des habitants devenus militants se sont engagés dans les dynamiques revendicatives. Il existait déjà à Nantes une structure associative liée aux mouvements d'éducation populaire, héritiers de la logique catholique et laïque, dans les quartiers de faubourgs anciens en particulier.

Une nouvelle génération d'actions va naître dans les années quatre-vingt sur ces territoires, entraînant des structurations professionnelles (animation, éducation de prévention) et la création d'équipements nouveaux (centres socioculturels, maisons de quartier). À partir de ce champ d'actions militantes et d'expérimentations professionnelles, se sont dessinés des parcours de professionnels engagés, dont la composante des quartiers populaires a été la matrice. L'idée du contre-pouvoir des classes populaires a été centrale dans ces engagements. Une partie du personnel de la politique de la ville et des techniciens qui seront plus tard en charge de la mise en place des dispositifs de la démocratie locale est issue de ces véritables laboratoires d'expérimentations.

La victoire électorale de la première équipe municipale de gauche dirigée par Alain Chenard* en 1977 peut, pour partie, se lire comme un déficit démocratique de l'équipe précédente d'André Morice, rejetée par les Nantais, autour, notamment, d'un plan de circulation misant sur le tout automobile, tout autant décalé des attentes comme modèle urbain que comme manière d'imposer autoritairement les projets urbains. Alain Chenard va lancer très vite le premier projet de nouvelle génération de tramways en France. L'équipe municipale va également envisager une radicale mutation de la relation aux locataires des cités HLM passant par la modification du service aux usagers (création de postes de conseillères sociales, création d'antennes sur les quartiers) et un projet de réhabilitation avec le soutien du Plan construction et architecture (gestion expérimentale), faisant appel à des architectes et des sociologues pour soutenir l'action des vingt-sept équipes d'architectes engagées sur le terrain. Cette première génération de réhabilitation-concertation porte un ambitieux projet participatif, les moyens étant en effet donnés de prendre le temps et le risque de véritables échanges avec les locataires. Au cœur d'aspirations contradictoires, l'opération s'est parfois doublée de conflits larvés en livrant aux locataires des prestations qu'ils ont finalement eu davantage à subir qu'à apprécier. Elle a entamé en partie l'alliance qui pouvait préexister entre l'Office public HLM et les familles-relais, leaders des quartiers, le plus souvent solvables et donc trop défavorisées par l'APL, et n'a pas suscité l'adhésion de tous, loin s'en faut. Mais les réhabilitations ont été un moment important de l'activation de l'espace public des cités, où les questions spatiales étaient imbriquées dans des questions sociales et politiques. Les longs moments d'échange, de débat, de réunion, de prise de position orale ont marqué assez durablement l'histoire des personnes et des quartiers concernés, tant du côté des techniciens, que des architectes, des élus et des militants.

Alain CHENARD

Il a été maire de Nantes de 1977 à 1983, affilié au parti socialiste. Il est notamment connu pour la politique de transports publics ambitieuse qu'il a lancée à Nantes, en prônant la prise en charge de la politique des transports à l'échelle intercommunale, en créant notamment la SEMITAN (Société d'économie mixte des transports en commun de l'agglomération nantaise). Il a notamment marqué son mandat électoral par la réintroduction du tramway dans la ville, qui à l'époque avait suscité certains mécontentements des riverains, notamment du fait des travaux nécessaires à engager.

André MORICE

Membre du parti radical, il a occupé des fonctions gouvernementales sous la Quatrième République. Sous la Cinquième République, il a été sénateur-maire de Nantes de 1965 à 1977.

En 1983, une nouvelle équipe municipale de droite reprend la ville. La perte de la ville par la gauche est analysée par Gérard Althabe dans un article politique (Althabe, 1983), où l'auteur dégage la leçon de portée nationale de cet échec, analysant comment la campagne électorale de la gauche a réduit son action à la seule dimension comptable. Alain Chenard endosse pour l'occasion l'habit d'un gestionnaire pour tenter de gagner des voix à droite, dépolitisant ainsi sa propre pratique municipale et perdant des voix à gauche. Des pans entiers de l'action municipale, ceux justement dont le sens politique ne pouvait être effacé, se sont trouvés ainsi dissimulés, et à aucun moment de la campagne, il n'a été fait mention des actions concernant le logement social : réhabilitations, aménagements des espaces extérieurs, construction de petits équipements d'animation. Les habitants de ces quartiers continuèrent à énoncer le leitmotiv « la municipalité ne fait rien pour les quartiers ». La défaite fut sans appel et la droite, menée par le sénateur RPR Michel Chauty, précédemment éliminé par Jean-Marc Ayrault en 1977 (un perdant, rappelle-t-on à gauche, pendant la campagne), l'emporta avec 520 voix de plus que la moitié, l'abstention étant importante dans l'électorat de l'union de la gauche et en particulier dans les quartiers populaires.

La nouvelle équipe municipale va se saisir du problème alors massif des impayés de loyers dans le parc HLM sur un mode qui va fortement marquer les esprits puisque cinq cents familles vont être convoquées au tribunal pour assignation assortie d'une demande d'expulsion. Même si le président de l'Office public HLM d'alors a souvent rappelé ensuite que c'était une autre manière possible d'obliger l'État à payer, la psychose chez les habitants, relayée largement par la presse, les syndicats et les associations, est à l'origine d'une des polémiques qui pèseront à l'échéance électorale suivante. Alors que dans la période de réhabilitation-concertation, c'était l'idée d'une émancipation collective permise par une co-production des espaces résidentiels qui était visée, les mesures d'expulsion et d'assignation au tribunal renvoient individuellement chaque locataire à ses responsabilités, réduisant la notion de droit au logement à la logique contractuelle individuelle. Les réhabilitations vont se poursuivre sous ce mandat de droite, mais il ne sera plus question de concertation, puisque l'Office public HLM fera appel à des bureaux d'études parisiens chargés de l'enquête sociale et de l'étude architecturale du projet.

L'expérience qui se déroule à la même époque autour du grand ensemble du Sillon de Bretagne à Saint-Herblain, commune limitrophe, est une autre histoire qui va marquer durablement l'histoire nantaise autour de la mobilisation des locataires-citoyens. Ce projet se veut à l'origine une opération exemplaire, permettant la cohabitation harmonieuse de catégories sociales habituellement ségréguées et la prise en charge collective de la vie locale, proche des idées d'autogestion portées par le PSU (parti socialiste unifié) auquel adhèrent une partie des chrétiens progressistes engagés comme militants dans ce projet. Il s'agit de faire en sorte que chacun trouve sa place quelle que soit son origine, participe à la vie du quartier en citoyen et non en simple usager. Le Sillon de Bretagne est, dès l'origine, déclaré hétérogène et antiségrégationniste. Il comprend 895 logements construits à part égale entre des financements HLM-O (habitation à loyer modéré ordinaire) et des PLR (programme à loyer réduit), afin de permettre la cohabitation de populations différentes. Le bâtiment connaît rapidement des problèmes techniques et concentre également des problèmes sociaux en particulier autour du nombre d'étrangers : c'est en effet le premier grand ensemble favorisant le regroupement familial. Une opération Habitat et vie sociale (HVS), sur mode dérogatoire, y est appliquée pour mener à bien une réhabilitation qui va permettre de modifier assez radicalement la composition du bâtiment puisque les onze étages supérieurs vont être réaffectés en bureaux, première expérience de mixité fonctionnelle d'une telle ampleur. Cette histoire englobant à la fois le projet de départ, la procédure de réhabilitation, mais aussi l'ensemble des expérimentations sociales et culturelles qui se sont développées au Sillon (cabinet médical, centre socio-culturel, radio libre...) en fait également un laboratoire de quartier posant les enjeux et les contradictions liées à la participation habitante. Une partie des acteurs nantais qui vont mettre en place les bases du système actuel de la démocratie locale y ont fait leur classe.

Du développement social dans les quartiers à la démocratie locale à l'échelle urbaine

Début 1988, le président François Mitterrand vient visiter le Sillon de Bretagne. Quelques mois plus tard, le socialiste Jean-Marc Ayrault, jusque-là maire de Saint-Herblain, est candidat à la mairie de Nantes, candidature très fortement portée par les militants engagés sur les registres déjà décrits. Il sait l'importance qu'il doit donner au patrimoine HLM et aux locataires-électeurs dont on sait depuis 1983 que les voix ne sont pas aussi facilement gagnées, même pour un socialiste. À Nantes, l'abstentionnisme représente le réel danger, bien devant celui de la montée de l'extrême droite, ce qui justifie aussi que l'on prenne soin de ces espaces et de ses occupants.

Une fois élue en 1989, Jean-Marc Ayrault met l'accent sur l'enjeu du logement social et assume la présidence de l'Office public HLM. Les réhabilitations ne sont pas terminées, et elles posent toujours le problème de la place donnée aux habitants. La ville de Nantes a en outre pris beaucoup de retard vis-à-vis du dispositif de Développement social des quartiers (DSQ) créé en 1982, et tout est encore à faire. Daniel Asseray (Devisme, Pasquier, 2002 ; Gers, Pasquier, Petiteau, 1994 ; Pasquier, Petiteau, 1995), jusqu'alors directeur du Home Atlantique, bailleur du Sillon de Bretagne, devient adjoint à l'urbanisme, administrateur délégué de l'Office public avec la charge du dossier des réhabilitations, des relations avec les syndicats de locataires et de la mise en œuvre de la politique DSQ. Il va faire le lien avec les dossiers qu'il a à traiter : la renégociation du POS et la négociation de la seconde ligne de tramway dont le tracé, comme pour la première ligne, vise l'amélioration de la mobilité et l'intensification de l'utilisation de la ville-centre par les habitants des quartiers HLM. Au niveau du logement social, les enjeux et les orientations de l'époque se répartissent sur deux registres différents : celui qui renvoie très précisément aux relations entre la ville de Nantes et son Office HLM qui ne peut plus rester en autonomie, et celui de l'adaptation de l'Office HLM aux attentes des locataires, sur la base de nouveaux services, de la qualité de l'accueil, d'un dialogue nouveau construit autour des opérations de réhabilitation, avec l'appui des équipes du DSQ mises en place simultanément sur les quartiers. Les opérations de réhabilitation s'inscrivent dans les projets urbains et les services municipaux prennent en charge, petit à petit, les quartiers HLM comme les autres quartiers de la ville. Les voiries, jusque-là gérées par l'Office public HLM dans les grands ensembles et donc financées par les locataires, vont ainsi être rétrocédées à la ville. L'étape de lancement de cette dynamique démarre assez vite tant les nouveaux professionnels ont eu le temps dans les années précédentes d'analyser ces territoires et de penser à une méthodologie d'action au sein de cercles militants. Cinq quartiers sont retenus en 1990 au titre de la géographie prioritaire, inscrits ou non dans le cadre de la convention État-ville de développement social urbain : les Dervallières, Nantes-Nord, la ZUP de Bellevue (site intercommunal entre Nantes et Saint-Herblain) pour la procédure DSQ proprement dite, le quartier de Malakoff où est signée une convention de quartier, et enfin le secteur de Nantes Est dont le dispositif va être contractualisé avec l'État en 1995. Les équipes de quartier qui s'installent au cœur des cités sont constituées, et une ou deux entrées thématiques jugées prioritaires sont retenues par site, sur la base de problèmes mais aussi d'atouts spécifiques dans la logique du développement de potentiels endogènes. L'importance du dispositif décentralisé sur les quartiers marque donc dès l'origine la spécificité nantaise. Ces équipes de quartier vont avoir tendance à bousculer le jeu en place, d'autant que parmi les chefs de projet, certains n'hésitent pas « à foncer » au cours des deux premières années. Une recherche menée auprès d'une chef de projet de cette première génération a permis de préciser les contradictions vécues dans la pratique de ce nouveau métier. Deux rôles inverses semblent cohabiter : un rôle « d'ambassadeur » du pouvoir municipal auprès des habitants et des institutions d'un quartier, puis un rôle de « passeur » ou de « traducteur » entre habitants et élus locaux. Ces deux rôles ne sont pas inconciliables, mais ils impliquent une reconnaissance souvent opposée. En tant qu'ambassadeur, le chef de projet arrive sur un territoire au nom d'une politique et offre la possibilité de mobiliser les services publics en réponse à une demande sociale sur laquelle doit se fonder la reconnaissance de l'équipe municipale. Le rôle de passeur est validé par les habitants ou par des groupes d'habitants, mais parce qu'il doit mettre en question les institutions et les représentations préalables, il peut à tout moment fragiliser l'équipe municipale. Les dérives métaphoriques liées aux deux rôles initiaux sont de devenir soit un « contremaître » du pouvoir municipal, soit un « chef indigène ».

Dès 1992, un premier niveau d'intégration dans l'organisation municipale a été effectué. Les grands principes de la démarche mise en œuvre sont ceux de la globalité – agir simultanément sur l'habitat, le commerce, l'éducation, l'action sociale et culturelle, les transports et les infrastructures à travers une multiplicité d'actions, le principe de l'ancrage au territoire – respect de l'identité des quartiers – et celui de la nécessaire implication des habitants. Le partenariat institutionnel et associatif autour de la dynamique de projet a été fortement activé. L'optimisation des services publics dans les quartiers DSQ constitue le bilan jugé positif de la ville de Nantes, tant dans les expertises internes que par les observateurs extérieurs. Leur remise à niveau s'est faite en différentes étapes : mise en service de mairies annexes dans lesquelles sont assurés des services de base, rénovation de nombreux locaux (Nantes-habitat, locaux socio-éducatifs, crèches, haltes garderies, équipements scolaires). La qualité du service rendu a également été interrogée afin d'adapter l'action publique aux nouvelles réalités sociales, mais le bilan concernant l'émergence des potentialités des territoires et la capacité des habitants à être des acteurs à part entière semble plus mitigé. Le projet d'émancipation collective qui sous-tendait les luttes des premiers temps laisse progressivement la place à une logique de projets plus sectoriels, souvent limités dans le temps, la dimension culturelle prenant le pas sur la dimension politique. À la même période, la limite de l'action locale en termes de développement social se heurte à la montée du chômage et aux systèmes de production dont les effets doivent être pris en compte ailleurs, la question de l'exclusion ne pouvant être traitée seulement localement. C'est à partir de ce double constat sur la politique de la ville qu'ont été rediscutés les enjeux de la démocratie locale à la fin du premier mandat.

En 1995, Jean-Marc Ayrault est réélu et Daniel Asseray se voit confier de nouvelles responsabilités liées à la démocratie locale. Des comités consultatifs de quartier sont mis en place pour travailler sur la mobilisation du système institutionnel à l'échelle de la ville, avec la volonté de mettre en cohérence cette institution de gestion politique avec la population par un dispositif de mobilisation et d'animation. Partant des acquis de l'intervention dans les quartiers prioritaires, le but est de territorialiser l'appareil municipal sur l'ensemble de la ville et d'élargir la politique dite de la ville, pourtant limitée à quelques quartiers, à l'ensemble de la commune. Onze secteurs découpés à partir du centre vont englober les cinq quartiers prioritaires de 1990. Ce second mandat (1995-2001) va donc voir l'intégration du dispositif dans l'organisation municipale avec la généralisation de l'approche territoriale de la gestion de la proximité, de la consultation et de la démocratie locale à l'ensemble du territoire urbain. Le Développement social des quartiers sera pris en charge par l'ensemble des services de l'organisation municipale, ce qui dynamisera en retour ces mêmes services. Chaque comité consultatif est animé par l'adjoint chargé de la vie des quartiers et des élus référents ; il regroupe les agents des différents services publics travaillant sur le secteur (commune, département, État, CAF et HLM) et des membres d'associations de quartier. Un autre élu est délégué à la vie des quartiers et à la démocratie locale. Ne peuvent y participer ni les partis politiques, puisqu'ils sont au conseil municipal et qu'ils sont partie prenante de l'institution de décision, ni les associations cultuelles, du fait des principes de laïcité. Le dispositif se complète par les « carrefours de citoyens », réunions plénières où, cette fois, la participation de tous les citoyens à titre individuel est possible. Ce type de rencontres doit permettre de « prendre la température » en direct afin d'éviter que des problèmes n'échappent au noyau dur des comités de quartier. La ville n'opte pas pour des « budgets de quartier » revendiquant ainsi une préférence pour la démocratie locale sur la démocratie de proximité. Le fait que le financement des actions n'ait jamais correspondu à une tirelire à part repose également sur la primauté de la dynamique des acteurs sur les moyens financiers eux-mêmes, ainsi que sur l'indispensable implication de tous les services municipaux. Au moment du bilan du second mandat, deux mille personnes ont été, à un moment ou à un autre, impliquées. Les effets positifs de ce dispositif sont surtout, et une nouvelle fois, du côté de la transformation du service public. Comme dans le cas des services municipaux, cette mise en réseau a des effets dans la durée qui se prolongent ensuite en dehors du dispositif lui-même, puisque les gens ont appris à se connaître et à se reconnaître ; les interpellations directes se démultiplient et le système semble bien s'être pour partie désinstitutionnalisé. Du côté des habitants, ceux qui se sont impliqués durablement ont dû apprendre à composer avec d'autres ayant des opinions différentes et, de fait, apprendre à argumenter, ce qui a élevé le niveau d'expertise citoyenne.

La création du dispositif emplois-jeunes (loi de 1997 de Martine Aubry) n'est pas étrangère à la dynamisation du dispositif à cette période. L'articulation entre la ville et le service de l'État chargé de la mise en œuvre du programme (DDTE[2]) semble avoir plutôt bien fonctionné. La ville, force de proposition, a pu établir des rapports de confiance avec ses partenaires à la DDTE, au total un groupe de cinq personnes seulement. Et de fait, les 800 postes créés en contrat de cinq ans sur la ville ont dynamisé le tissu associatif, en particulier dans les quartiers DSQ.

La ville animatrice ?

La ville de Nantes a mis l'accent sur le partenariat institutionnel en fédérant dans la gestion publique des poids lourds comme l'Éducation nationale et le conseil général. Pourtant, cette organisation, qui force parfois l'admiration des observateurs extérieurs, provoque aussi une difficulté à lire

---

2 Direction départementale du travail et de l'emploi, aujourd'hui unité territoriale de la DIRECCTE (Direction régionale des entreprises, de la concurrence, de la consommation, du travail et de l'emploi).

la complexité du dispositif. Les équipes de quartier et leurs ramifications avec l'ensemble des services de la ville semblent s'être mises en place aux dépens de la circulation horizontale entre les quartiers eux-mêmes. Les équipes de quartier font, de fait, un travail permanent de diagnostic au plus près du terrain qui se répercute ensuite dans des commissions thématiques au niveau municipal. Tous les ans, un appel à projets, sorte de cahier des charges ou, plus prosaïquement, dossier de demande d'aides financières (suivant les thématiques jugées prioritaires : intégration, culture, lien social, développement économique, sécurité, santé) permet ensuite un retour de la mairie centrale sur les quartiers. En fonction de cet appel à projets, les associations accompagnées des professionnels remplissent les dossiers en question, qui sont de nouveau rediscutés en commissions où sont choisis ceux qui semblent devoir être soutenus et financés.

Après un peu plus de 10 ans de fonctionnement de ces dispositifs, une enquête conduite auprès des dix chargés de quartier (Devisme, Pasquier, 2008 ; Pasquier, Devisme, 2011 ; Devisme, Pasquier, 2010)[3] a permis de montrer, par le biais de l'approche biographique, les logiques de parcours, de carrière dans un contexte nantais qui a continué à se modifier. Les formations initiales des dix chargés de quartier renvoient ainsi au spectre suivant : 6 diplômés dans le travail social (les 4 hommes, dont 3 Nantais au moment de la prise de poste, et 2 femmes dont une Nantaise) et 4 dans des formations universitaires de type DESS[4] (les 4 femmes non nantaises). Quant aux expériences professionnelles, elles sont proches de l'invention d'un parcours de professionnel engagé et/ou de la spécialisation dans les métiers du développement local, mais on observe surtout deux logiques : une diffusion à partir du métier de chef de projet en zone sensible d'un côté, l'action publique territorialisée de l'autre. Une fois arrivés sur un poste de chargé de quartier, la différence est importante entre ceux qui ont fait leurs classes à Nantes et ceux qui doivent s'acculturer au contexte nantais. L'hypothèse d'un processus de « nanturalisation » peut être avancée (forme de devenir nantais ?).

Du fait des parcours professionnels, mais aussi de la conception de la mission, les quartiers populaires sont majeurs. S'ils occupent souvent près de 80 à 90 % du temps passé au travail pour ceux qui en ont la charge directe, ils ont aussi un sens qui dicte l'action : ils recouvrent en effet ce que l'on sait faire, qu'on a déjà fait, que l'on aime faire, que l'on veut faire… les autres parties du territoire ne sont pas premières dans la mission. Les habitants des autres parties du territoire sont nommés avec moins d'empathie, à travers des catégories un peu grossières, distanciées,

3 Deux interventions ont été faites sur la base de cette recherche dans des séminaires, les articles qui leur font suite recoupent des éléments de ce présent article.

4 Équivalent aujourd'hui au master 2 professionnel.

ironiques… « les bourgeois », « les bobos », « les nantis », voire « les nobles » ! Un quartier ou un secteur en cours de gentrification est a priori montré du doigt. L'analyse des populations en fonction des compétences et ressources qui leur sont propres, et donc des attentes et/ou besoins vis-à-vis de la ville à l'échelon territorial des grands quartiers, se présente le plus souvent sur un mode finalement assez binaire : les classes populaires pour lesquelles on sait et on veut faire, les autres qui n'auraient pas besoin de la force publique en dehors de sa capacité à aménager l'espace de proximité et à assurer la paix publique, ou différence entre « les outillés » et « les béquillés », typologie conceptuelle efficace utilisée par l'un des chargés de quartier. Quand un grand quartier ne compte pas de territoire prioritaire, il s'agit d'en conquérir, en travaillant par exemple sur un quartier HLM qui va le devenir en repérant des problèmes de précarité spatialisable. La valorisation inverse aux hiérarchies sociales qui donne la priorité aux quartiers populaires prend racine dans la connaissance des processus de ségrégation urbaine et leur critique, et dans l'intériorisation du modèle de la discrimination positive hérité de la politique de la ville. Deux pôles de l'action semblent sous-tendre l'ensemble de ces positions : d'un côté on croit a priori aux vertus de la mixité, de l'autre on sait faire avec les pauvres quand ils sont rassemblés dans un territoire repérable. À l'école de la discrimination positive, il y a bien sûr une différence entre les chargés de quartier qui ont acquis ces analyses sur les processus ségrégatifs via la théorie à l'université, et ceux qui les ont déjà accompagnés dans d'autres métiers et positions : pratiques d'assistante sociale, d'éducateur, dans le socioculturel. Certains ont rejoint le poste de chargé de quartier justement pour être plus efficaces dans ce combat. Tous ceux qui ont en charge la création de nouveaux quartiers (ZAC, île de Nantes) s'emploient ainsi à anticiper ces logiques ségrégatives.

Toutefois, des différences persistent en fonction des parcours individuels, pour les territoires incluant des zones prioritaires. La place et les enjeux autour des cinq journaux de quartier créés dans la première étape DSQ sont révélateurs de ce fait. Ces journaux initiés dans le cadre de la politique de la ville semblent hésiter aujourd'hui entre vitrine de l'action publique et outil d'expression au service des habitants. Les plus jeunes des professionnels qui en ont la charge semblent avoir intégré les vertus de la communication, comme sphère technico-politique légitime, quand les plus anciens n'ont pas renoncé à les activer comme un support critique et un outil de médiation entre habitants et service public participant de l'avancée de la vie démocratique.

Toute association semble bonne à prendre. Dans la suite de la culture DSQ/ Développement social urbain (DSU), un des enjeux de la mission reste la question du développement de la vie sociale et un raccourci existe entre le terme « social » et la vie associative. Trois générations d'associations coexistent aujourd'hui : les ainsi nommées « historiques » renvoyant aux associations héritières de la sphère laïque et catholique, structurant notamment la vie sportive et renvoyant à des fédérations nationales liées à l'histoire des mouvements populaires et à leurs ramifications dans le domaine de la formation ; les associations nées avec la politique de la ville dont l'histoire semble plus chaotique et qui peuvent être thématisées du fait des grandes orientations retenues dans les premiers projets de quartier et en lien avec les individualités qui les ont portées, parmi lesquelles les associations communautaires dont les enjeux ont pu se modifier dans le temps, certaines privilégiant aujourd'hui la demande de lieux de culte ; enfin, les associations contemporaines que les chargés de quartier ont vu naître. Celles-ci oscillent majoritairement entre trois pôles : la défense de l'environnement avec tous les paradoxes associés à cette appellation ; l'action culturelle nouvelle formule, renvoyant à l'histoire nantaise du débat entre socioculturel et culture, passée par l'étape de la démocratisation de la culture, de la démocratie culturelle, de la reformulation de l'éducation populaire ; et enfin des associations portées dans les quartiers d'habitat social par des femmes, parmi lesquelles des femmes d'origine migrante, autour des questions renouvelées de l'émancipation des femmes et d'enjeux socioculturels reformulés. La logique associative n'est jamais remise en cause en tant que telle, elle est un peu comme le niveau zéro de la démocratie participative, alors même que ce processus est activable sur n'importe quel thème, y compris certains qui vont à l'encontre de la défense de l'intérêt général. Mais il y a quelque chose de loyal et de défendable dans le seul fait de se dévoiler en s'associant puisqu'on abat des cartes et que la ville peut regarder le jeu. Un des enjeux du métier de chargé de quartier est donc de consolider, développer, faire naître, rendre visible, organiser la vie associative sur son territoire.

Du côté du métier, sa dimension polyvoque et les qualités hybrides qu'il demande en retour, les contradictions inhérentes à la position et aux fonctions, déjà analysées dans le métier de chef de projet, sont vérifiées. Mais c'est un sentiment de liberté au sein d'une tâche immense et inépuisable qui se dégage plutôt de ces dimensions contraignantes dans les propos des intéressés. Le caractère multipiste du poste est ce qui le rend métaphorisable. Les qualificatifs utilisés par les chargés de quartier peuvent être agencés en trois dispositions activées de manière métaphorique. Il ne s'agit pas de fonctions qui permettent de discriminer les chargés de quartier entre eux, car il semble bien que ces dispositions ont toujours pu être activées pour chacun d'entre eux. Dans le registre de la fonction active, on trouve des appellations comme « poil à gratter » (les appareils institutionnels), « levier » (pour dynamiser des politiques ou développer des projets). Une fonction passive est également de mise, que l'on peut relever avec des expressions comme « l'huile dans les rouages », ou encore « le tampon ». Mais c'est encore un autre registre qui apparaît lorsque, via « l'indicateur lumineux » ou « le thermomètre », s'incarne une fonction de veille[5].

Le travail de coordination de la mission Citoyenneté et territoire (CITE), qui coordonne les équipes de quartier à la ville, vise à corriger les éventuelles divergences qui peuvent naître de ces positions et manières de faire. La cohérence d'ensemble semble surtout tenir à une conception partagée du politique, que l'on peut nommer un « loyalisme nantais » et sans doute républicain, la figure du député-maire Jean-Marc Ayrault jouant indéniablement de manière fondamentale.

On constate en revenant sur l'ensemble de cette histoire que si l'intervention de l'État reste sans doute décisive dans les villes où les conditions locales sont faibles ou nulles – le rôle du sous-préfet à la ville devenant la condition indispensable à la mise en place de la politique de la ville et au maintien du cap vis-à-vis d'élus peu motivés, voire hostiles –, dans une ville comme Nantes où cette volonté est portée par un système d'acteurs élargi allant des politiques aux techniciens en passant par une société civile toujours vigilante, l'État ne joue pas ce rôle d'animateur, et les appareils d'État locaux n'ont pas fonction d'impulser, mais plutôt de contrôler et de gérer. La ville est force de proposition ; elle prend les risques que les représentants de l'État tentent parfois de minimiser. Il arrive que la rigidité de l'État, l'incapacité de certaines institutions étatiques à effectuer des conversions internes indispensables perturbent même et freinent les dynamiques locales. Pourtant, les collectivités territoriales, malgré la loi de décentralisation de 1982, ne sont pas maîtresses de leurs finances et dépendent des contrats de plan entre l'État et les régions. L'élaboration permanente de documents contractuels, où cette fois il s'agit d'adapter le contenu de la mission nantaise dans un cadre commun, où l'architecture du document est formatée dans les consignes transmises nationalement, n'est pas sans effet. Les professionnels engagés jouent la carte de la contractualisation en tirant les ficelles de manière à ne pas desservir la logique de sens du projet politique local, manière qui peut sans doute être différente de celle des professionnels dont la base du métier est passée par l'apprentissage universitaire de la culture des politiques publiques. Toutefois, le sens peut parfois être difficile à tenir, tant la réintégration systématique et de plus en plus rapide dans les programmes mêmes des éléments issus de l'actualité (souvent brûlante) des territoires devient une mécanique où la question du langage est centrale. Ainsi du passage des

5 Notons qu'en avril 2008, la Direction générale vie sociale, mission CITE, proposait, dans une note interne, pour qualifier le métier, les fonctions de « veille », d'« expert et ressource », de « stratège et animateur » et d'« éclaireur ».

contrats de ville aux contrats urbains de cohésion sociale, mis en place en 2006, suite aux violences urbaines de 2005.

Le rôle de Jean-Marc Ayrault à la mairie de Nantes est resté encore une fois central. Si l'idée du développement est au cœur de la dynamique de la ville (développement économique, culturel), celui du développement solidaire l'est aussi, d'où la place bien repérée de la politique de la ville à Nantes depuis 1989 et l'attention que Jean-Marc Ayrault a portée par exemple aux chargés de quartier. Mais il y a un paradoxe entre une volonté déclarée de renforcement de la démocratie locale et ce mouvement de durcissement de l'exécutif local. La décentralisation a donné du pouvoir à l'exécutif local et le cumul des mandats pose le risque de la personnalisation du maire. La construction de la métropole et le fait que les conseillers intercommunaux ne sont toujours pas élus au suffrage universel direct[6], malgré les préconisations du rapport Sueur en 1998, durcissent encore cette tendance quant aux instances participatives. Ils consolident finalement aussi ce pouvoir du maire, qui façonne son modèle, du découpage du quartier à la composition de ces instances, leurs compétences et rôles, en passant par les rapports avec les élus.

L'être ensemble comme pis-aller au changement des rapports de classe

Les années quatre-vingt-dix marquent de fait un tournant. L'idée que les problèmes ne seront pas résolus par les mesures qui se succèdent s'impose. A Nantes comme sur l'ensemble du territoire français, les problèmes liés au chômage s'aggravent et créent des clivages au sein des classes populaires. Les travailleurs sociaux se sentent parfois démunis avec les difficultés propres aux jeunes issus de l'immigration, l'échec scolaire creuse les écarts et les espoirs déçus activent les tensions sociales. Situations d'exclusion et pratiques de citoyenneté se trouvent corrélées et la différence entre égalité de droit et égalité de fait marque le pas, évaluable par le taux toujours croissant d'abstention. Force est de constater que les classes populaires nantaises, prises dans la spirale des crises économiques à répétition, ayant perdu au fil du temps les militants, leaders des dynamiques décrites plus haut, rencontrent de moins en moins les dispositifs de participation qui leur sont destinés.

Ces mêmes années peuvent aussi se lire, au niveau national, comme le ratage du traitement conjoint des questions de logement et des questions urbaines. La dégradation socioéconomique des situations des habitants captifs des grands ensembles n'a pas été compensée par les mesures prises

6 Au moment de l'écriture de cet article.

par les législateurs qui associent, à cette période, les questions de l'habitat à celles du droit au logement (par le biais du RMI) et du droit à la ville (loi Besson, LOV). Les raisons du relatif échec de ces lois sont à chercher du côté des mécanismes institutionnels liés à leur mise en place. Les HLM sont prisonniers d'un système normatif alors que les évolutions de la société qui mettent la norme en question se multiplient, obligeant à des mesures d'exception, prises au coup par coup, et l'inadaptation demeure. Le patrimoine le mieux adapté aux modes de vie est rejeté par les demandeurs de logement du fait de sa concentration dans les grands ensembles. La fin de l'aide à la pierre depuis la réforme de 1977 et la faible proportion de logements construits depuis pour des populations en situation de grandes difficultés sociales expliquent l'impossible amélioration de ces phénomènes de concentration. Les modes de gestion tardent enfin à s'adapter aux variations des pratiques sociales. L'habitat continue à se trouver dans un système de compétences partagées, le logement est à l'État et l'urbanisme à la commune, ce qui limite l'effet des mesures législatives citées plus haut. Or, les changements dans les modes d'intervention des institutions et plus encore dans l'organisation de leurs rapports sont sans doute plus importants que les moyens financiers.

Le traitement spatial relativement abouti dans les principaux quartiers prioritaires au niveau des équipements et du traitement de l'espace public (autour du tramway notamment), l'aboutissement des opérations de réhabilitation et l'emprise croissante des logiques gestionnaires des bailleurs sociaux ont simultanément vidé les enjeux et les « prises » autour de l'espace, renforçant les problèmes sociaux face auxquels les acteurs locaux sont démunis. Jean-Marc Ayrault, alors de plus en plus appelé à un destin national, a pour partie désinvesti la scène locale et la difficile relève politique sur le champ d'action qu'est la politique de la ville, parallèle au rodage du système, a donné l'impression d'une moins bonne vigilance vis-à-vis de problèmes qui pourtant demeurent, voire s'aggravent.

Fin 2009, un nouveau dispositif est mis en place pour tenter de relancer la dynamique : des conseils de quartier viennent remplacer les anciens comités consultatifs et c'est l'intitulé « dialogue citoyen » qui labellise le dispositif d'ensemble. L'objectif affiché par le maire de l'époque est de « faire ensemble », c'est la nouvelle devise, afin d'impliquer le citoyen-usager au cœur de l'action publique. L'idée de la coproduction de l'espace public est mise en avant afin d'améliorer la qualité du service public dans la tradition nantaise et de renouveler la dynamique locale, via les initiatives locales dans la tradition des DSQ. Une instance interne technique et politique commune à la ville et à la communauté urbaine est créée : les commissions locales de quartier (CLQ). Les nouveaux conseils de quartier associent à la fois des habitants volontaires, devenus conseillers pendant deux ans, et des habitants tirés au sort sur les listes électorales et par bureau de vote afin d'assurer une représentation des micro-quartiers et des associations déjà impliquées dans le précédent dispositif. Des adjoints de quartier sont désignés.

Une charte du dialogue citoyen est rédigée, précisant le passage de ce qui relevait du « vivre ensemble » à ce qui deviendrait le « faire ensemble », le citoyen se trouvant engagé aux différentes étapes d'un projet ou d'une politique publique, du diagnostic, à l'évaluation en passant par la conception, la mise en œuvre, sans oublier les réflexions prospectives. Ce qui ressort de cette modification, c'est le côté très « gouverné » de la formule. Dans les grands quartiers incluant des territoires prioritaires, on constate que si les personnes représentant des associations viennent des grands ensembles, les habitants volontaires habitent les autres quartiers de la ville. On touche là une question majeure, celle de la citoyenneté sur base collective (mais sérielle, les associations ne concernant qu'un domaine spécialisé) d'un côté, et individuelle de l'autre, mais dont on sait que la motivation peut être liée à des enjeux de grande proximité. La mutation du dispositif semble comme entériner cet état de fait, sorte de mécanique ultra pragmatique assez difficile à remettre en cause, y compris même par les élus de l'opposition. La logique quantitative du panel et du tirage au sort vient relayer l'héritage de plus en plus lointain du modèle démocratique né dans le giron de l'éducation populaire. Les onze conseils de quartier, le conseil nantais de la jeunesse, le conseil nantais de la citoyenneté des étrangers et le conseil nantais des personnes handicapées complètent le paysage nantais de la démocratie participative. La ville de Nantes, sur son site internet, insiste sur l'antériorité de ce processus démarré il y a vingt ans, alors que la loi qui l'exige remonte seulement à 2002, et sur le fait que le dispositif en place va au-delà des obligations réglementaires, « *la ville inaugurant une nouvelle étape s'inscrivant cette fois dans le mouvement international de reconnaissance de la place des citoyens comme acteurs des politiques publiques* ». Le rappel de la ville « bonne élève » ayant toujours eu un temps d'avance rejoint celui de la part importante et ancienne de logements sociaux comme composante forte de la commune. On peut se demander si cette dimension méritocratique à rebours n'est pas un aveu de fragilité face à ce qu'il conviendrait d'inventer aujourd'hui pour faire la place physiquement et politiquement à toutes les composantes de la population. Nantes met également systématiquement en avant l'augmentation démographique comme un atout supplémentaire. Ainsi, les vœux de 2011 de la municipalité tournent autour de cet argument, bien peu politique : « *290 000 Nantais, 290 000 bonnes raisons de croire en l'avenir* ».

Plus que dans cette mécanique de plus en plus huilée du dispositif de démocratie locale et cette logique assez lisse et peu engageante de slogans, c'est du côté de la mission d'intégration et de l'image de l'hospitalité que les choses semblent avoir le plus changé dans les toutes dernières années. Le nombre croissant de Nantais venus d'ailleurs a produit un renouvellement des questions de participation citoyenne ; la ville a désigné un adjoint dédié à la question de l'accueil des populations étrangères et créé une mission politique d'intégration[7]. Cette nouvelle politique publique fait l'objet d'une contractualisation avec toutes les directions municipales. Cette position volontariste d'accueil vise à neutraliser les écueils du dispositif étatique. Une fois de plus, la ville se mobilise quand le gouvernement, passé à droite, est jugé défaillant. L'accès de tous aux droits et aux services publics et le dialogue entre cultures sont jugés prioritaires. Une clarification de l'offre de formation linguistique, des séances d'accueil faisant connaître aux nouveaux arrivants leurs droits et les services municipaux, le développement de l'expertise dans le domaine de l'accès aux droits des étrangers et la formation des agents locaux de la société d'accueil sont le type de réponses données. La pierre angulaire de l'action municipale dans ce domaine est le conseil nantais pour la citoyenneté des étrangers, précédemment créé et dont le but est de mobiliser les différents acteurs des politiques d'intégration et de lutter contre les discriminations afin de coproduire ces politiques. La politique nantaise dans ce domaine repose sur la recherche de transversalité, méthode éprouvée on l'a vu avec le travail sur les quartiers de la géographie prioritaire. De fait, les enjeux de la démocratie locale et de la démocratie participative sont aujourd'hui à replacer dans le contexte de la mondialisation, la démocratie participative devenant une alternative à la crise de la citoyenneté, la construction de l'espace public passant d'abord par l'échelon local, celui des quartiers de la ville.

Conclusion

On voit dans cette histoire déjà longue que les questions de gestion de proximité, de qualité du service public et de démocratie participative ont toujours été imbriquées et, comme Gérard Grass l'a analysé, comment ce télescopage peut avoir nui à chaque dimension (Grass, 2010). Si dans les premières mobilisations sur les quartiers d'habitat social, la nécessité d'améliorer le cadre bâti était déterminante, elle s'accompagnait d'une dynamique d'émancipation sociale dont la dimension politique était encore fortement ancrée dans le jeu des rapports de classes. Les réponses données par la ville de Nantes et les bailleurs en termes d'amélioration du bâti, de traitement de l'espace public et d'amélioration du service public ont mobilisé l'ensemble des acteurs, convaincus qu'il s'agissait de la meilleure réponse démocratique à donner, même si l'aggravation des problèmes

7 Cf. « Comment accueillir à Nantes des étrangers de plus en plus nombreux », *Place publique*, n°20, 2010. L'article est signé par Philippe Rigollier, sociologue de formation, responsable de la mission politique d'intégration et de lutte contre les discriminations à la ville de Nantes depuis 2002.

d'échec scolaire sur fond de chômage a progressivement porté une ombre au tableau. L'anticipation de plus en plus systématique des solutions à donner par les techniciens et les élus, par une dérive d'excès de professionnalisme liée pour partie à la peur du débat contradictoire et des conflits, a aussi contribué à cette démobilisation. L'efficacité a été mise au service d'une neutralisation de l'espace public sur un modèle de côtoiement, ce fameux « vivre ensemble » dont la réussite se mesure à l'absence de conflits et controverses. Un modèle résidentiel, calqué sur les modes d'habiter des classes supérieures, s'est progressivement substitué au modèle collectif des premières années, renforçant les logiques de repli sur l'espace domestique et de contrôle social (Pasquier, Giffo-Levasseur, 2005). Quant à la démocratie participative, plusieurs éléments conjoints ont affecté les prises de parole, alors même que le cadre du droit à la parole n'a cessé de se consolider. La fragilisation de la classe ouvrière autour de la massification du chômage et de la disparition des cadres d'actions collectives sur les lieux de travail comme dans les espaces résidentiels a entraîné une accélération des processus d'individuation qui se sont accompagnés d'un éloignement avec la sphère politique. Il y aurait donc un effet paradoxal de montée en visibilité de l'échelle du quartier aboutissant pour partie à la réification de cette notion, et d'invisibilisation d'une partie de la population souvent pourtant identifiée comme étant des « quartiers ».

Bibliographie

ALTHABE G., 1983, « Nantes ou la perte d'une ville », *Enjeu.*

CHAMBOREDON J.-C., LEMAIRE M., 1970, « Proximité spatiale et distance sociale. Les grands ensembles et leur peuplement », *Revue française de sociologie*, XI-n°1.

DEVISME L., PASQUIER E., 2008, « Chargés de quartier, un métier spatialisé », ENSAN/LAUA, juillet 2008.

DEVISME L., PASQUIER E., 2002, « Daniel Asseray et la question urbaine. La politique de la ville par l'approche biographique », DIV, décembre 2002.

DEVISME L., PASQUIER E., 2010 « Du cœur de métier à ses périphéries : l'engagement dans le poste des chargés de quartier à Nantes », *Recherche sociale*, n° 196, La politique de la ville, rupture et continuités de l'action et des débats, seconde partie : les objets, les professions, octobre-décembre 2010.

GERS A., PASQUIER E., PETITEAU, J.-Y., 1994, « Analyse d'une nouvelle profession. Marie-Luc Malinge, chef de projet DSU à Malakoff », Ville de Nantes (DGAU-DSU).

GRASS G., 2008, « La démocratie participative : le goût du politique », *Urbanisme,* n° 358, dossier : « Gouverner ».

PASQUIER E., DEVISME L., 2011, « Servir le quartier - Vertiges et prodiges des chargés de quartier à Nantes », *in* MOLLÉ F. (sous la dir. de), *Servir. Engagement, dévouement, asservissement... les ambiguïtés d'un lien social,* Paris, L'Harmattan, coll. « Logiques sociales ».

PASQUIER E., GIFFO-LEVASSEUR, A.-M., 2005, « Négocier l'espace partagé. Les Bourderies, un quartier populaire à Nantes », *in La société des voisins*, Maison des sciences de l'homme, pp. 93-106.

PASQUIER E., PETITEAU, J.-Y., « Itinéraire d'un chef de projet dans son quartier. Une méthode d'enquête sociologique appliquée à une nouvelle profession », *Les Annales de la recherche urbaine*, n° 68-69, pp. 80-92.

RIGOLLIER P., 2010, « Comment accueillir à Nantes des étrangers de plus en plus nombreux », *Place publique,* n° 20.

LA POLITIQUE DE LA VILLE EST-ELLE SUSCEPTIBLE DE SE RENOUVELER AU MIROIR DE SES ÉVALUATIONS ?

Élise Roy

Trente ans après que le concept de rénovation urbaine soit tombé en désuétude à la fin de ses « services rendus » à la requalification des centres anciens des villes françaises dans les années 1960-70, on a pu assister en août 2003 en France au retour du thème, sur le terrain de la politique de la ville. La loi d'orientation et de programmation pour la ville et la rénovation urbaine est en effet venue en réactiver le principe, consistant à requalifier des quartiers que l'on voit en souffrance par la démolition de tout ou partie de leur parc avant reconstruction. Ce retour de la rénovation urbaine dans les villes françaises a pu susciter des réactions diverses. A la défiance de la recherche urbaine et d'un mouvement de contestation empruntant parfois les chemins documentaires ou artistiques, s'est opposé l'enthousiasme des acteurs engagés dans ce champ d'action. Ces derniers ont reçu de manière très positive les importants moyens proposés pour « *réduire les inégalités sociales et les écarts de développement entre les territoires* » en « *restructurant, dans un objectif de mixité sociale et de développement durable, les quartiers classés en ZUS (...) et ceux présentant des caractéristiques économiques et sociales analogues* ».[1]

Professionnels et édiles engagés, parfois de longue date, dans les méandres de l'action publique à destination des territoires de la politique de la ville veulent croire que ces moyens, atteignant un niveau inédit[2], sont susceptibles de permettre un véritable renouvellement des conditions de vie dans les quartiers prioritaires, alors que plus de deux décennies de politique de la ville n'ont pas permis de résoudre les problèmes qu'ils cristallisent. Quelles que soient leurs orientations politiques, les élus locaux n'ont pas hésité à souscrire à ce programme, séduits par la manne financière que le plan Borloo représentait pour leurs villes. Et ils ont, depuis, souhaité le renouvellement des crédits et du dispositif, lors des différentes sessions de contractualisation avec l'Agence nationale pour la rénovation urbaine. Une

1 Extrait de la loi n° 2003-710 du 1er août 2003 d'orientation et de programmation pour la ville et la rénovation urbaine.

2 30 milliards d'euros d'investissement sur cinq ans.

controverse publique sur la pertinence de la politique de rénovation urbaine s'est donc instaurée de façon discrète, en étant rarement relayée par les médias, où la part belle était laissée à une stratégie de communication puissante de l'ANRU, mettant en avant un activisme forcément bénéfique. La teneur des discours tenus au cours de la séquence d'émeutes « dans les quartiers » de l'automne 2005 en atteste[3].

Pourtant, retrouvant dans les anciens schémas d'action de cette politique qui disposent une revalorisation des espaces populaires à coup d'opérations de démolition-reconstruction, des pratiques dont il a déjà souligné les effets pervers et les écueils lors de ses précédentes occurrences (Petonnet, 2002 ; Fijalkow, 1998 ; Coing, 1966), le monde de la recherche urbaine a pu s'étonner qu'on n'ait toujours pas tiré les leçons de ces expériences passées[4]. Sur le terrain, avec à leurs côtés des artistes, des documentaristes, et diverses personnes engagées dans différents territoires en rénovation, les chercheurs mesurent la difficulté de faire entendre leurs doutes, dans ce climat de quasi consensus[5]. Dans cette situation, on perçoit l'enjeu du déploiement d'une évaluation susceptible de venir clarifier la donne des actions entreprises sous la bannière de la rénovation urbaine. L'évaluation, entendue ici comme démarche de délibération sur la valeur et la pertinence de l'intervention collective, constitue un champ de pratiques pouvant permettre de renouer un dialogue entre des acteurs et des chercheurs qui semble interrompu ; quand, au mieux, les analyses des chercheurs ne trouvent pas d'écoute, et quand, au pire, ceux-ci se voient écartés des terrains sur lesquels ils souhaiteraient mener enquête[6].

Les démarches d'évaluation des politiques à destination des zones urbaines sensibles (ZUS) existent, et c'est remarquable dans un pays à faible culture évaluative. Mais il faut compter avec les aléas des orientations législatives en matière d'évaluation, comme en matière de politiques sociales urbaines. Ainsi, a-t-on pu assister en 2003 au renouvellement des cadres des

---

3 Cf. le dossier « Ville et presse », *in Urbanisme*, n° 367, juillet-août, 2009.

4 Cf. notamment les interpellations des décideurs faites aux 2 jours du PUCA, édition 2004.

5 À Nantes, par exemple, l'opération de rénovation du quartier de Malakoff a suscité diverses expériences artistiques et documentaires venant en souligner les limites : *L'appartement témoin*, installation et travail photographique avec Gilles Saussier, *L'inquiétude des hérons*, spectacle déambulatoire dans la tour Portugal avant démolition, conçu et mis en scène par Monique Hervouët, production Peuple et Culture 44, février 2005. Citons également deux documentaires : *Faire le bonheur des gens*, un film de Catherine De Grissac, France, 2004, 57 mn, vidéo, *Avec vue sur Loire*, un film de Nelly Richardeau et Sophie Averty, 2004, France, 52 minutes, DV Cam. Voir aussi le contre-projet proposé et édité par Frédéric Druot, Anne Lacaton & Jean-Philippe Vassal, *Plus, les grands ensembles de logements, Territoire d'exception*, Barcelona, Gustavo Gili, 2007.

6 Journée d'étude, « Évaluer la rénovation urbaine : la recherche et l'action » (A. Deboulet, Ch. Lelévrier dir.), GIS Réseau socio-économie de l'habitat, École nationale supérieure d'architecture de Paris La Villette, 14 décembre 2009.

politiques à destination des ZUS et de leurs habitants, avec d'un côté les démarches s'attachant au volet des actions socioéconomiques menées sous le régime des CUCS[7], et de l'autre celles attachées au volet urbanistique des actions de la rénovation urbaine de l'ANRU. Cette nouvelle structuration binaire des politiques de la ville a interrompu les ambitions évaluatives de la période précédente des contrats des villes : comparativement au volontarisme ressenti par les chefs de projet durant la période antérieure des grands projets de ville, on constate localement, après 2003, des attentes affaiblies en matière d'évaluation. Une instance dédiée est pourtant créée : le comité d'évaluation et de suivi (CES) de l'ANRU est « chargé d'apprécier la mise en œuvre du programme national de rénovation urbaine »[8]. Composée de membres de la société civile, cette instance d'évaluation indépendante est attentive à ce que la dimension socioéconomique soit considérée dans tout projet de renouvellement urbain. Elle a pu produire différents rapports critiques[9] qui ont pu participer à des inflexions dans les programmes. Menacée une première fois en 2009, par décision du Sénat qui souhaitait que le travail d'évaluation soit mené depuis le conseil d'administration de l'ANRU, sa fusion avec l'Observatoire national des ZUS, au sein d'un Commissariat général à l'égalité des territoires, a finalement été actée par la loi de programmation pour la ville et la rénovation urbaine du 14 février 2014. En effet, la création de l'Observatoire national des ZUS, disposé par la loi du 1er août 2003, a bien pu apparaître propice au déploiement d'une évaluation mieux armée de ressources statistiques sur l'évolution des quartiers de la géographie prioritaire, qui étaient jusqu'alors bricolées localement. Cette institution nouvelle assure la production et la récolte auprès de l'État, des collectivités territoriales et de leurs établissements publics, ainsi que l'organisation de l'ensemble des données chiffrées sur la situation socioéconomique des ZUS. Celle-ci est nécessaire au dispositif d'évaluation de résultats, instauré par la loi d'orientation et de programmation sur la ville et la rénovation urbaine, qui travaille les politiques à partir d'une trame d'objectifs de résultats et d'indicateurs

---

7 Les contrats urbains de cohésion sociale ont été définis par le Comité interministériel des villes et du développement urbain (CIV) du 9 mars 2006, pour faire suite aux contrats de ville.

8 Article 9 du décret du 9 février 2004. Voir les pages consacrées au CES sur le site internet de l'ANRU, http://www.anru.fr ; voir également les articles parus dans *Le Monde* : « Politique de la ville : de la tentation de casser le thermomètre », édition du 12 décembre 2009 et l'entretien accordé à M. Sabeg, président du CES, édition du 23 octobre 2009.

9 *Rénovation urbaine 2004-2008 : quels moyens pour quels résultats ? Rapport du Comité d'évaluation et de suivi de l'ANRU*, La Documentation française, 2009 ; *Renforcer la coopération intercommunale en Île-de-France, Rapport du CES de l'ANRU*, La Documentation française, 2008 ; *De nouvelles perspectives pour la rénovation urbaine, rapport du CES de l'ANRU*, La Documentation française, 2007.

préétablis à un niveau national[10], en accord avec la LOLF[11]. Mais on peut voir également dans l'instauration de ce nouvel outil le risque d'une réduction du projet évaluatif à un projet d'observation urbaine qui ne suffit pas à faire évaluation.

Ainsi, au début de la décennie 2010, les projets de rénovation urbaine entrepris en France laissent entrevoir leurs premiers effets sur une requalification souhaitée de quelques-uns des territoires prioritaires de la politique de la ville. Alors qu'émerge une controverse sur le bien-fondé de cette politique urbaine, et dans le contexte d'instances d'évaluation chahutées, cette contribution se propose de mettre en perspective le débat sur les enjeux relatifs aux représentations des expériences sociales et des problèmes à résoudre qui sous-tendent ces approches, en convoquant le regard évaluatif ancien qui a pu être porté sur la politique de rénovation urbaine des années 1960, dans le cadre de démarches de rationalisation des choix budgétaires.

La quête d'une rationalisation nouvelle de la décision urbaine…

En effet, si la rénovation urbaine est une histoire ancienne, l'évaluation des actions en relevant l'est également. Ainsi, certaines opérations de la politique de rénovation urbaine des décennies 1960 et 1970 ont pu faire l'objet d'une campagne d'approches évaluatives qui s'est développée sous les auspices des démarches de rationalisation des choix budgétaires (RCB). En dégageant des informations sur les phénomènes socioéconomiques engagés par l'action publique, à l'aide des méthodes à l'œuvre dans les sciences économiques et mathématiques, la RCB procède des démarches d'éclairage de la décision publique. En réponse à l'invitation adressée en 1969 par le ministère des Finances aux différentes administrations sectorielles pour expérimenter la mise en œuvre des démarches RCB, le ministère de l'Équipement et du Logement (MEL) retenait la question des politiques menées dans les centres urbains dégradés. Ainsi, avant que les approches RCB ne soient systématisées en amont des décisions urbaines dans diverses villes françaises au cours de la première moitié des années 1970, une mission exploratoire avait été confiée au service des affaires économiques et internationales (SAEI) du MEL, à fin d'expérimentation de ces nouvelles démarches, inspirées des *Planning, programming and*

10 Dans les domaines de l'emploi, de la formation professionnelle, du logement et de l'urbanisme, des services publics, de la santé et de l'ordre public. Ils sont présentés dans l'annexe 1 de la loi.

11 Loi organique relative aux lois de finances.

budgeting systems (PPBS) nord-américains[12]. L'étude pilote RCB-centre urbain, menée dans ce cadre, constitue bien un antécédent des pratiques d'évaluation des opérations de rénovation urbaine, susceptible d'apporter des éclairages à différents niveaux sur nos démarches contemporaines. Au-delà des leçons à tirer de l'analyse du regard évaluatif porté alors sur la politique de rénovation urbaine, on trouve des apports sur des questions méthodologiques trop peu débattues.

L'étude pilote RCB-centre urbain a permis de mettre au point une méthode de rationalisation des choix budgétaires spécifiques aux opérations urbanistiques. Celle-ci consiste à approcher l'ensemble des réalités engagées dans les différentes actions projetées comme un « système » qui se rapporte, dans le cas étudié, « à *tout ce qui appartient à un périmètre de rénovation urbaine* » (Bobe, 1969). Ce système est déconstruit et représenté en différents niveaux d'impacts qui découlent de l'intervention publique et doivent être comptabilisés dans la colonne des coûts ou dans celle des avantages. Se dessine ainsi, suivant les règles de l'économétrie, un bilan des coûts et avantages qui permet de mesurer, de manière somme toute assez rationnelle, les avantages et désavantages des actions envisagées, avant d'opérer un choix pour le scénario à privilégier. L'espace urbain s'y trouve représenté sous la forme de tableaux de données monétaires, de signes mathématiques, voire d'indicateurs sociaux. Cette représentation de ce qu'engagent les choix urbains en matière de rénovation urbaine des centres urbains a été mise au point par le groupe d'experts missionné pour mettre en œuvre au MEL cette nouvelle méthode de rationalisation des choix publics, forts de l'analyse qu'ils avaient pu faire des méthodes anglo-saxonnes.

12 Le PPBS (*Planning, programming and budgeting system*), procédure de préparation rationnelle de la décision administrative, consiste à administrer la chose publique par un système intervenant à différents niveaux : le niveau de la prospective à long terme par une planification se faisant à l'horizon +10/15 ans (c'est le *planning*) ; le niveau des programmes définis à moyen terme pour atteindre les objectifs fixés dans le précédent niveau (c'est la phase *programming*), et le niveau de la budgétisation qui traduit ces projets en termes budgétaires et monétaires par des plans physiques et financiers pluriannuels. On parle de la méthode d'« analyse de système » qui a été importée depuis le champ des sciences mathématiques dans le champ de la stratégie politique, d'abord pour les affaires militaires des États-Unis.

Figure 1 : tableau de synthèse des variations des ressources et dépenses d'une opération de rénovation urbaine dressé par le groupe RCB-cu, pour le cas des agents non producteurs

Types d'acteurs	%	Dépenses	Ressources	Satisfaction	Impact			Observations
					Amplitude	Localisation	Durée	
LOCATAIRES	100							
- réinstallés dans des logements neufs	56	+	+	+	forte	supplément de confort	longue	nécessité de trouver des ressources annexes
- réinstallés dans des logements anciens	44	=	=	-	faible	néant	passagère	(1)
PROPRIETAIRES RESIDENTS	100							
- demeurent propriétaires	66	+	=	+	forte	acquis meilleure part	10 ans	nécessité de contracter un emprunt
- deviennent locataires	33	+	=	+	forte	supplément de confort	longue	charges supplémentaires
PROPRIETAIRES NON RESIDENTS								
- le revenu du patrimoine est la source de revenus indispensables	71	(1)	-	-	forte	perte de ressources	longue	rachat ou placement
- le revenu du patrimoine est une source de revenus accessoires	29	(1)	=	-	faible	perte de capital	(1)	dépense, placement
COMMERCANTS-ARTISANS	100							
- non réinstallés	31							
dont . personnes âgées..	16	(1)	(1)	+	faible	(1)	(1)	occasion de vendre à un prix correct
. pers.+jeunes...-	15	(1)	-	-	forte	perte revenu	20 ans	nécessité de trouver autre revenu
- réinstallés	68							
dont clientèle dans zone	24	+	+	+	forte	acquis patrim.	longue	endettement
. clientèle hors zone	35	+	=	+	moyen	" "	longue	fort endett.mt
. entrepôts	9	+	(1)	-	faible	importance des dépenses	faible	touchés de façon marginale

(1) sans objet

Figure 2 : extrait de la représentation de l'opération de rénovation urbaine sous la forme d'un système, dressée par le groupe RCB-cu.

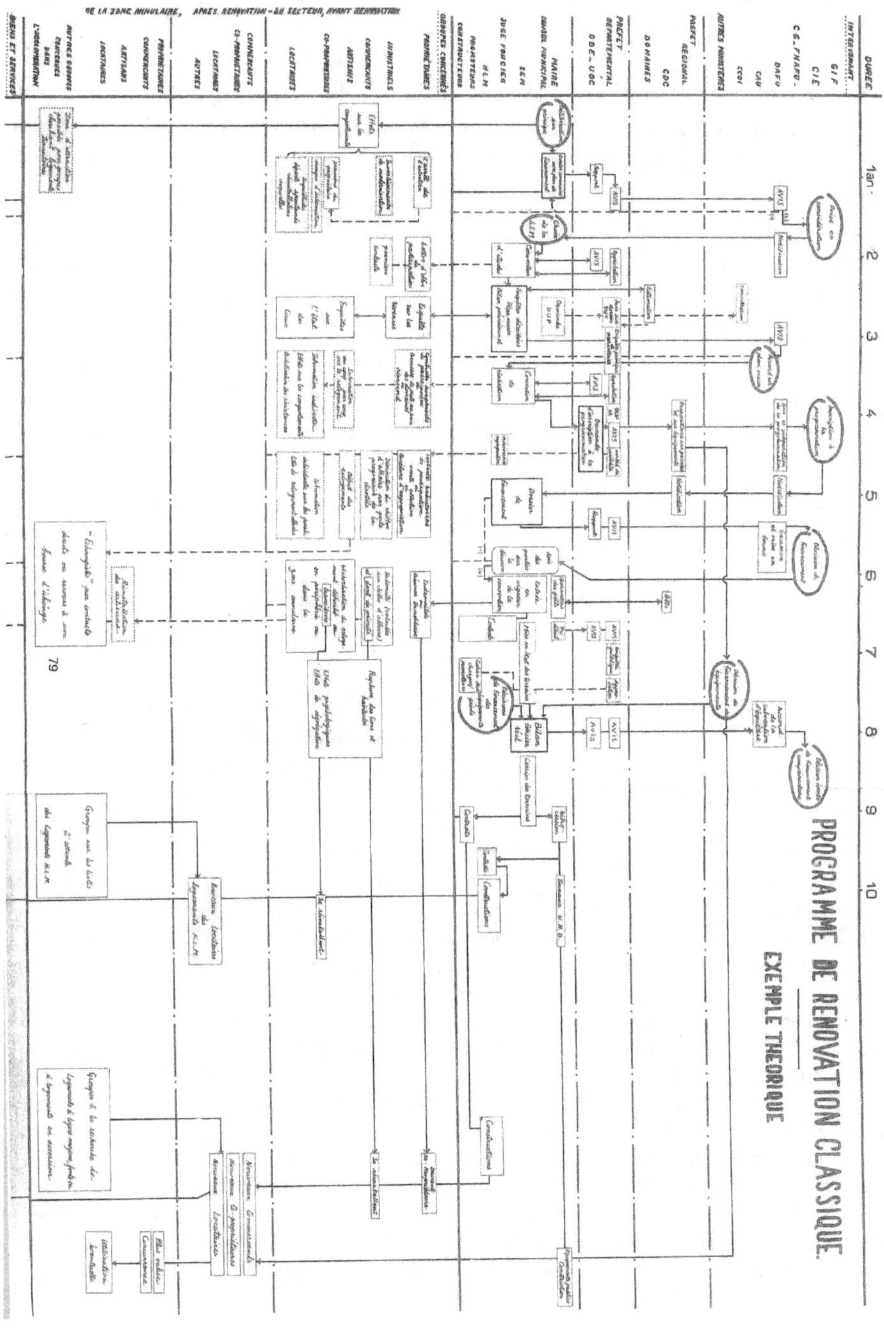

… à la lumière de méthodes anglo-saxonnes

C'est, en effet, au miroir de différents travaux anglo-saxons déjà à pied d'œuvre que le groupe d'experts RCB-centre urbain a pu faire sa propre proposition méthodologique. Le travail mené par Lichfield sur le cas de deux projets alternatifs envisagés à Cambridge (Grande-Bretagne)[13][14] l'inspire particulièrement (Lichfield, 1965). Étudiant la rentabilité du programme fédéral de rénovation urbaine, en vérifiant que les subventions contribuent effectivement à la réalisation des objectifs poursuivis, à partir de l'exemple référent du cas de Riverview à Cambridge (Massachusetts), les travaux menés par Page et Rothenberg paraissent moins pertinents (Rothenberg, 1965 ; Page, 1965). Ces derniers composent des bilans à partir de registres d'impacts limités (accroissement du revenu national, variation de la valeur foncière sur la zone, variation des loyers, élimination des taudis, etc.), alors que le travail de Lichfield tend, pour sa part, à explorer un maximum de conséquences qui ne s'arrêtent pas aux espaces stricts de l'opération. Cette posture l'amène à franchir le pas de la prise en compte, dans son bilan, des coûts et avantages qualitatifs que sont la valeur architecturale d'un parti d'aménagement, l'image du quartier que l'action remet en jeu, etc. Il n'hésite pas non plus à recourir aux enquêtes de satisfaction ou encore parfois à des indicateurs socioéconomiques pour évaluer certaines entrées de son bilan. La variété des unités d'évaluation qu'il mobilise interdit d'en arriver à un chiffre global. Pour le groupe RCB-centre urbain, l'intérêt du bilan obtenu dépasse ainsi le résultat comptable et apparaît comme un véritable outil de décision publique. Il voit, par contre, une représentation trompeuse dans les transcriptions des changements socioéconomiques encourus dans le cadre de l'intervention urbanistique en un chiffre synthétique que proposent Page et Rothenberg : ce taux de rentabilité

13 Le projet soutenu par l'université misant sur un développement périphérique de la ville ; celui soutenu par le comté souhaitant que l'on contienne la ville dans un espace limité.

14 Loi organique n°2001-692 du 1er août 2001, relative aux lois de finances. La LOLF inscrit un souci de performance qui n'avait jamais été ainsi systématisé. « Aux orientations politiques définies par le parlement, correspondent des objectifs généraux et opérationnels arrêtés par les directeurs de programme ainsi que les dotations nécessaires à leur mise en œuvre et les indicateurs de performance permettant d'en mesurer la réalisation, réunis dans le PAP (projet annuel de performance) de chaque programme. Chaque responsable de budget opérationnel de programme (BOP) traduit les orientations nationales à partir des moyens alloués et les ajuste aux réalités locales. Il arrête les différentes lignes budgétaires à l'intérieur de chaque programme afin de réaliser les objectifs et d'optimiser la dépense. Il mesure l'efficience des politiques mises en œuvre sur son territoire et l'efficacité des services au travers des indicateurs nationaux et locaux. L'évaluation des performances est ainsi le complément indispensable au suivi budgétaire pour la mise en œuvre des politiques publiques et le compte rendu au parlement, portail de l'Assemblée nationale, en ligne le 20 juin 2006.

collective de l'opération laisse planer la possibilité d'un « automatisme » de la prise de décision, alors que « *l'expérience du domaine urbain nous enseigne qu'il ne saurait être question d'y faire des choix sur critère unique. Mieux vaut présenter les bilans des différents acteurs non agrégés, cela est beaucoup plus intéressant pour mieux préparer une décision qui ne peut pas être automatique.* » (Bobe, 1969, 78) Cette forme de résistance à une présentation rationalisée à l'extrême des politiques publiques et des phénomènes socioéconomiques qu'elles engagent, « jusqu'à la perte de substance », ne nous laisse pas indifférents, à l'ère d'une nouvelle rationalisation des actions publiques par la LOLF et d'une montée en puissance de l'observation statistique dans le domaine urbain.

La méthode proposée par Lichfield est donc celle qui inspirera le plus nos RCBistes pour les travaux qu'ils entreprendront ensuite, sur le cas français de la rénovation urbaine. La mobilisation d'une échelle locale, le travail proposé d'identification des effets de l'action et le refus de la réduction de la décision politique à un chiffre global sont autant de qualités perçues par nos RCBistes. Ils trouvent, en outre, particulièrement intéressante la distinction qu'elle opère entre les différents groupes d'agents impliqués dans l'opération. D'ailleurs, les travaux de la RCB-centre urbain mèneront plus loin cette différenciation, en considérant les différences sociales susceptibles d'influer sur les implications de l'opération au sein même de ces groupes. On verra plus loin que ce choix méthodologique ne sera pas sans implications sur le regard évaluatif qui pourra être porté sur la politique de rénovation urbaine, à l'aune de ces travaux.

Nouveaux enjeux de l'observation urbaine

L'étude des travaux anglo-saxons terminée, le groupe RCB-centre urbain va pouvoir tenter l'application de la démarche a posteriori sur le cas de l'opération Quai de Bassin à Chalon-sur-Saône. C'est l'occasion de constater les carences en informations utiles sur les effets de la rénovation urbaine et de prendre la mesure de l'important coût engendré par la récolte de ces informations, à différents moments de l'opération. Ce constat mène nos RCBistes à appeler à la constitution de « véritables banques de données urbaines » qui ne sont pas sans évoquer notre ONZUS. « *Pour des raisons d'économie des études, les tableaux de bilans coûts-avantages doivent faire l'objet d'une standardisation et d'une systématisation afin que leur renseignement puisse se faire automatiquement, comme n'importe quel autre écrit administratif. Il s'agit simplement de systématiser et de centraliser l'information dispersée dans les différents services qui participent à la rénovation. (...) La constitution de fichiers de données urbaines alimentés par toutes les collectivités publiques et à la disposition de chacune avec un*

Software de manipulation peut permettre une réduction des coûts de ces démarches. » (Sackur, Bobe, Guillaume, 66) L'idée de jumeler renseignements administratifs stricts, impulsés par le suivi administratif « quotidien » des interventions publiques, avec les renseignements socio-économiques, permettant de « tirer le portrait » des impacts de ces interventions sur le terrain, émerge très vite. On souhaite une présentation différente des dossiers d'opération qui, d'emblée, dépasseraient le registre financier et incluraient des données d'ordre socio-économique. Ils doivent s'inspirer des tableaux coûts-avantages qui constituent, selon les contributeurs du groupe de l'étude pilote, « *un cadre cohérent de recueil de données* ». On s'attelle à la production d'une information statistique systématique à partir d'une grille de lecture « universelle » des affaires urbanistiques et des espaces urbains eux-mêmes, qui est celle disposée par les approches coûts-avantages. La continuité du traitement du problème, allant de la décision à l'administration, participe bien de la rationalité à laquelle on entend contribuer.

Ainsi, la RCB appliquée à l'urbain semble consister à appareiller la décision urbaine d'une batterie de tableaux remplis de chiffres. Il nous semble que ce qui peut s'approcher d'une pente technocratique revient en 2003, avec la loi sur la rénovation urbaine et les instruments qu'elle met en place. L'ONZUS est bien venue appareiller la décision urbaine de ses ressources statistiques, réalisant ainsi le vœu de la constitution de « véritables banques de données urbaines » formulé par les RCBistes du SAEI trente ans auparavant. Quant à savoir quelle clairvoyance permet ou ne permet pas ce dispositif aujourd'hui, la question reste à traiter méthodiquement (Bourdin, 2010 ; Roy, 2007). Au-delà de la disposition d'informations suffisantes, se pose, à nos RCBistes, le problème de la pertinence de l'information récoltée et de la représentation du monde urbain que véhiculent les démarches RCB. L'étude pilote RCB-centre urbain aura mis en évidence comment, dans les analyses coûts-avantages, la traduction en unités chiffrées des différents phénomènes en jeu dans l'opération de rénovation urbaine ne va pas de soi. Si des descriptions plus extensives des réalités socioéconomiques résistantes à une écriture numérique sont autorisées, il leur faut toutefois savoir in fine entrer dans le tableau (Goody, 1976). Les RCBistes du SAEI n'ont pas manqué de marquer leur circonspection vis-à-vis des modélisations économétriques du fait urbain, et ont souligné la nécessité d'une rigueur méthodologique et déontologique concernant « *des études économiques qui ne doivent pas, sur le prétexte de surmonter des difficultés d'ordre théorique, servir à justifier des choix a priori, plutôt que d'aider à la préparation scientifique des décisions* » (Sackur, Bobe, Guillaume, 66).

On retrouve cet appel à la vigilance méthodologique dans le numéro de la revue *Bulldoc* consacré aux analyses coûts-avantages. On y énonce, par exemple, le fait que certains économistes semblent produire « tête baissée » les modélisations utiles aux approches RCB[15]. Ainsi, quand la rationalisation des choix budgétaires vient à l'urbain, on reste vigilant vis-à-vis de méthodes qui risquent d'achopper sur les difficultés de « *réduction à une valeur monétaire d'expressions quantifiées en d'autres unités de mesure » (Ibid)*. Par contre, on s'accorde sur l'intérêt des analyses coûts-avantages, pour ce qu'elles représentent des apports informationnels inédits sur le phénomène urbain. On veut alors voir, dans le développement des indicateurs socio-économiques qui monte en charge, une alternative à la présentation nécessairement économique du problème[16], qui sous-tend une maximisation financière, susceptible de pervertir l'exercice du choix urbain. Recourir aux indicateurs socioéconomiques en lieu et place des calculs économiques ouvre sur l'évaluation telle que nous la connaissons aujourd'hui. En effet, la démarche évaluative a, depuis l'évanouissement de la RCB dans le courant des années 1970, pris du champ vis-à-vis d'un certain tropisme des sciences économiques et de la comptabilité publique. Elle a aussi pris de l'ampleur pour devenir plus largement l'espace technique de retour critique sur l'action, l'espace du pilotage de l'action par l'information, ou plus largement encore – un idéal rarement atteint – l'espace social démocratique de débat sur les actions entreprises et à entreprendre (Donzelot, Viveret, 1989). On pourra noter que le terme « évaluation » constitue en quelque sorte un vestige des pratiques révolues de rationalisation des choix budgétaires, dans lesquelles évaluer renvoyait à la phase délicate de traduction en termes numériques des faits socioéconomiques engagés par l'action publique.

Vers une meilleure connaissance du fait urbain et de l'action sur la ville

Au-delà du développement d'un système d'information sur les changements urbains, ce sont plus essentiellement des ambitions de déploiement d'une meilleure connaissance du fait urbain qui animent les travaux du groupe RCB-centre urbain. Les démarches entreprises dans le cadre de cette mission proposent en effet de s'attacher à une production de connaissances sur la ville inédite sur la scène administrative au tournant des années 1970. En posant autrement le problème des centres-villes, d'un point de vue économique et d'un point de vue social, on vient bien élargir l'optique purement financière habituellement retenue. La conduite

15 « La Démarche RCB », numéro thématique *Bulldoc*, n°11, décembre 1968.

16 « L'Utilisation d'indicateurs », recension parûe dans *Bulldoc* n° 14-15, mars-avril 1969, sur « Contribution à la recherche sur les indicateurs sociaux », séminaire de Jacques Delors, Paris, ENA, avril 1968.

d'analyses coûts-avantages et la construction des bilans socioéconomiques des opérations de rénovation urbaine ainsi que les phases de repérage qu'elles nécessitent peuvent être approchées comme des outils au service de la connaissance du fait urbain. « *L'objectif ultime de l'analyse coûts-avantages demeure bien l'appréciation de la rentabilité des décisions publiques, mais la phase préalable d'analyse du problème (repérage des agents, définition et mesure des coûts et avantages) constitue un apport autonome de la méthode* ». Dans ce cadre, le développement d'une nouvelle connaissance de la ville passe également par une approche précise du terrain local des opérations, là où se situe concrètement le phénomène urbain et là où il faut donc l'approcher, avant d'introduire la démarche à un niveau national. On entend « *aboutir à une logique de projet urbain qui soit imprégnée des réalités de terrain* », ce qui « *nécessite d'y aller voir de plus près* »[17]. C'est ce qui a été entrepris sur les terrains de l'opération Quai de Bassin à Chalon-sur-Saône, puis sur les opérations de rénovation en cours à St-Etienne-Sud (l'îlot prison-tréfilerie) et à Grenoble mutualité, avec les contributions de deux bureaux d'études. Mieux connaitre le fait urbain était une chose, mieux connaitre l'action urbaine elle-même représentait une autre dimension de cette étude.

En tentant d'appliquer des méthodes à l'œuvre dans les villes anglo-saxonnes, les RCBistes du MELT vont faire le constat de la résistance des politiques urbaines françaises à emprunter les chemins d'une écriture rationnelle, qui s'organise autour du concept d'objectifs[18]. En France, les politiques se travaillent jusqu'alors plus volontiers à coups de procédures et de moyens. Afin de rendre opératoire le concept d'objectifs dans la politique de rénovation urbaine, le groupe de RCBistes devra procéder à rebours. Il mènera des analyses coûts-avantages sur le cas d'opérations en cours, afin d'en révéler les effets, qui pourront, en seconde instance, être saisis comme les objectifs initiaux des opérations. « *La transformation en concept opératoire de la notion d'objectifs passe d'abord par une connaissance plus précise et plus objective des effets (passés puis prévisionnels) des actions publiques sur les divers groupes économiques et sociaux (...).* » « *La connaissance précise des effets de ces actions, notamment leurs conséquences sociales, est un premier pas vers la définition d'objectifs opérationnels pour un décideur.* » Une fois cette trame d'objectifs clairs établie, on pourra mener des approches RCB, en bonne et due forme, en amont de la décision. Ce faisant, les RCBistes allaient être amenés à révéler

17 L'étude pilote RCB-centre urbain a constitué une antichambre de la Commission des villes du 6e Plan, dans le cadre de laquelle seront poursuivis les travaux entrepris, redisant l'importance du besoin de connaissances à développer sur la ville.

18 Cette attention aux objectifs, renvoyés aux résultats des politiques sur le terrain, constitue le schéma évaluatif qui opère aujourd'hui dans les démarches d'évaluation contemporaine.

les écueils de la politique de rénovation urbaine, en pointant le fait que ses effets allaient en réalité à l'encontre des objectifs qui lui étaient fixés.

Rénovation urbaine et redistribution des places occupées par les différents groupes sociaux dans la ville

Ainsi, dépassant le seul registre d'une simple transposition de méthodes à l'œuvre dans les gouvernements urbains anglo-saxons, la mission confiée à nos experts du SAEI au MEL ouvre bien sûr une meilleure connaissance du fait urbain et des politiques urbaines. Au sein de cette instance du MEL, distincte d'un pôle de recherche urbaine par ailleurs aux aguets sur ces questions, on révèle un espace social de l'opération de rénovation urbaine, jusqu'alors mal connu. Fort de la lecture des travaux de Lichfield, on s'engage à définir assez précisément les groupes d'agents concernés par l'opération urbanistique, afin d'approcher les différences de comportement attachées à des positions sociales différenciées. C'est ainsi que les études de cas menées sur Grenoble-mutualité et Saint-Étienne-Sud ont pu mettre en avant le fait que l'intervention publique venait troubler l'équilibre existant dans la zone à rénover. Elle le faisait en départageant très nettement, au sein des « groupes d'agents non producteurs », d'une part, ceux qui, attachés à leur quartier et à la place qu'ils y occupaient, subissaient l'opération et, d'autre part, ceux qui souhaitaient quitter le quartier et pour qui l'opération représentait « *un détonateur qui ne (faisait) qu'accélérer les choses* », voire leur permettait de le faire dans de meilleures conditions grâce aux indemnités d'éviction. Les observations menées sur le terrain permettent ainsi de toucher au véritable coût social induit par l'opération de rénovation urbaine notamment pour les locataires déplacés de leur quartier. Habitants ne retrouvant pas une situation de confort similaire, ou plus confortable qu'au prix d'un surcroît de travail, ou commerçants contraints de fermer boutique et de rechercher un travail salarié payaient le prix fort. Aux contributeurs du groupe RCB-centre urbain de relever alors que l'opération de rénovation urbaine garde « *tout son caractère de déplacement forcé de populations à faible capacité de résistance* » (Sackur, Bobe, Guillaume, 119), s'effectuant soit par le transfert pur et simple de personnes vers des quartiers semblables, soit par la possibilité donnée à certains d'obtenir plus facilement un supplément de confort au prix, toutefois, pour une grande partie, d'un surcroît de travail. En renvoyant cet état de fait aux objectifs initialement retenus par la politique de rénovation urbaine, l'approche RCB permet de toucher à une politique qui, en réalité, va contre ses objectifs.

« *En définitive, il semble bien que l'objectif consistant à améliorer les biens et les services, mais aussi le remplacement de couches de population par d'autres, prime sur celui d'un relogement dans des conditions correctes d'une population défavorisée. Certainement ce qui compte le plus en définitive au niveau des objectifs à atteindre est l'intégration du nouveau quartier dans l'ensemble de la ville. C'est l'exploitation d'une situation favorable de la zone jusqu'à présent mal mise en valeur plus que l'amélioration des conditions de logement ou d'existence d'un certain nombre d'acteurs laissés souvent d'ailleurs en marge des divers avantages offerts par une agglomération que l'on s'efforce de rendre plus fonctionnelle et "mieux habitée". (...) Cette analyse fait apparaître clairement l'évolution des objectifs de la rénovation urbaine. Alors qu'en 1958, lors de la parution des décrets réglementant cette intervention de la puissance publique, l'objectif social de suppression de taudis et de l'habitat insalubre, avec relogement des populations déplacées, était prioritaire ; il a été abandonné peu à peu, en fonction des contraintes financières, sans qu'il y ait en explicitation de nouveaux objectifs.* » (Sackur, Bobe, Guillaume, 136-137)

Ainsi, dans cette démarche, l'espace urbain est posé comme un espace bigarré de groupes sociaux différenciés avec des comportements divers, engagés dans des rapports distincts à l'opération et à la redistribution des places dans la ville qu'elle implique. Les opérations urbanistiques apparaissent comme des interventions publiques de redistribution des « richesses collectives » entre groupes sociaux, voire comme des opérations de redistribution des groupes sociaux eux-mêmes dans la ville. Les auteurs viennent donc pointer un objectif implicite supposé : l'opération de rénovation urbaine ne chercherait-elle pas à offrir une place « centrale » aux classes moyennes ?[19] « *L'opération va provoquer le remplacement d'une population très prolétarisée à "faible capacité de résistance" par une population de cadres moyens ou de fonctionnaires plus "dignes du centre-ville", et cela est peut-être aussi un objectif implicite de l'opération de rénovation.* »

L'espace évaluatif, développé sous les augures des approches RCB, apparaît apte à la défense des intérêts des groupes sociaux dominés, malmenés, malgré eux, par les politiques urbaines. Certes, cette attention portée aux occupants *ex ante* de la zone en rénovation est d'abord commandée par la recherche d'une résolution du problème des résistances et des retards qu'elles impliquent sur les opérations, avant de relever d'un esprit philanthropique ou scientifique. Reste que ces travaux exploratoires en viennent à énoncer les implications socioéconomiques des opérations sur les groupes d'habitants les plus précaires et reviennent, d'une certaine manière, à leur donner voix au chapitre. On a eu l'occasion de constater, dans nos

19 Le fait que cela implique l'éloignement du centre des classes de niveaux inférieurs n'est pas retenu comme objectif en tant que tel par les auteurs de l'étude pilote, sans doute parce qu'il s'inscrit plus comme une externalité.

recherches effectuées sur des productions contemporaines, que cette dimension n'est pas toujours de mise (Roy, 2007).

Pour des études urbaines dotées d'une conscience sociale suffisante

Pour conclure, nous soulignerons le fait que, malgré les limites de leur méthode, les évaluations RCBistes apparaissent dotées d'une conscience sociale qui semble manquer aujourd'hui dans les évaluations menées sur les opérations de rénovation urbaine contemporaines. Là où les approches RCB de la rénovation urbaine en centre-ancien avaient l'intelligence de travailler à l'échelle de groupes sociaux différenciés, engagés dans des rapports distincts à l'opération et à la redistribution des places dans la ville qu'elle implique, les analyses contemporaines ont tendance à considérer les habitants du quartier rénové comme un tout, qui va pouvoir être approché par le renseignement d'indicateurs socioéconomiques travaillés à l'échelle du quartier et renvoyés à la moyenne de référence de l'agglomération. Observons encore que les cadres évaluatifs actuels travaillent à partir d'une succession d'états de quartier envisagés de manière syncopée, quand les approches RCBistes semblaient mieux à même de travailler sur des phénomènes socio-urbains perçus de manière dynamique. Elles enregistraient ainsi les déplacements de population et leurs impacts divers sur les situations socioéconomiques des habitants déplacés (implications psychologiques y compris), à côté desquels passent l'observation des ZUS et le jugement évaluatif sur la rénovation urbaine contemporaine qui s'en nourrit.

Bibliographie

BAUDIN G., GENESTIER P., 2006, « Faut-il vraiment démolir les grands ensembles ? », *Espaces et société*, n°124-125.

BAUHAIN C., 1968, « Quelques problèmes soulevés par l'analyse quantitative des villes », *Revue française de sociologie*, vol. IX n° 2, avril-juin.

BEHAR D., 1997, « La politique de la ville mérite-t-elle d'être évaluée ? », *Urbanisme*, n° 297, novembre/décembre, pp. 55-58.

BEHAR D., ESTÉBE Ph., 1994, « Recherche urbaine et politique de la ville, entre énonciation et dénonciation », *Les Annales de la recherche urbaine*, n° 64, septembre.

BOBE B., 1969, *Méthodologie d'analyses de systèmes dans la rationalisation des choix budgétaires*, MEL, SAEI, division analyses économiques en milieu urbain, février 1969.

BOLTANSKI L., THÉVENOT L., 1991, *De la justification. Les économies de la grandeur*, Gallimard.

BOURDIN A., 2010, « La ville se dit par évaluations », *Cahiers internationaux de sociologie*, 2010/1-2 (n° 128-129).

COING H., 1966, *Rénovation urbaine et changement social*, Paris, Éditions ouvrières.

CONAN M., 1998, *L'évaluation constructive. Théories, principes et éléments de méthode*, Paris, éditions de l'Aube.

DEJEAN J., BOURASSIN V., MORTREUX K., 1998, « Culture de l'évaluation et fascination pour les indicateurs », *Politiques et management public*, vol. 16, n° 2, juin 1998.

« La Démarche RCB », *BULLDOC* n°11, décembre 1968.

DONZELOT J., VIVERET P., 1989, « Évaluation et démocratie. Contrôle des politiques publiques et formation de l'opinion », *Esprit*, octobre 1989, pp. 42-56.

DRUOT F., LACATON A., VASSAL J.-P., 2007, *Plus, les grands ensembles de logements, Territoire d'exception*, Barcelona, Gustavo Gili.

EPSTEIN R., 2004, « La loi Borloo : renforcement ou remplacement de la politique de la ville », *Revue de droit sanitaire et social,* n° 3, juillet-septembre, pp. 714-731.

ESTÈBE Ph., 2004, *L'usage des quartiers. Action publique et géographie dans la politique de la ville* (1982-1999), Paris, L'Harmattan.

« Études prioritaires », *RCB* (revue trimestrielle de la direction de la prévision au ministère des Finances), décembre 1976.

FAURE S., 2006, « De quelques effets sociaux des démolitions d'immeubles. Un grand ensemble HLM à Saint-Étienne », *Espaces et société*, n°124-125, Paris, Erès,.

FIJALKOW Y., 1998, *La construction des îlots insalubres, Paris 1850-1945*, Paris, L'Harmattan.

GENESTIER Ph. et BAUDIN G. (sous la dir. de), *Banlieues à problèmes. La construction d'un problème social et d'un thème d'action publique*, Paris, La Documentation française, 2002.

GOODY J., 1976, « Civilisation de l'écriture et classification ou l'art de jouer sur les tableaux », *Actes de la recherche en sciences sociales*, vol. 2, n°1, pp. 87-101.

JONCOUR Y., VERRIER P.-E., 2002, « Plus ça change, plus c'est la même chose. La répétition au service de la modernisation », *Politiques et management public*, vol. 20, n°1, mars 2002.

Journée d'étude « Évaluer la rénovation urbaine : la recherche et l'action » (A. Deboulet, C. Lelévrier dir.) GIS Réseau socio-économie de l'habitat, École nationale supérieure d'architecture de Paris La Villette, 14 décembre 2009, *actes à publier*.

KESSLER M.- C., LASCOUMES P., SETBON M., THOENIG J.-C. (sous la dir. de), 1998, *Évaluation des politiques publiques*, Paris, L'Harmattan.

LELÉVRIER C., 2005, « Rénovation urbaine, relogement et recompositions territoriales », *Recherche sociale*, n°176, octobre-décembre 2005.

LICHFIELD N., 1965, « Spatial externalities in Urban public expenditure: a case study », *in* MARGOLIS J. (ed.), *The public economy of urban communities*, Papers presented at the second conference on urban public expenditures, February 21-22, Baltimore, the John Hopkins press.

PAGE D.- A., 1965, « Urban renewal », paper presented to the bureau of the budget staff, Tuesday, August 10.

Rapport général sur les activités du ministère en matière de RCB, SAEI, MEL, novembre 1974.

PETONNET C., 1981, *On est tous dans le brouillard*, Paris, éditions du CTHS, Paris.

« Politique de la ville : de la tentation de casser le thermomètre », *Le Monde*, édition du 12 décembre 2009

ROTHENBERG J., 1965, « Urban renewal programs », *in* DORFAM R., *Measuring benefits of government*, Brookings Institution.

ROY E., 2007, *L'évaluation des politiques publiques, vers une nouvelle intelligence de l'espace urbain ?*, thèse de doctorat soutenue publiquement le 20 mars 2007, devant le jury composé de Jean-Yves Toussaint, Viviane Claude, Christine Lelévrier, André Bruston et Jean-Pierre Frey (dir.), Université de Créteil.

SACKUR F., BOBE B., GUILLAUME H., *Analyse avantages-coûts et rénovation urbaine, étude pilote RCB-centres urbains*, direction de la prévision, ministère de l'Économie et des Finances, SAEI, MEL, document non daté.

SACKUR F., SZULC N., COUSQUER Y., *L'aménagement des centres des villes et la rationalisation des choix budgétaires*, document non daté.

SCHOFIELD J., 1989, *Cost-benefit analysis in urban and regional planning*, Boston, Sydney, Wellington Unwin Hyman.

SEDALP, 1969, *Approche coût-avantage d'une opération de rénovation urbaine : exemple du quartier de la mutualité à Grenoble, Étude pilote RCB-centre urbain*, Société d'études économiques et démographiques des Alpes.

VIVERET P., 1989, *L'Évaluation des politiques et des actions publiques. Rapport au Premier ministre*, Paris, La Documentation française.

ESPACES ET SOCIÉTÉS

La politique de la ville véhicule avec elle son lot de dogmes et de représentations concernant les espaces urbains qu'elle traite et les populations qu'elle cible. Ces idées ont des effets concrets sur les outils et dispositifs qui seront mis en œuvre et sur le type d'actions publiques qui seront mises en place. Bien qu'accompagnant des phénomènes relativement nouveaux, ces idées s'inscrivent dans une histoire longue et sont représentatives de cette « question sociale » propre à la pensée aménagiste et réformiste, remontant à l'industrialisation, et qui se cristallise, au moins depuis le milieu du XXe siècle, dans une « question urbaine ».

L'action publique territorialisée qu'est la politique de la ville s'accompagne en effet de la vision de ce que doit être une bonne ville, un bon espace, et une population idéale dans cet espace idéal : ces définitions normatives du territoire et des populations qui l'occupent – et de la manière dont elles sont censées l'occuper – s'inscrivent bien évidemment en réaction à la situation existante des banlieues de grands ensembles, considérées comme l'antithèse de ces idéaux. Cette vision a peu changé : le mélange et la dispersion sont jugés préférables à la concentration de groupes modestes dans l'espace, groupes à qui, au-delà de l'amélioration de leurs conditions matérielles d'existence, l'on considère devoir apprendre le bien vivre ou le bien habiter – à la manière dont il s'agissait autrefois de leur faire acquérir une certaine forme de morale dont ils auraient été dépourvus. L'attention des décideurs se porte donc plus que jamais sur les aspects géographiques et quotidiens – pour ne pas dire psychologiques – de ces banlieues que l'on estime « à part », séparées, mises au ban, et ce dans la perspective de les réintégrer dans l'espace national et la société et dans une sorte de normalité quotidienne. Cette mise en action de la politique de la ville repose avant tout également, on le verra, sur l'idée d'un diagnostic : du territoire, des populations, des modes d'habiter et d'occupation de l'espace, en somme, de ce qui va mal, pour pouvoir agir dessus et l'améliorer, même si, bien souvent, les solutions à apporter se standardisent et précèdent ainsi le diagnostic, dans des espaces dont les caractéristiques tendent à s'uniformiser dans les représentations et le sens commun. Ces solutions sont justement la territorialisation de l'action, la mixité, la réforme et le contrôle des modes d'habiter.

Par les représentations des liens unissant espaces et sociétés qu'elle véhicule et qui la sous-tendent, par ses dispositifs mêmes, on verra enfin que la politique de la ville participe à identifier ou assimiler entre eux les territoires qu'elle traite et les groupes sociaux qu'elle se donne pour mission d'aider, renforçant ainsi les représentations partagées de ces quartiers, et participant à renforcer en définitive le phénomène de discrimination socio-spatiale.

Dans une perspective critique, les contributions rassemblées dans cette partie s'attarderont donc sur les jugements, systèmes de représentations et sur les discours de la politique de la ville concernant ces questions, tout en mettant en question les dispositifs et outils utilisés pour arriver aux fins recherchées. On verra que ces discours et outils, parfois teintés de paternalisme, renvoient en tout cas à une vision normée de la ville.

Nous allons donc revenir sur les représentations des relations entre espaces et groupes sociaux qui accompagnent la politique de la ville et qu'elle contribue de ce fait à mettre en lumière et à pérenniser. Cette politique possède en effet la particularité d'accorder une importance première au territoire, en « zonant » et en « périmétrant » son action (Bergel), tout en faisant perdurer des idéologies vieilles de plus d'un siècle renvoyant à une sorte de pathologisation des espaces urbains (Fijalkow) – que l'on retrouve aujourd'hui dans les cadres normatifs de la « ville durable » (Roudil). Il s'agira de constater, encore une fois, la force d'inertie de ces représentations. La politique de la ville cible les quartiers et les populations à traiter tout en les assimilant les uns avec les autres. Les traitements relèvent alors de l'idéologie spatialiste (« changer la ville pour changer la vie ») et font appel à l'éternelle volonté de mixité résidentielle, véritable leitmotiv des politiques urbaines depuis des décennies (Breuiller, Lelévrier), qui viserait en fait à disperser les populations les plus précaires tout en ré-attirant les couches moyennes et supérieures dans les quartiers dits sensibles. Mais la solution première demeure toujours l'injonction de plus en plus pesante sur les acteurs et les habitants à apprendre à « mieux habiter » (Roudil) des espaces jugés négatifs, à la fois du fait des populations qui les occupent et du fait de leur mode de vie. Les injonctions du développement durable ne feraient ainsi que redoubler une certaine forme de paternalisme à l'égard des populations modestes circonscrites dans l'espace.

D'où viennent ces idées et injonctions ? Quels sont les acteurs qui les ont portées ou les portent encore ? Si elles ne sont pas nouvelles, on verra que le discours scientifique – de l'hygiénisme au « développement durable » –, non dénué d'idéologie d'ailleurs, en a bien souvent été le vecteur, trouvant dans les champs politique et urbanistique les moyens de s'orienter vers l'action et de se pérenniser.

Les contributions qui suivent s'interrogent donc sur ces notions de territoire, de spatialisme, de mixité et d'habiter, présentes dans les cadres cognitifs et les cadres d'action de la politique de la ville : que renferment-elles et en quoi consistent-elles ? Sont-elles des fins ou des buts de la politique de la ville ou de simples moyens ? De quelle manière s'imposent-elles, tout est-il mis en œuvre pour y parvenir, et cette mise en pratique aboutit-elle à des succès ou des échecs ? Quelles sont leurs limites, théoriques et en termes d'action publique ? Enfin, quels sont les liens entre diagnostic et idéologies (en termes de « guérison » ou de perspectives de changement) ? Autant de questions qui sont au cœur de l'action sociale urbaine, le seront encore certainement pour longtemps, et sont posées ici sans ambages.

AGIR EN QUARTIER PRIORITAIRE : À LA RECHERCHE D'UNE TERRITORIALISATION IMPOSSIBLE

Pierre Bergel

« Agir sur le territoire », « les forces vives du territoire », « les territoires de l'exclusion » : les responsables des politiques publiques d'aménagement ou de gestion abusent du terme de territoire. Toute action publique se doit d'être territorialisée. C'est-à-dire, dans leur esprit, cartographiable.

À l'université aussi, la cote du mot « territoire » est régulièrement à la hausse depuis deux décennies. Beaucoup de formations, notamment professionnelles, usent de cette terminologie dans leur intitulé, ce qui conduit leurs responsables à solliciter les géographes afin qu'ils initient les étudiants aux subtilités de la notion. La lecture des copies commises par lesdits étudiants révèle par ailleurs la popularité du mot, ce dernier étant souvent associé à celui de « gouvernance ». Les chercheurs ne sont pas en reste, qui pratiquent également ce genre d'association dans des travaux portant sur le développement local (Dumont, 2012), le projet urbain (Pinson, 2009) ou sur les « banlieues » et autres « quartiers en difficulté ». Il paraît donc que toute démarche de compréhension de la réalité sociale ou toute action sur cette réalité doive désormais passer au filtre de la territorialisation. Comme si toute la réalité sociale et politique du monde était subitement avalée par le territoire...

À rebours d'un tel consensus, la géographie sociale qui se pratique dans l'unité de recherche Espaces et sociétés a régulièrement mis en question la notion de territoire (par exemple Séchet, Keerle, 2007). S'inscrivant dans cette filiation, le propos qui suit engage à discuter l'évidence du territoire dans les politiques publiques, spécifiquement dans la politique de la ville mise en œuvre à l'échelle des quartiers dits prioritaires. Est-il « normal » que la politique de la ville soit « naturellement » territorialisée ? Que signifie le primat de la territorialité pour une politique de ce type ? Plus largement, que signifie le consensus des acteurs politiques et des chercheurs autour de la catégorie de territoire ? (Arnoult, Baudelle, 2008).

Sans avoir la prétention de répondre à des questions, qui font par ailleurs l'objet d'une abondante littérature (par exemple Arnaud, Le Bart, Pasquier, 2006), le propos s'organisera en trois parties.

- Si le périmétrage des politiques publiques est une pratique ancienne, la territorialisation de l'action publique est effective depuis les années 1980.

- Plébiscitée, la catégorie de territoire induit pourtant une représentation tronquée de la ville, de la société, de la politique.

- Une lecture moins territorialisée et plus dialectique des dynamiques socio-urbaines est donc souhaitable, un tel renouvellement du regard permettant de proposer un périmétrage plus souple pour la politique de la ville.

Du périmètre au territoire

Depuis qu'elle existe, la politique de la ville est territorialisée, c'est-à-dire qu'elle agit là où les difficultés sont les plus importantes et les plus urgentes (Chevalier, 2005 ; Vieille-Marchiset, 2007 ; Heyraud, 2010). En « donnant plus à ceux qui ont moins », l'action publique contrevient au principe de l'égalité formelle et a-spatiale mais elle agit dans le sens de la justice par des corrections géographiquement sélectives. Aujourd'hui partagée par le plus grand nombre, cette idée ne va pas de soi et elle ne va pas sans poser problème. À la fin des années 1970, elle paraît pourtant novatrice et progressiste.

Périmètre et modernité

Expérimenté sous l'Ancien Régime (Foucault, 2004 ; Bergel, Milliot, 2014), diffusé aux XIXe et XXe siècles, le périmétrage des politiques publiques est utilisé à de nombreuses occasions, par exemple dans les stratégies coloniales de cantonnement des populations indigènes mises en œuvre en Algérie ou au Maroc par le maréchal Lyautey et reprises durant la guerre d'Algérie. Le périmètre est également promu par l'architecture moderne, le *zoning* étant par exemple mis en œuvre dans les plans de reconstruction et d'aménagement des villes détruites par la guerre (Voldman, 1997).

Dans la décennie 1960, les ZUP (zones à urbaniser en priorité) renvoient à un autre type de périmétrage des politiques publiques (Ratouis, 2011). Les ZUP permettent de financer et de produire de grosses quantités de logements aux périphéries des villes françaises (au minimum 500, selon le décret n° 58-1464 du 31 décembre 1958). Sur des périmètres délimités par arrêtés ministériels, par le biais d'opérateurs intermédiaires (caisse des dépôts et sa filiale, la SCET), les ZUP permettent de faire face à la pénurie de logements provoquée par les séquelles de la guerre et par une urbanisation accélérée à la faveur du développement économique des trente glorieuses.

Entre le milieu du XIXe et le milieu du XXe siècle, se solidifie donc l'illusion que l'ordre social peut être imposé par un découpage spatial. En métropole comme dans les colonies, les zonages sont mis en œuvre au nom d'une rationalité technicienne qui voit la société comme une machine. Dans une multitude de cas, fort différents, le périmètre permet d'agir avec rapidité, de faire des économies d'échelle, mais aussi d'esquiver le débat démocratique. À ce titre, il apparaît comme l'instrument d'une technocratie éloignée des réalités du terrain local. Les périmètres sont imposés d'en haut, par ceux qui sont censés savoir ce qui est bon, sans tenir compte de l'adéquation aux besoins « de ceux d'en bas », auxquels est refusé tout droit à la parole.

Le renversement de la décennie 1970 : le périmètre devient expression du local

Dans la décennie suivante, et de façon surprenante, les périmètres produits par les politiques publiques se mettent à incarner des propriétés opposées. Le périmètre devient synonyme de personnalisation et de proximité. Il doit permettre d'améliorer le sort des populations et susciter la participation du citoyen aux actions qui lui sont potentiellement destinées. Généralisé durant les années 1970, le périmétrage concerne progressivement toutes les échelles de la gestion spatiale : de l'aménagement du territoire (parcs naturels régionaux : 1967, contrats de pays : 1975) jusqu'aux actions intra-urbaines circonscrites (procédures Habitat et vie sociale – HVS : 1977). La circulaire du 3 mars 1977 qui instaure les opérations HVS mentionne implicitement la référence à un périmètre local d'application (Encadré 1). En opposition aux grosses machines opérationnelles de la décennie précédente (ZUP, rénovation urbaine, grandes opérations d'aménagement menées par la DATAR), ce localisme apparaît comme un gage de souplesse, d'individualisation, mais aussi d'économie des deniers publics.

Encadré 1 : Extrait de la circulaire HVS du 3 mars 1977

... les opérations d'aménagement devront être composées au vu des besoins à satisfaire et non résulter de l'application de procédures rigides. Cela conduira souvent à combiner des types d'interventions possibles pour définir un programme étroitement adapté à la situation locale. La qualité de la vie sociale et de son cadre architectural devra guider les choix autant que les considérations fonctionnelles et les exigences de la circulation. La priorité accordée aux ménages très modestes devra prendre des formes plus diverses que la simple résorption de l'habitat insalubre : une réhabilitation de l'habitat vétuste adaptée à ses occupants remplacera, chaque fois que nécessaire, la destruction systématique actuelle.

Du périmètre au territoire : les années 1980

Dans la décennie suivante, un nouveau glissement opère, accéléré par la décentralisation politique des années 1982-1983. Le périmètre n'est plus seulement un instrument de l'action publique, il a désormais pour vocation de se conjuguer avec le territoire vécu des populations en direction desquelles sont prévues lesdites actions. Le territoire, catégorie à double face, à la fois institutionnel et affectif, vise à instaurer un nouveau cadre politique permettant la coproduction des politiques publiques localisées, et constitue un préalable à la participation des habitants, qui deviendra un leitmotiv dans les décennies 1990 et 2000 mais que la politique de la ville pose comme un objectif dès les années 1980. Contrairement aux politiques anglo-saxonnes de mobilisation sociale (*empowerment*) qui mettent l'individu au centre de leur activité (option *people*), les politiques publiques « à la française » font du lieu un vecteur de cette mobilisation (option *place* : Donzelot, Mével, Wyvekens, 2003).

Émerge alors la lancinante question des « territoires pertinents », régulièrement posée en préalable à la mise en œuvre des politiques territorialisées. Comment faire coïncider des périmètres institutionnels, conçus primitivement pour mettre en œuvre des politiques publiques, avec des territoires ressentis et pratiqués ? Comment articuler des procédures *top down* de périmétrage avec des dynamiques *bottom up* d'expression territorialisée en provenance de la société civile ?

Territoires et politiques publiques

Le géographe face au territoire

Périmétrées puis territorialisées, les politiques publiques sont de plus en plus étroitement corrélées à l'espace géographique entre les années 1950 et les années 1990. Il serait donc attendu que le géographe se félicite de ce genre d'inflexion et qu'il se joigne au concert de louanges qui célèbrent le triomphe du territoire, acquis dans les sphères décisionnelles comme dans l'opinion. Avec la généralisation de la territorialisation, les politiques publiques sont désormais déterminées par l'étendue, la distance, l'écart, autant de catégories géographiques qui deviennent de ce fait des opérateurs sociaux et politiques. Plus profondément, le triomphe des territoires sonne comme une revanche de l'espace sur le temps, une revanche de la géographie sur l'histoire, la sociologie ou les sciences politiques. Comme l'affirme Michel Lussault (Lussault, 2007), un tel renversement s'inscrit dans une tendance structurelle de la post-modernité, qui met la catégorie d'espace au centre de sa vision du monde.

De façon plus pragmatique, un tel « tournant géographique » (Lévy, 1999) présente des avantages sonnants et trébuchants. Avec la territorialisation des politiques publiques, le géographe peut démontrer son utilité et monnayer ses compétences sur les marchés rémunérateurs de l'expertise et de l'évaluation… toutes deux territorialisées. Dans une période de quasi-suppression des crédits ordinaires de la recherche, de tels aspects matériels ne sont pas à négliger.

Le géographe que je suis devrait donc se réjouir. Issu du courant de la géographie sociale, qui postule que l'espace n'est pas une catégorie indépendante de la société qui le produit, j'adopterai une posture différente, considérant que la lunette territoriale propose une représentation tronquée de la ville, de la société, de la politique. Dans la suite du propos, je considérerai donc les catégories de « territoire », de « périmètre », de « quartier », de « proximité » comme des problèmes plus que comme des évidences (Genestier, 1999 ; Le Bart, Lefebvre, 2005).

La lunette territoriale : une représentation tronquée de la ville, de la société, de la politique

Si la ville est juxtaposition de territoires, alors la ville d'aujourd'hui est une sorte de puzzle, constitué de pièces à la fois différentes et faites pour s'assembler. Les « pôles d'excellence » s'encastrent dans les lieux répulsifs, des lieux favorisés (les centres-villes) s'agrègent aux lieux handicapés (les « quartiers »). De telles « fractures » sont unanimement regrettées mais, puzzle oblige, elles paraissent inévitables, comme une rançon à payer au progrès. Abondamment diffusée par la Commission européenne ou les grands organismes internationaux (ONU, Banque mondiale), cette vision s'est imposée en France, notamment à partir de 2005 avec la transformation de la DATAR (Délégation à l'aménagement du territoire et à l'action régionale) en DIACT (Délégation interministérielle à l'aménagement et à la compétitivité des territoires)[1]. À un aménagement sectoriel, généraliste et volontariste, se sont substituées des procédures contractuelles qui fractionnent les lieux en fonction de leurs atouts et de leurs handicaps (Delamarre, Lacour, 2008). Sont ainsi produits des territoires diversement dotés, mis en concurrence par le biais d'appels d'offres et d'appels à projets émanant des collectivités ou des différents services de l'État. Ces manières

1 Depuis, la DIACT est redevenue DATAR (15 décembre 2009), mais l'acronyme a changé de signification. Il signifie désormais Délégation ministérielle à l'aménagement du territoire et à l'attractivité régionale.

de faire sont particulièrement visibles dans la politique de la ville qui, à certains égards, apparaît comme un laboratoire en la matière (Chevalier, 2005 ; Bergel, Foucher, Rouault, Thomas, 2007).

Ce découpage territorial de la ville se double d'un découpage politique de la société (Ratouis, 2011). De la même façon que la ville juxtapose des territoires, les sociétés post-fordistes juxtaposent des « inclus » et des « exclus » de la modernisation sociale, c'est-à-dire de la mise en marché généralisée (Damon, 2008 ; 2009). Les inclus tirent bénéfice de cette libéralisation, tandis que les exclus, sorte de dommage collatéral lié à la fin des trente glorieuses, sont voués à la galère, au chômage et aux petits boulots. Fétichisées par le territoire, les inégalités deviennent dès lors impossibles à penser. Et donc, impossibles à combattre.

Enfin, la lunette territoriale génère une sorte de schizophrénie de l'action politique. Faisant la promotion de la compétitivité, de la performance ou de l'économie de l'intelligence, le versant économique des politiques territoriales creuse les inégalités entre les revenus, les destins, les opportunités. Sur leur versant social, ces politiques promeuvent simultanément la cohésion sociale, la mixité, la solidarité afin de réparer les dégâts du progrès et ne laisser aucun lieu ni aucun individu sur le bord du chemin. Concernant des segments de l'espace et de la société considérés comme indépendants, il est logique que ces politiques soient territorialisées de façon étanche. Pourtant, cette façon d'organiser la vie de la cité est à la fois dispendieuse et stupide : elle allume l'incendie avant de rémunérer les pompiers chargés d'éteindre le brasier… Sans toutefois leur donner les moyens d'y parvenir tout à fait…

Territoire et consensus

Combinant des éléments idéologiques à la fois puisés dans le capitalisme libéral et dans le christianisme social (Chevalier, 2005 ; Vieille-Marchiset, 2007), la territorialisation des politiques publiques, en dépit de ses faiblesses, cimente un consensus politique entre la gauche et la droite qui, en dehors des périodes de fièvre électorale, paraît étonnamment solide depuis quatre décennies. Pourtant, à l'échelle française comme à l'échelle européenne, elle aggrave les effets d'une crise déjà brutale. Dispendieuse sur le plan financier, bloquante sur le plan intellectuel, elle limite en outre les capacités à inventer des voies de sortie qui répareraient sérieusement les injustices en permettant une meilleure allocation des ressources publiques (Bergel, Desponds, 2011).

La dialectique contre les territoires : une nouvelle façon d'envisager la politique de la ville ?

Face aux discours territorialisants qui fétichisent les espaces et gomment les contradictions sociales, la dialectique – c'est-à-dire la compréhension des antithèses – apparaît comme un remède salutaire. Une représentation excessivement territorialisée a en effet pour inconvénient de considérer les faits sociaux comme des choses immobiles et éternelles alors que les villes et les groupes sociaux qui les habitent subissent des mutations et des recompositions que les politiques publiques se doivent de prendre en compte, particulièrement en période de crise (Davezies, 2008 ; 2012).

Cette dernière partie invite donc à lire les questions urbaines sous un jour moins territorial (et peut-être plus géographique) afin de penser le mouvement des sociétés dans leurs espaces et proposer de nouvelles manières d'organiser la politique de la ville.

« *La ville est mouvement* »

Contrairement à ce que suggèrent les discours de l'identification territoriale, les citadins circulent, y compris ceux qui sont issus des quartiers les plus défavorisés. Ils circulent de plus en plus fréquemment et de plus en plus loin : dans l'ensemble de l'agglomération où ils résident mais aussi ailleurs, à l'intérieur comme à l'extérieur de l'Hexagone (Guilluy, 2010). « *La ville est mouvement* » disait avec justesse Fernand Braudel. Les citadins étant de plus en plus mobiles, leur être social est de moins en moins référencé à un lieu précis ou à une échelle unique. Les territorialités urbaines n'en sont pas pour autant abolies, mais elles deviennent complexes, à la fois multiscalaires et multi-temporelles (Vanier, 2000).

Les inégalités se renforcent, mais la société, elle aussi, est en mouvement

Contrairement à ce que laissent entendre les discours sur l'exclusion ou la relégation, le creusement des inégalités socioéconomiques n'implique pas mécaniquement un accroissement des ségrégations ou des assignations spatiales. Les riches peuvent être plus riches et les pauvres plus pauvres sans que, pour autant, ils cessent de se croiser ou de se frôler : dans le métro, les matchs de foot, les *discount market*. Selon certains observateurs (Préteceille, 2006), il se pourrait même que les ségrégations spatiales soient parfois en phase de réduction, au moins dans certains endroits et pour certaines catégories. Mais qu'on ne s'y trompe pas : l'apparente « convivialité » entre personnes issues de catégories ou d'origines diverses n'implique pas, a contrario, que les fossés se réduisent. La proximité spatiale peut ainsi s'accompagner d'une plus grande distance sociale (Chamboredon, Lemaire, 1970).

Ces apparents paradoxes s'expliquent par le fait que les positions sociales des individus ou des groupes ne sont pas fixées par un quelconque décret territorial. Elles se renégocient en permanence dans une arène où le destin des uns et des autres n'est jamais écrit à l'avance. De ce point de vue, la société française est certainement moins bloquée et plus inégalitaire que ce que les experts « déclinistes » supposent couramment (par exemple Baverez, 2003 ; 2006).

Les échelles de la vie ne sont plus celles de la proximité

Aujourd'hui, chaque Français de plus de six ans parcourt en moyenne quarante-cinq kilomètres par jour. Dans les années 1950, la distance moyenne parcourue en France était de cinq kilomètres (Encadré 2). Les territoires de l'emploi se structurent quant à eux à l'échelle de bassins qui dépassent les limites des communes et des agglomérations. Couramment, ces derniers forment une auréole d'une trentaine de kilomètres autour des villes centre. À l'intérieur, se développent l'offre et la demande d'emploi, ce qui induit des navettes quotidiennes dont la distance moyenne est de 29,4 kilomètres en 2008. Développer l'emploi dans une zone franche en espérant que les chômeurs du quartier pourront y accéder s'apparente donc à un espoir insensé.

Encadré 2 : De la France de Robert Doisneau à celle du TGV

« Cinq kilomètres, distance moyenne parcourue en France jusqu'en 1950 : c'était la vie de quartier, l'ouvrier dans son coron, le bourgeois dans sa paroisse, le paysan dans son village. Cinq kilomètres, c'était un monde du voisinage, de l'interconnaissance, du contrôle social de chacun, des aventures de fêtes votives et de maison du peuple. Les amours de sortie de messe. La vente de L'Huma *à la criée sur les marchés. Cinq kilomètres, c'est un espace social dense, ressassé, dont le logement n'est qu'une alvéole en léger retrait, semi-fermée seulement car l'essentiel se passe dehors, au vu de tous : le travail, les engagements sociaux ou politiques, les pratiques religieuses, les jeux des enfants, les prémices de l'amour. Cinq kilomètres, c'est un* nous *dense dans lequel la bataille de chacun consiste à se créer une parcelle de* je. »

Jean Viard, 2011, *Nouveau portrait de la France. La société des modes de vie,* Éditions de l'Aube, p. 61.

On peut transposer à la période actuelle le raisonnement de Jean Viard en dialectisant sa conclusion : ...*quarante-cinq kilomètres, c'est un* je *dense dans lequel la bataille de chacun consiste à créer une parcelle de* nous.

À rebours des mouvements et autres effets de flux envisagés ci-dessus, le territoire suppose l'immobilité géographique et sociale, comme si le temps et l'espace s'étaient subitement arrêtés. Or, le mouvement social, comme le mouvement géographique, est par essence perpétuel et contradictoire. Vouloir l'arrêter revient à souhaiter le maintien infini de l'état des choses... c'est-à-dire la conservation de l'ordre existant.

Des « territoires souples » : une proposition pour la politique de la ville ?

Outre ses multiples écueils théoriques, une vision excessivement territorialisante des rapports sociaux pose aussi des problèmes pratiques lorsqu'il s'agit de mettre en œuvre, et encore plus d'évaluer, des politiques de discrimination positive géolocalisées.

Lors de l'évaluation du contrat de ville de l'agglomération caennaise effectué pour le compte de la préfecture du Calvados (Bergel, Foucher, Rouault et Thomas, 2007), il a par exemple été impossible d'apprécier l'efficacité des actions financées par la politique de la ville entre 2000 et 2006. Les financeurs, ainsi que la plupart des évaluateurs, postulent en effet que les opérateurs de la politique de la ville – des associations dans leur écrasante majorité – sont localisés à l'intérieur des périmètres prioritaires et qu'ils destinent exclusivement leurs activités à des bénéficiaires inclus dans ces périmètres.

Dans un tel cas de figure, l'évaluation aurait été aisée puisque la totalité des subventions allouées au titre du contrat de ville aurait concerné des activités entrant dans le champ dudit contrat. Il n'en a rien été dans la pratique, où deux autres cas existaient (Figure 1).

Dans le premier d'entre eux (dessin de gauche), l'association financée au titre de la politique de la ville agit dans la ZUS, mais elle est basée ailleurs. Dans le second (dessin de droite), l'association est basée dans la ZUS, mais elle agit aussi en direction de populations extérieures à cette dernière.

Les opérateurs associatifs sont donc dans l'incapacité d'évaluer la part des subventions strictement destinée aux actions contractualisées dans le cadre de la politique de la ville et simultanément localisées dans des périmètres prioritaires. Dans la pratique, les animateurs associatifs travaillent en faveur des personnes qui en ont besoin ou qui sont volontaires, indépendamment du lieu de résidence de ces dernières.

Comme le rappelle un rapport de la Cour des comptes (Cour des comptes, 2007), les subventions aux associations bénéficient de ce fait d'une « *visibilité réduite* », « *l'évaluation de ces actions et le contrôle de l'emploi des fonds apparaissent* [par ailleurs] *lacunaires* ».

Pour surmonter les inconvénients d'une territorialisation trop rigide, il a été suggéré de modifier les périmètres d'intervention en fonction des opérateurs et des thèmes traités. Par exemple, il peut apparaître pertinent de découper des périmètres d'action plus vastes si on s'adresse à des adolescents plutôt qu'à des personnes âgées. Aux territoires, la politique de la ville devrait donc préférer des espaces plus souples, renégociables dans le temps et variables en fonction des publics, des capacités, des domaines d'intervention. L'action des associations serait évaluée en fonction d'un cahier des charges pluriannuel qui prendrait en compte l'activité réelle, indépendamment du lieu où elle s'exerce et indépendamment de l'adresse de ses bénéficiaires (Figure 2).

Figure 1 : L'espace de la politique de la ville, état existant.

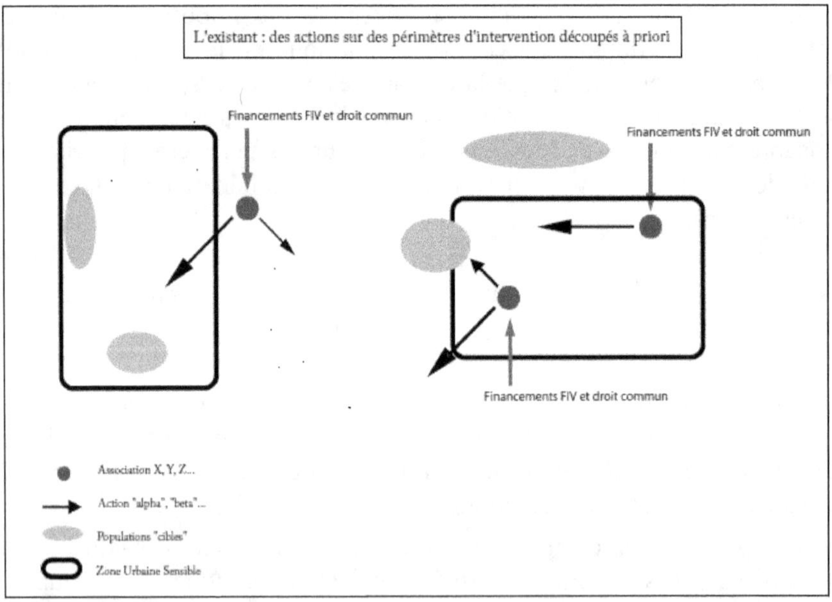

Equipe d'évaluation du CRESO, juin 2006

Figure 2 : Proposition pour un nouvel espace de la politique de la ville.

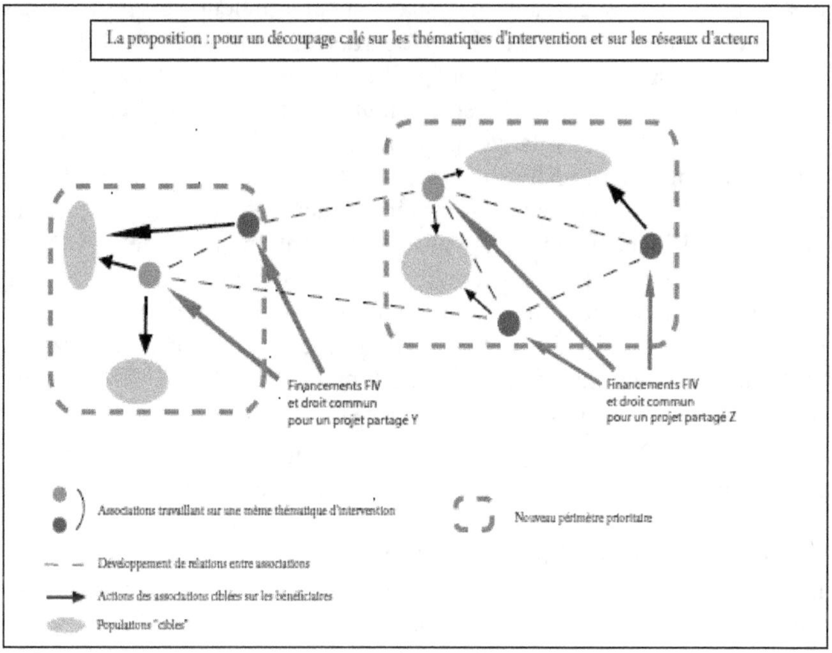

Equipe d'évaluation du CRESO, juin 2006

Conclusion

La production des catégories spatiales fonctionne à la manière d'un découpage qui isole des unités discrètes à partir de la continuité des distances et des échelles (Ratouis, 2003 ; 2011). Outre leur importance intellectuelle, psychique ou sensible, ces découpages spatiaux déterminent les politiques publiques et en rendent possible la mise en œuvre. Scruter la manière dont ils sont exécutés peut donc en dire beaucoup sur la façon dont les pouvoirs, les groupes sociaux ou les individus construisent les espaces dans lesquels ils vivent et dans lesquels ils agissent (Béhar, 2001).

Au tournant des années 1970 et 1980, les concepteurs des politiques publiques ont abandonné les catégories de périmètre ou de zone pour plébisciter celle de territoire. Lié à des mutations macro-sociales et macro-économiques, ce changement de paradigme présente bien des défauts. Territorialisant les phénomènes sociaux, il oriente l'analyse vers les catégories de la proximité, de l'immobilité, de l'exclusion, sans prendre suffisamment en compte les dynamiques du changement social et de la mobilité géographique.

Pourtant, contrairement à ce qui est couramment postulé, les populations pauvres et démunies auxquelles s'adressent les politiques de la ville ne sont pas forcément crispées sur un espace local qui leur servirait de cage ou d'emblème pour une identité à sauvegarder. Comme la plupart des Français, ces populations sont mobiles lorsqu'il s'agit de tisser des sociabilités et des liens familiaux et, surtout, lorsqu'il faut chercher un emploi. Des enquêtes menées en 2008 dans la zone urbaine sensible d'Hérouville-Saint-Clair (commune de l'agglomération de Caen)[2] ont par exemple montré que les jeunes résidents n'étaient pas systématiquement attachés à leur quartier, qu'ils ne l'identifiaient pas nécessairement comme tel et qu'ils ne souhaitaient pas forcément continuer à y demeurer. Contrairement aux représentations de certains travailleurs sociaux, l'enquête montrait en outre que ces jeunes, loin de « tenir le mur », construisaient des pratiques de mobilité à toutes les échelles : agglomération, région, France, Europe, monde (Baudin, Duvelleroy, Julien, 2008).

Partant de postulats fréquemment contredits par la réalité, l'efficacité de la catégorie de territoire n'est pas plus avérée sur le plan opérationnel. Figeant l'espace et le temps, les politiques publiques territorialisées s'adressent implicitement aux seuls habitants dudit territoire, au risque de laisser de côté ceux qui n'y résident pas exactement (Desponds, Auclair, Bergel, Bertucci, 2014). Fonctionnant de manière pragmatique, la politique de la ville suit rarement l'injonction territoriale. De ce fait, ses dépenses sont difficilement quantifiables et son efficacité difficilement évaluable.

Le filtre du territoire présente donc de nombreux effets négatifs : « *le territoire n'est pas cet instrument à tout faire qui* [peut se prêter] *au traitement de la « nouvelle question sociale », du « développement local » et de la mobilisation identitaire, tout en constituant un vecteur d'équité au sens le plus mathématique du terme* » (Germain, Estèbe, 2000). Si elles restent fixées sur l'horizon intellectuel du territoire, si elles se cantonnent à la proximité et à l'enracinement dans les « quartiers prioritaires », les politiques de la ville resteront faiblement efficaces, alors que d'inquiétants processus de paupérisation touchent les populations démunies qui vivent dans les grands ensembles de logements sociaux.

---

2 Voir le témoignage de François Geindre dans le présent ouvrage.

Bibliographie

ARNAUD L., LE BART C., PASQUIER R., 2006, *Idéologies et action publique territoriale. La politique change-t-elle encore les politiques ?,* Rennes, Presses universitaires de Rennes.

ARNOUD P., BAUDELLE G., 2008, « Construire les territoires », *Historiens – Géographes*, n° 403, juillet-août 2008, dossier pp. 49-189.

BAUDIN A., DUVELLEROY C., JULIEN G., 2008, *Les Mobilités spatiales des jeunes à Hérouville-Saint-Clair*, Atelier urbain du master II professionnel « Politiques de la ville, morphologies urbaines, interventions sociales », UFR de géographie, Université de Caen Basse-Normandie.

BAVEREZ N., 2003, *La France qui tombe*, Paris, Librairie académique Perrin.

BAVEREZ N., 2006, *Vieux pays, siècle jeune. La France et le monde 2001 – 2005*, Paris, Librairie académique Perrin.

BÉHAR D., 2001, « Partenariat et territoire : une nouvelle donne ? », *Informations sociales* n° 95, pp. 2-10.

BERGEL P., FOUCHER S., ROUAULT R., THOMAS O., 2007, *Évaluation du contrat de ville de l'agglomération caennaise*, Rapport final commandé par la préfecture du Calvados, janvier 2007.

BERGEL P., DESPONDS D., 2011, « Politique de la ville : justice sociale ou égalité des chances ? », *in* DESPONDS D. (sous la dir. de), *Pour en finir avec l'égalité des chances. Refonder la justice sociale*, Paris, éd. Atlande.

BERGEL P., MILLIOT V., 2014, « Volcans artificiels : les sociétés urbaines à l'épreuve de l'ébullition » : *in* BERGEL P., MILLIOT V. (sous la dir. de), 2014, *La ville en ébullition. Sociétés urbaines à l'épreuve*, Rennes, Presses universitaires de Rennes.

CHAMBOREDON J.-C., LEMAIRE M., 1970, « Proximité spatiale et distance sociale. Les grands ensembles et leur peuplement », *Revue française de sociologie,* n°1, pp. 1-33.

CHEVALIER G., 2005, *Sociologie critique de la politique de la ville. Une action publique sous influence*, Paris, L'Harmattan.

Cour des comptes, 2007, *Rapport à la Commission des finances du Sénat sur le fondement de l'article 58-2 de la LOLF. La gestion des crédits d'intervention de l'État au titre de la politique de la ville*, Sénat, septembre 2007.

DAMON J., 2008, *L'Exclusion*, Paris, PUF, coll. « Que sais-je ? ».

DAMON J., 2009, *Questions sociales : analyses anglo-saxonnes. Socialement incorrect ?,* Paris, Presses universitaires de France.

DAVEZIES L., 2008, *La République et ses territoires. La circulation invisible des richesses*, Paris, Le Seuil.

DAVEZIES L., 2012, *La crise qui vient. La nouvelle fracture territoriale*, Paris, Le Seuil.

DELAMARRE A., LACOUR C., 2008, *Quarante ans d'aménagement du territoire*, Paris, La Documentation française.

DESPONDS D., AUCLAIR E., BERGEL P., BERTUCCI M.-M., 2014, *Les habitants acteurs de la rénovation urbaine ?,* Rennes, Presses universitaires de Rennes, coll. « Géographie sociale ».

DONZELOT J., MÉVEL C., WYVEKENS A., 2003, *Faire société. La politique de la ville aux États-Unis et en France*, Paris, Le Seuil.

DUMONT G.-F., 2012, *Diagnostic et gouvernance des territoires. Concepts, méthode, application*, Paris, A. Colin.

FOUCAULT M., 2004, *Sécurité, territoire, population. Cours au Collège de France 1977-1978*, Paris, coédition Le Seuil et Gallimard.

GENESTIER P., 1999, « Le sortilège du quartier : quand le lieu est censé faire lien. Cadre cognitif et catégories de l'action politique », *Les Annales de la recherche urbaine*, n° 82, pp. 142-153.

GERMAIN A., ESTÈBE Ph., 2004, « Le territoire, instrument providentiel de l'État social », *Lien social et politique*, n°52, automne 2004, pp. 5-10.

GUILUY C., 2010, *Fractures françaises*, Paris, François Bourin éditeurs.

HEYRAUD E., 2010, *La politique de la ville. Maîtriser les dispositifs et les enjeux*, Paris, éd. Berger-Levrault.

LE BART C., LEFEBVRE R., 2005, *La proximité en politique. Usages, rhétoriques, pratiques,* Rennes, Presses universitaires de Rennes.

LÉVY J., 1999, *Le tournant géographique. Penser l'espace pour lire le monde*, Paris, Belin.

LUSSAULT M., 2007, *L'Homme spatial. La construction sociale de l'espace humain*. Paris, Le Seuil.

PINSON G., 2009, *Gouverner la ville par projet. Urbanisme et gouvernance des villes européennes*, Paris, Presses de la Fondation nationale des sciences politiques.

PRÉTECEILLE E., 2006, « La ségrégation sociale a-t-elle augmenté ? La métropole parisienne entre ségrégation et mixité », *Sociétés contemporaines*, n° 62, pp. 69-94.

RATOUIS O., 2011, « Énoncer, découper, valoriser. « ZUP » ou les variations d'une catégorie administrative déshéritée », *in* BACKOUCHE I.,

RIPOLL F., TISSOT S., VESCHAMBRE V., 2011, *La dimension spatiale des inégalités. Regards croisés des sciences sociales*, Rennes, Presses universitaires de Rennes, coll. « Géographie sociale », pp. 51-65.

RATOUIS O., 2003, « Le tout et la partie. Des catégories de l'urbain à nommer », *Mots. Les langages du politique,* n° 72, Dossier « La ville entre dire et faire », pp. 13-27.

SÉCHET R., KEERLE R., 2007, « Petite histoire de nos délicatesses avec le territoire », Rennes, *Espaces et sociétés*, n° 27, septembre 2007, pp. 7-15.

VANIER M., 2000, « Qu'est-ce que le tiers-espace ? Territorialités complexes et construction politique », *Revue de géographie alpine*, tome 88 n° 1, pp. 105-113.

VIARD J., 2011, *Nouveau portrait de la France. La société des modes de vie*, Paris, Éditions de l'Aube.

VIEILLE-MARCHISET G., 2007, « La politique de la ville : les enjeux d'une action publique conjointe ». *Revue pluridisciplinaire de l'homme et de la société*, n° 4, juin 2007, pp. 214-220.

VOLDMAN D., 1997, *La reconstruction des villes françaises de 1940 à 1954. Histoire d'une politique*, Paris, L'Harmattan.

ESPACE URBAIN ET ESPACE SOCIAL DANS LES ÉCRITS ADMINISTRATIFS DE LA POLITIQUE DE LA VILLE

Yankel Fijalkow

Étudier la manière dont la politique de la ville a décrit ses territoires d'actions et profilé, en fonction de cette description, son mode d'intervention dans les quartiers nécessite une prise de recul historique. Si, en effet, celle-ci évolue, selon certains commentaires (Epstein, 2007), du paradigme de la réparation des quartiers sensibles (réhabilitation du bâti et animation sociale dans les années 1980) à celui de la recomposition par la démolition (programme national de rénovation urbaine des années 2000), il convient de rechercher loin dans l'histoire les pensées urbaines autorisant les décideurs à « refaire la ville sur la ville ». Sachant que, dans la politique de la ville, le volet urbain doit trouver toujours sa contrepartie dans le volet social, on s'attachera à la manière dont les deux sont décrits et mis en relation au cours de son histoire trentenaire.

Des chercheurs comme Sylvie Tissot (2007) et Philippe Estèbe (2004) se sont attachés à montrer quel usage est fait de la notion de quartier, quelle description est suscitée par les sociologues et les politiques et à quelles modalités d'intervention ils ont conduit. Partageant la perspective qui consiste à lier description et action, à identifier la manière dont les questions sociales sont socialement construites pour être ensuite traitées par la société, notre point de vue, nourri par une perspective encore plus lointaine, veut tester la correspondance entre l'histoire courte de la politique et celle d'une généalogie du diagnostic urbain dressée dans d'autres travaux relatifs à la période des îlots insalubres (début du vingtième siècle) et à la rénovation urbaine (années 1950-60) (Fijalkow, 1998). La question est alors de se demander en quoi la politique de la ville a fondamentalement, ou non, modifié la manière d'observer l'espace urbain dans un objectif d'intervention. Pour cela, nous nous appuierons essentiellement sur un corpus de textes relevant de l'administration de la politique de la ville et donc de ses territoires. Pour saisir cette dynamique, on se fondera autant sur des circulaires administratives, lettres aux préfets, littérature grise des ministères concernés, que sur les rapports de responsables techniques, sociologues, journalistes ou simples enquêteurs.

Un point de vue historique sur les modèles de diagnostic

Si chaque période a connu ses taudis, ses quartiers dégradés, ses villes en déclin, ses mauvaises villes, si chacune a connu des auteurs et des acteurs prônant la démolition plutôt que la réparation ou la régulation, retrouve-t-on les mêmes paradigmes dans la politique de la ville ? La connaissance du « mal de ville » et de la « mauvaise ville » ne date pas d'aujourd'hui. Un retour réflexif s'impose donc. Il implique de saisir par quels moyens intellectuels de connaissance (dimension cognitive), tel ou tel acteur pris dans tel ou tel contexte utilise certaines données, certains raisonnements et argumentaires dans la perspective d'une action urbaine. Ces outils de connaissance mobilisent des images, des mots, des catégories de pensée, des méthodes d'appréhension et de mise en forme du réel, sous forme d'enquêtes, de statistiques, de cartes. Se donnant comme des outils d'aide à la décision, ils établissent des documents analytiques permettant, dans une perspective d'action publique, de dégager un pronostic d'évolution urbaine. Ces moyens de connaissance sont des signes qui ont valeur d'information et prennent sens dans l'action, en situation : ce sont des lectures de ville comme le dirait Marcel Roncayolo (2002). Loin de s'intégrer à une chronologie, les modèles de diagnostic valent comme des types qui peuvent se superposer dans le temps ou se succéder alternativement, voyager d'une contrée à l'autre. Ils peuvent aussi s'opposer entre eux.

On utilise souvent le terme de diagnostic pour désigner la mobilisation de connaissances sur un terrain. L'usage du diagnostic qui renvoie à l'action de discerner et de comprendre émerge au XVIIIe siècle dans le champ médical avant d'entrer dans l'usage des publications économiques liées au plan dans les années 1950. Ce détail n'est pas fortuit. Il rattache le diagnostic à l'hygiénisme qui a été une ressource argumentaire importante dans le diagnostic urbain, dans sa tentative d'auscultation de la ville malade au travers d'un processus de spatialisation et de territorialisation de la question sanitaire et sociale. À la fin du XIXe siècle, ce terme coïncide avec l'apparition d'une instrumentation statistique qui entraîne un mouvement de centralisation des indicateurs vers le logement. On assiste à un empilement spatial des indicateurs qui ne cessera de se poursuivre jusqu'à aujourd'hui. À travers ces instruments s'affirment un raisonnement par totalisations géographiques abstraites, une intégration des problèmes sanitaires, sociaux, scolaires, sécuritaires, une volonté de prévention des risques, une attention aux équilibres territoriaux, la croyance dans le rôle agissant du milieu.

Ainsi, les vieux quartiers populaires et d'immigration définis dans les années 1920 comme insalubres ont été repérés comme tels parce qu'ils comportaient plus de décès par tuberculose, plus d'hôtels meublés, plus de débits de boissons et partant, plus d'étrangers, plus d'ouvriers. Ils se caractérisaient donc d'abord par un écart à la moyenne, destinée à devenir une norme juridique. Ils ont alors été perçus comme un lieu de la déstructuration sociale illustrant la concentration de populations ouvrières, pauvres et/ou immigrées, notamment dans le cœur des villes. Mais cette concentration était simplement mesurée à l'aune du *nombre* alors que l'on savait déjà mesurer un phénomène spatial à l'aune de sa densité, ce qui a l'avantage de tenir compte d'une des caractéristiques les plus simples d'un espace urbain. Progressivement, ce qui était perçu comme une extraterritorialité fut considéré comme un handicap pour la mise en valeur de la ville et identifié comme un danger pour la cohésion sociale et la santé physique et morale des citadins. On craignait que les habitants de ces quartiers tuberculeux ne diffusent leurs germes partout en se promenant dans le reste de la ville. On redoutait autant l'exceptionnalité du quartier insalubre (une forteresse ouvrière fabriquant des révolutionnaires) que le danger de diffusion et de contagion. D'une part, le quartier insalubre constituait un danger pour la santé sociale des habitants : il pouvait les limiter dans leur capacité d'agir, les enfermant dans une spirale de la pauvreté (au taudis répond l'alcoolisme qui dissout la famille et détruit le sens du travail, lit-on chez de nombreux hygiénistes).

« *Les quartiers où la tuberculose s'établit à demeure sont les quartiers où les logis sont obscurs et mal aérés. Toutes les autres causes invoquées jusqu'ici, la misère, l'alcoolisme, le vice sous toutes ses formes, sont des causes secondaires si on en compare l'effet à la privation d'air et surtout de la lumière solaire* » écrit le chef du bureau d'hygiène de Paris en 1906 (Juillerat, 1906).

D'autre part, ce mal-être pouvait se propager dans le reste de la ville. Pour se méfier de l'habitant des îlots insalubres, un médecin reconnu suggère ainsi de prêter attention à ses allers et venues :

« *Toutes les autres* (maladies) *ont une évolution limitée. Pendant une semaine, deux semaines, deux mois, il est possible de surveiller le malade, de régler ses rapports avec le monde extérieur, de désinfecter chaque objet qu'il aura touché, puis après terminaison de la maladie, par décès ou guérison, désinfecter soigneusement le logement et le mobilier. Pour la tuberculose rien de semblable. Le tuberculeux sauf dans la dernière période de son mal n'est pas alité. Il va et vient, vaque à ses occupations pendant des mois, des années même. Et pendant ce temps, partout où il passe et séjourne, il crache, répandant autour de lui par millions les bacilles meurtriers* » (Renon, 1905).

Au nom du *solidarisme* prôné par Léon Bourgeois (1902) (un contrat social tacite lie chacun des concitoyens), recomposer le quartier est une nécessité tant pour les habitants que pour les voisins. Bref, toute la question est de savoir si ce modèle qui est résumé par le paradigme du vicomte d'Haussonville, selon lequel « c'est le milieu qui fait le vice » (1879), perdure dans la politique de la ville.

Dans cette fuite de la mauvaise ville, et la recherche de la bonne ville, trois opérations cognitives sont donc à l'œuvre :

1° Elle intègre le logement comme un point de passage obligé et l'émergence de l'homme comme nouvelle échelle de l'observation (Foucault, 1975), ce qui explique, par exemple, l'intérêt pour les enquêtes et les données définissant le type de famille et son habiter, voire par exemple l'attention portée au surpeuplement des logements. 2° Elle construit la spatialisation et de la territorialisation avec, d'une part, une géographie des secteurs prioritaires correspondant à des entités collectives (arrondissements, quartiers, îlots...), et d'autre part la mise en exergue de territoires que l'on fait exister comme des secteurs dotés d'une vie sociale interne et pouvant agir au travers de manifestations externes comme des révoltes ou des processus contagieux. Ainsi, la concentration, mesurée de façon rudimentaire, s'avère un problème public et appelle, sinon un besoin de démolition, un besoin d'isolement, voire de quarantaine. 3° Elle érige en méthode la nécessité d'établir avant toute action urbaine une étude préalable, un *diagnostic* conforme aux vœux de la méthode Patrick Geddes (1915) que Gaston Bardet (1930) qualifie de « corporel », puisque, pour ce dernier, l'urbaniste, médecin des villes, doit traiter la ville comme un corps. Tout l'appareil descriptif est donc fondé sur la relation d'homologie entre les hommes et leur territoire.

Au regard de cette perspective historique sur l'intervention urbaine, nous pouvons maintenant voir si ce modèle d'usage du diagnostic comme détermination des symptômes urbains peut s'appliquer à la politique de la ville en œuvre depuis plus de 30 ans.

Les lectures de ville de la politique de la ville

Années 1980 : les quartiers à mauvaise réputation

La définition des sites inscrits dans la démarche de Développement social des quartiers renvoie à l'initiative des municipalités sur la base d'une série de textes incitatifs. Ceux-ci accordent une place centrale à la réhabilitation physique du bâti, l'espace social étant un moyen d'accompagnement. Délimités de façon plus ou moins artisanale, ces quartiers sont étudiés plus tard par Champion et Marpsat (1996) qui énoncent que « la diversité des quartiers » est un défi pour la politique de la ville. En résumé, les 148 quartiers en question sont en majorité des cités d'habitat social mais aussi des cités ouvrières. Le cadre bâti, seulement vieillissant, dessine une géographie populaire assez diversifiée sur le plan de l'emploi, où l'on peut distinguer quatre grands types : les anciennes zones d'urbanisation prioritaires (ZUP) d'Île-de-France regroupant des familles nombreuses d'employés et d'ouvriers, des proportions importantes de jeunes et d'étrangers, mais un taux d'emploi satisfaisant ; des secteurs de la France de l'ouest relevant de quartiers regroupant plutôt des employés ; des quartiers ouvriers de la grande industrie avec une population française marginalisée ; les quartiers insalubres et vétustes du Midi où se côtoient travailleurs intermittents et étrangers.

Face à cette diversité, on est soit renvoyé à l'histoire locale, celle de la *réputation* (Dulong, Paperman, 1989), c'est-à-dire de quartiers urbanisés mal acceptés dans la période de Reconstruction, soit conduit à rechercher des critères qui fondent une représentation partagée des quartiers, acceptable pour les municipalités, l'État et le milieu professionnel qui se constitue autour de la politique de la ville.

C'est dans ce cadre que la notion de *quartier sensible* émerge et prend tout son sens. Elle renvoie non seulement à une négation des ressources territoriales présentes dans ces quartiers et donc à un manque, un vide (Dubet, Lapeyronnie, 1992), mais aussi à une différence radicale qui prend corps dans le concept d'exclusion, de distance. C'est le caractère radicalement autre d'un territoire fragile où s'exercent parfois des émeutes et plus souvent des incivilités qui fournit l'impression d'un climat incertain voire menaçant. Comme à l'époque des îlots insalubres, la représentation des territoires s'appuie sur leurs différences.

Les années 1990 : une approche statistique et normative

La notion d'exclusion liée à l'émergence du thème de la nouvelle pauvreté prend corps autant dans les écrits sur la *relégation* (Delarue, 1991) que dans les articles scientifiques qui se fondent sur le calcul de dissymétrie et donc de *distance sociale* entre les quartiers et leur agglomération. Ce travail réalisé par Tabard et Chenu (1993) pose la première pierre de la rationalisation statistique de la politique de la ville amenant la délégation interministérielle à la ville et l'INSEE à collaborer plus étroitement. C'est dans ce cadre, qui renvoie au travers d'une analyse de la division sociale de l'espace à l'idéal de la bonne ville lissée (Lévy, Simon, 2006), que des indicateurs précis apparaissent : les jeunes de moins de 25 ans, les chômeurs, les étrangers, les familles monoparentales. Le calcul le plus courant est celui d'*écart à la moyenne* supposé attester d'une distance sociale au reste de l'agglomération, et dans certains textes, celui de la *concentration* de problèmes (mesurée numériquement sans recours à la conformation du territoire). Le raisonnement fondé sur l'écart à la moyenne permet de justifier une action consistant à faire plus là où il y a moins, c'est-à-dire à réaliser un détour inégalitaire pour rétablir le droit commun. Ce rapprochement de la statistique avec la moyenne considérée comme une norme juridique permet l'émergence de l'indice synthétique d'exclusion à la base du classement des quartiers en ZUS, ZRU, ZFU qui fonde un usage raisonné du zonage dont les effets pervers et stigmatisants sont dénoncés par le rapport Sueur en 1998 (Sueur, 1998).

L'indice synthétique d'exclusion (ISE) a pour numérateur le produit de trois indicateurs – le taux de jeunes de moins de 25 ans, le taux de chômeurs de longue durée et le taux de personnes sorties du système scolaire sans diplôme – avec la population totale du quartier et, pour dénominateur, le potentiel fiscal de la commune.

Réduire l'écart entre les quartiers et l'agglomération, c'est, pense-t-on, réduire la pauvreté. Une géographie prioritaire des actions de l'État apparaît, qui par un détour inégalitaire concédé comme un péché nécessaire (sic) veut faire bénéficier ces sites d'un droit exorbitant du droit commun (comme par exemple une exemption de taxe professionnelle). Considérés comme spécifiques, ces espaces constituent des territoires d'action légitimes : différents ministères et services publics spatialisent leur action à des niveaux fins dans le domaine de l'Éducation nationale, de l'emploi, de la santé, de la sécurité… Ces territoires des acteurs de la politique de la ville s'appuient sur l'existence d'une territorialité de ces quartiers dont on parle et à qui l'on prête une certaine intelligence (Mozère, Peraldi, Rey, 1999). En définitive, cette période marquée par une rationalisation administrative de la politique de la ville se caractérise par un enchaînement de la description de ces quartiers comme des territoires de ressources avec une mesure reposant sur un principe d'égalité territoriale, principe développé d'ailleurs depuis 1950 par l'Aménagement du territoire en lutte contre le syndrome de « Paris et le désert français » (Gravier, 1947).

Les années 2000 : le temps de l'évaluation

La rénovation urbaine a-t-elle changé les manières de décrire les quartiers dans la politique de la ville ? Sans doute, l'annexe à la loi du 1er août 2003 relative aux « objectifs et indicateurs de la politique de la ville » répond à la critique selon laquelle les indicateurs du pacte de relance pour la ville de 1996, qui a défini la géographie prioritaire des ZUS, ZRU et autres ZFU, ne s'attachaient qu'aux critères décrivant la population plutôt qu'à l'action publique menée dans les quartiers. Ainsi, l'important programme national de rénovation urbaine de 2003 a pour pendant la création d'un Observatoire national des zones urbaines sensibles sur les thèmes de l'emploi, de l'activité économique, du logement, de la santé, de la sécurité et de la tranquillité publique, de l'école. Ce PNRU s'attache à refaire de la ville, voire à réparer les errements du passé. Mais sa représentation de l'espace urbain est relativement limitée par ses moyens d'investigation (par exemple la mobilisation de l'Enquête nationale logement pour connaître la vétusté du parc). Sur le plan social, ces statistiques ne sont pas de l'art pour l'art... Elles se donnent pour objectif de mesurer l'efficacité de la mise en œuvre de la réduction des disparités territoriales par la politique de la ville. Cette réduction de l'écart se manifeste par une volonté d'égalité : améliorer l'accès aux ressources et services (par exemple à l'emploi, aux bonnes études, etc.) afin d'améliorer l'attractivité des territoires. Dès lors, les rapports ONZUS mesurent non seulement les écarts à la moyenne nationale, mais aussi les probabilités d'accès d'un habitant de ZUS à telle ou telle ressource en comparaison à un habitant non ZUS. Ainsi peut-on lire : « Le faible niveau de qualification des habitants des ZUS constitue un handicap pour l'accès à l'emploi ». Cette lecture du territoire comme « handicap » renvoie directement à « l'effet de voisinage » tel que l'expose Eric Maurin (2004) à la fin de son ouvrage : « *dans les familles dont le père n'a pas de diplôme, le risque d'être en retard scolaire à 15 ans est de 50,8 % lorsque la proportion de voisins de 15 ans en retard est relativement faible ...et de 60,1 % lorsque la proportion de voisins est plus forte.* » Ainsi, pour les acteurs publics, la réparation de la fracture doit certes introduire plus d'égalité, mais surtout accroître l'attractivité du territoire en corrigeant les effets négatifs d'un voisinage gênant. Par exemple, la loi prête à la DEPP[1] de l'Éducation nationale (chargée de la prévision et de la performance scolaires !) le rôle de réparer le handicap territorial dans la mesure où elle considère que « *la qualité de l'offre scolaire et éducative est un vecteur essentiel de requalification des territoires urbains en raison de son incidence directe sur les stratégies résidentielles des ménages et de son impact sur la ségrégation territoriale* » (Comité interministériel des villes, 2010). On retrouve la même recherche de l'attractivité dans les indicateurs relatifs à la sécurité et à la tranquillité publiques. Ainsi, en mobilisant l'enquête INSEE « vie de quartier » (avril 2002), la loi établit que « *les actes de délinquance et les atteintes à la tranquillité publique accentuent le sentiment d'abandon de la population des ZUS, souvent fragilisée et exposée à une insécurité économique et sociale. Le déficit de gestion urbaine de proximité, une présence souvent insuffisante des services et équipements publics, la forte visibilité des conflits d'usage des espaces ouverts au public et les tensions de la vie quotidienne entre générations, services publics et usagers confortent le sentiment de relégation et nourrissent le sentiment d'insécurité. Ces problèmes d'insécurité* [on passe très rapidement du « sentiment » au « problème »] *réduisent l'attractivité de ces territoires et*

1 Direction de l'évaluation, de la prospective et de la performance.

peuvent mettre en péril les programmes de rénovation urbaine qui y sont engagés. L'objectif est de réduire le niveau de délinquance et d'améliorer la tranquillité et la sécurité publiques afin de rétablir le sentiment de sécurité et la qualité de vie dans les quartiers en ZUS. Cela exige de prévenir et de lutter contre la délinquance sous toutes ses formes, mais également d'œuvrer à la cohésion sociale et de garantir l'accès au droit des personnes habitant les territoires urbains qui connaissent aujourd'hui les plus grandes fractures. » Nous disposons d'assez d'exemples désormais pour comprendre comment, avec la rénovation urbaine, la notion d'attractivité devient un leitmotiv de la politique de la ville alors que la réduction des inégalités territoriales représente une variable secondaire bien qu'indispensable à cet objectif.

Conclusion

Le traitement spatial de l'exclusion, la territorialisation de la question sociale dont se réclame la politique de la ville a une longue histoire repérée dès les années 1930 dans la question des îlots insalubres. À première lecture, il semble bien que toutes les caractéristiques des territoires du risque envisagé alors sont encore présentes dans la politique de la ville. Des lieux de déstructuration sociale qui s'illustrent par une concentration, une extraterritorialité, une zone de non-droit, considérée comme un handicap pour la ville et l'ensemble des citadins. Une représentation pauvre de l'espace physique de la ville ne différencie guère la politique de la ville de ses lointains ancêtres hygiénistes. La crainte de la contagion venant de ces quartiers est persistante, que l'on craigne d'attraper la tuberculose ou d'être victime de l'échec scolaire ! Les effets de milieu ne sont pas une invention récente. La technologie statistique de la mesure de la concentration et des écarts à la moyenne territoriale n'a guère fait de progrès sensibles. Il n'en reste pas moins que le souci affiché de l'attractivité de ces territoires est troublant lorsqu'il recouvre l'objectif égalitaire, certes critiquable, mais relevant d'une logique plus sociale et humaine qu'industrielle. Il l'est d'autant plus que la figure inversée de l'attractivité (c'est-à-dire une série de flux convergeant vers un pôle positif) n'est rien d'autre que celle de la contagion (c'est-à-dire une série de flux sortant d'un pôle négatif). L'image des émeutes de 2005 se « diffusant » sur la carte de France illustre ce souci (*Le Monde* du 7 novembre 2005), comme jadis les points rouges illustrant les décès tuberculeux. On rêve de voir les classes moyennes et les entreprises converger vers ces quartiers pour les normaliser… Y parviendra-t-on ? A quel prix ? D'autres manières de décrire et d'agir sur les quartiers populaires sont-elles possibles ?

Bibliographie

BARDET G., 1930, *L'urbanisme*, Paris, Presses universitaires de France.

BOURGEOIS L., 1902, *Solidarité*, Paris, Armand Colin.

CHAMPION J.-B., MARPSAT M., 1996, « La diversité des quartiers prioritaires : un défi pour la politique de la ville », *Économie et statistiques*, n° 294-5, pp. 47-67.

CHENU A., TABARD N., 1993, « Les transformations socio-professionnelles du territoire français 1982-1993 », *Population*, n° 6, Ined.

D'HAUSSONVILLE, 1879, *L'enfance à Paris*, Paris, Calmann-Lévy.

DELARUE J.-M., 1991, *Banlieues en difficulté : la relégation,* Paris, Syros.

DUBET F., LAPEYRONNIE D., 1992, *Les quartiers d'exil*, Paris, Le Seuil.

DULONG R., PAPERMAN O., 1989, *La réputation des HLM*, Paris, l'Harmattan.

ESTÉBE Ph., 2004, *L'usage des quartiers. Action publique et géographie dans la politique de la ville (1982-1999)*, Paris, L'Harmattan.

FIJALKOW Y., 1998, *La construction des îlots insalubres, Paris, 1850-1945*, Paris, L'Harmattan.

FOUCAULT M., 1975, *Surveiller et punir*, Paris, Le Seuil.

GEDDES P., 1915, *Cities In Evolution: An Introduction To The Town Planning Movement And To The Study Of Civics*, London: Benn (1968 edition).

GRAVIER J.-F., 1947, *Paris et le désert français,* Paris, Le Portulan.

JUILLERAT P., 1906, *Rapports sur la répartition de la tuberculose pulmonaire dans les maisons de Paris*, Imprimerie Chaix.

LÉVY J.-P., SIMON P., 2006, « Mixité à la française Une vision politique de la ville lissée », *Mouvements*, 47-48, septembre - décembre.

MAURIN E., 2004, *Le Ghetto français, enquête sur le séparatisme social,* Paris, Le Seuil.

MOZÈRE L., PÉRALDI M., REY H., 1999, *Intelligence des banlieues*, Paris, éd. de l'Aube.

RENON L., 1905, *Les maladies populaires, vénériennes, alcoolisme, tuberculose*, Paris, Masson.

RONCAYOLO M., 2002, *Lectures de villes, formes et temps*, Marseille, Editions Parenthèses.

SUEUR J.-P., 1998, *Demain la ville*, Paris, La Documentation française.

TISSOT S., 2007, *L'État et les quartiers. Genèse d'une catégorie de l'action publique*, Paris, Le Seuil.

LES DÉTOURNEMENTS DE LA LOI SRU ET LES RÉSULTATS DE LA LOI SUR LE DROIT AU LOGEMENT OPPOSABLE

Daniel Breuiller

Ce témoignage a été recueilli le 30 avril 2009, à l'occasion du séminaire « Politiques de la ville : idéologies et réalité » qui s'est tenu à l'École nationale supérieure d'architecture de Paris – Val – de – Seine. La journée de séminaire s'intitulait « La mixité sociale : question en suspens » ; y participaient également Christine Lelévrier et Lydie Launay (articles dans cet ouvrage).

Si je devais faire une critique des politiques menées sur la ville, la première serait de dire que derrière les mêmes mots s'installent des politiques totalement différentes, parfois même antagonistes : au nom de la mixité sociale, des politiques visent à chasser les pauvres de certains territoires et d'autres visent à conserver le caractère populaire de certains quartiers et à améliorer la capacité de bien vivre ensemble.

Pour le logement social, la loi SRU impose 20 % de logements sociaux dans les communes les plus peuplées. Dans le Val-de-Marne, nombreuses sont encore les villes « hors-la-loi », celles qui n'ont pas les 20 % de logements sociaux, même si on remarque qu'elles ont fait des efforts ces dernières années. Mais, quand on observe leurs nouvelles constructions, ce sont des maisons de retraite (des EHPAD)[1] assimilées à du logement social, des logements étudiants, parce qu'il est moins « nuisible » d'accueillir des étudiants que d'accueillir des pauvres (même si les étudiants sont en général assez pauvres, on se dit que c'est transitoire), ou encore des PLS[2], qui sont des logements sociaux haut – de – gamme. Une ville a été citée au tableau d'honneur : sur 100 logements construits, il y avait 98 PLS et 2 PLAI[3]. Ainsi, on continue à avoir un discours sur la mixité sociale et un idéal d'harmonisation et de lutte contre les inégalités territoriales, mais on est en train d'approfondir ces inégalités territoriales sans aboutir à des harmonisations.

---

1 Établissements d'hébergement pour personnes âgées dépendantes.

2 Prêt locatif social.

3 Prêt locatif aidé d'intégration.

Dans ce contexte, la loi DALO[4], qui, selon moi, est une catastrophe ambulante, commence seulement à faire ses effets. Il y a un paradoxe pour un homme très engagé à gauche comme moi. La mise en place d'un nouveau droit, opposable, ça ne peut évidemment être qu'une situation de progrès. Mais quand ce droit ne s'accompagne d'aucun moyen pour sa mise en œuvre, c'est un outil d'aggravation des inégalités territoriales. En effet, on reloge, au titre du « droit au logement opposable », des familles en grandes difficultés sociales là où le préfet dispose d'un contingent, c'est-à-dire dans les villes qui ont un fort pourcentage de logements sociaux, et jamais dans les villes qui ont un très faible pourcentage. Ma commune (Arcueil) compte 47 % de logements sociaux dont un tiers est en attribution préfectorale. La totalité de ces logements seront attribués à des demandeurs DALO et sociaux. La ville de Saint-Maur, par exemple, qui a 5 % de logements sur son territoire reloge actuellement 10 fois moins de DALO que la ville d'Arcueil qui a pourtant une population dont le niveau de revenu moyen par habitant doit être à peu près deux fois ou deux fois et demi inférieur au revenu moyen par habitant de Saint-Maur[5].

Loger les pauvres et les couches moyennes

Pour ma part, je pense que ces dispositifs permettent des mensonges publics ou, au minimum, des aveuglements : on raconte de belles histoires aux gens, mais lorsqu'on analyse les résultats dix ans après, on constate que les inégalités territoriales se sont aggravées comme jamais dans la région métropolitaine. Il conviendrait d'affirmer le besoin de trouver, en première couronne parisienne ou dans la métropole, des endroits où les pauvres peuvent être logés, parce que la question réside ici : le marché règle le problème des plus riches, le marché ne règle pas le problème des plus pauvres et des couches moyennes. Aujourd'hui, dans une ville comme Arcueil, nous avons 47 % de logements sociaux, et nous pouvons donc largement participer à l'accueil des populations défavorisées. Nous accueillons aussi volontiers, et nous le revendiquons au nom de la mixité sociale, des « bobos », c'est-à-dire des Parisiens qui quittent Paris où le prix du foncier est trop cher. À Arcueil, la vie est plus agréable et il est possible de trouver un F4 pour le prix d'un F2 à Paris. La vie associative est également riche. Cette situation est comparable au quartier de la Goutte d'Or à Paris.

La commune accueille donc des « bobos » et des couches populaires, mais, entre les deux, les catégories moyennes sont menacées de ne plus

---

4 Droit au logement opposable, loi du 5 mars 2007.

5 Les données présentes dans cet article datent de 2010.

trouver à se loger dans la première couronne parisienne, parce que l'offre privée est inaccessible et que les lois sur le logement comme la loi Boutin[6] visent à transformer le logement social, logement potentiel de 70 % de Franciliens, en logement pour pauvres.

Or, lorsque le logement social a été créé (Arcueil possède de grandes cités qui ont 50 ans[7]), il était destiné aux gens modestes qui avaient tous une activité salariée : il a en effet été créé à une époque de plein emploi. Les cités d'habitat social, comme celle du Chaperon vert (1 600 logements et 100 % de logement social), avaient une vie très heureuse. Cela a changé le jour où le chômage est devenu massif et où, d'une population modeste vivant ensemble, on est passé à une population modeste concentrant des difficultés sociales. Les catégories moyennes, ayant alors le sentiment d'être tirées vers le bas, ont eu tendance à quitter ces quartiers.

Dans cette grande cité du Chaperon vert, il y a un projet de rénovation urbaine. 100 % des locataires concernés par des démolitions sont relogés sur la ville et même, s'ils le souhaitent, dans leur quartier d'origine. C'est un engagement politique : nous construisons 1,3 logement pour un démoli. Il s'agit ainsi de ne pas diminuer le nombre de logements sociaux, mais plutôt de l'augmenter. En revanche, il est vrai que nous allons construire dans ce quartier et dans le quartier en voie d'achèvement, la Vache noire, des logements en accession, des logements intermédiaires (PLS), afin d'accueillir d'autres populations. Quand dans le quartier du Chaperon vert, cet objectif de mixité sociale est évoqué, très souvent, des gens modestes, blancs, de 60-70 ans, vivant là depuis le début, me disent : « Mais quand même, monsieur le maire, dans notre quartier, de la mixité il y en a un peu trop », ce à quoi je réponds toujours par une plaisanterie en disant : « Vous voulez dire qu'il y a un peu trop d'hommes ou un peu trop de femmes ? » Bien entendu, il est sous - entendu qu' « il y a un peu trop d'immigrés », et ceci n'est pourtant jamais énoncé comme tel. Donc, le problème de la pauvreté, qui est en effet beaucoup plus prégnant pour les étrangers et les ménages d'origine étrangère, est également lié à une image dégradante : quand on habite dans ces quartiers, on peut avoir l'impression d'être aspiré dans une spirale de chute sociale, qui conduit les catégories qui en ont la possibilité (elles sont de plus en plus rares) à quitter ces quartiers.

Par contre, les « classes moyennes supérieures » qui viennent de Paris, que moi j'appelle les « Parcueillais » ou les « bobos », ne sont pas dans cette logique. Ils viennent plutôt volontiers à la rencontre d'espaces plus populaires. On le remarque très clairement au collège par exemple[8] : il y a

6 Loi de mobilisation pour le logement et la lutte contre l'exclusion, du 25 mars 2009.
7 On a récemment fêté les 50 ans du Chaperon vert qui est un quartier en rénovation urbaine.
8 Il y a un seul collège à Arcueil, pour une population de 20 000 habitants.

très peu d'évitement scolaire chez les « classes moyennes supérieures », et pas du tout dans les catégories populaires ou presque pas. Néanmoins, on constate que les catégories populaires en ascension sociale ont tendance à éviter le collège, en allant dans le privé – qui chez nous est « un privé du pauvre ». Les catégories moyennes essayent d'ailleurs également d'inscrire leurs enfants ailleurs.

Les gens qui ont la certitude qu'aucune école n'a jamais empêché un môme de réussir, s'insèrent assez volontiers dans un tissu plus populaire. Ceux qui sont inquiets sur leur devenir ont tendance à s'installer dans des espaces plus homogènes, ou bien là où ils ont l'impression d'être dans une logique d'ascension sociale et surtout pas de chute sociale.

Le besoin de mixité sociale

Pourquoi défendre et revendiquer le concept de mixité sociale ?

Tout d'abord parce que les villes concentrant les populations pauvres ne voient s'installer aucune entreprise, sauf les plus nuisibles dont personne ne veut ailleurs. Ce phénomène induit des répercussions en termes d'action sociale. En effet, ces villes, non attractives, connaissent les taux fiscaux les plus élevés, puisque quand il n'y a pas d'entreprises, la politique sociale éducative et culturelle repose sur les ménages eux-mêmes. Une ville comme Sevran en Seine-Saint-Denis, a par exemple un budget qui est cinq fois inférieur au budget d'une commune « normale » comme Arcueil (sans parler des extrêmes comme Neuilly-sur-Seine). Pour une population à peu près une fois et demie plus pauvre que celle d'Arcueil, elle bénéficie d'un budget cinq fois inférieur au nôtre pour financer ses politiques sociales, éducatives et culturelles. Corrélativement, les entreprises ne veulent pas s'y installer parce que, lorsqu'une commune cumule la misère, elle cumule aussi les difficultés sociales et véhicule une image négative. Les entreprises ne s'installent pas dans des lieux où le nombre de voitures endommagées est important, où la vente de drogue et celle d'objets « tombés du camion » sont des activités économiques qui se développent. La seule ressource disponible est donc celle qui est ponctionnée sur les ménages. Le paradoxe est que, pour conduire des politiques publiques qui normalement viseraient à corriger les inégalités, seuls les ménages les plus pauvres sont ponctionnables, avec les moyens les plus faibles… Autant dire que vous n'avez aucune correction d'inégalités. Au contraire, les catégories moyennes ont l'impression de payer pour les pauvres et de ne pas profiter des services rendus au regard de leur contribution fiscale.

En tant qu'élu, je conçois la mixité sociale comme un idéal républicain, c'est-à-dire d'après l'idée selon laquelle, quels que soient son origine sociale, sa profession, son âge, son parcours, ses convictions etc., on doit avoir les mêmes rapports les uns avec les autres, ainsi que la même envie de vivre ensemble. Je défends d'ailleurs l'idée qu'une commune comme Arcueil soit une commune où l'idéal républicain se réalise. Si cela ne fonctionne pas, on se condamne à des évolutions ségrégatives (actuellement à l'œuvre), séparant des ghettos de riches et des ghettos de pauvres. Les ghettos de riches devront payer des services spécifiques comme des contrôles d'accès et de la surveillance dans leur quartier (ce qui ne sera d'ailleurs pas sans créer d'emplois), quant aux ghettos de pauvres, ils seront des endroits où l'on vivra par relégation.

Dans ce contexte, je suis très farouchement opposé au fait que le logement social devienne du logement pour pauvres. C'est une catastrophe pour beaucoup de villes de la première couronne parisienne qui comptent beaucoup de logements sociaux. Arcueil accueille 5 % (après baisse du plafond de 10 % prévue par la loi Boutin) de ménages concernés par le surloyer, dont les revenus dépassent de 20 % le plafond autorisé. Ces 5 % de ménages sont très importants dans la diversité sociale du quartier. 76 % des entrants dans le parc social situé sur Arcueil, tous contingents confondus, ont des ressources équivalentes au PLAI, soit aux populations les plus modestes. Les jeunes qui accèdent à un premier logement social sont quasiment toujours en situation de précarité (CDD de 6 mois, boulots à mi-temps pendant les études, etc.). De plus, les populations qui accèdent aujourd'hui au contingent préfectoral, et quasiment les deux tiers du contingent « ville » que nous gérons, sont des gens dont personne ne veut ailleurs, aux revenus également modestes.

Donc, la mixité sociale c'est d'abord affirmer l'idée qu'une société – « faire société » – c'est vivre ensemble, quels que soient nos parcours, nos histoires, et que c'est même ce qui donne un peu de piment, un peu d'intérêt à la ville.

L'école vectrice d'ouverture et de rencontre

La question de la mixité passe aussi par l'école. Pour que la mixité soit vraiment bénéfique, les populations doivent se côtoyer, et l'école est un des meilleurs vecteurs pour cela. Je crois beaucoup aux politiques volontaristes qui cherchent à influer sur la nature même des offres culturelles, pour que les « jeunes des cités » ne soient pas condamnés à n'écouter que du rap ou du slam, et que les « jeunes bourgeois » puissent aussi imaginer que le rap ou le slam pourraient faire partie de leur horizon culturel. Le problème est crucial quand le non-choix est la règle, quand une personne est assignée à une pratique culturelle selon sa catégorie sociale : danse classique quand on est issu d'une famille bourgeoise, hip-hop quand on est issu d'une cité. À cet égard, je crois que l'école est un espace fondamental pour qu'une réelle capacité à vivre ensemble se développe. Encore faut-il que les gens trouvent à habiter sur le même territoire.

Les limites de la mixité par le logement

Mener une politique du logement suffit-il pour autant à ce que cette mixité sociale se passe bien ? En tant que maire, je suis un praticien, et je constate que les gens vivent davantage côte à côte qu'ensemble. À Arcueil, qui est une petite ville de 20 000 habitants et de 233 hectares, et où l'éventail social est assez large (même si les catégories les plus pauvres sont surreprésentées par rapport aux moyennes régionales), c'est le cas. En 2008, j'ai assisté consécutivement à plusieurs rencontres associatives : l'une au centre culturel Erik Satie. Je m'y suis retrouvé devant une assemblée de gens de cinquante à soixante-dix ans, blancs, bien installés, plutôt bourgeois, souvent anciens dans la ville, très attachés à la vie culturelle. Une autre rencontre avait lieu dans une association de loisirs de quartier, où était présente quasiment la moitié des femmes de ménage travaillant pour la commune ou des personnels de service ; puis à un gala de boxe thaïlandaise auquel étaient plutôt présents les blacks et les beurs. Il est vrai que la vie associative doit servir de lien fédérateur. Dans le domaine sportif, généralement, la jeunesse de différentes catégories sociales vit ensemble, se côtoie et transpire ensemble. Dans d'autres champs culturels, comme le théâtre par exemple, certaines associations ont une politique d'ateliers théâtraux ou de danse, qui accueillent toutes les populations qui travaillent et se cultivent ensemble. Néanmoins, dans la majorité des cas, on est plutôt côte à côte qu'ensemble.

Les difficultés vécues de la mixité résidentielle

La mixité sociale est un concept qui fait presque l'unanimité. Mais dans les faits, les choses apparaissent donc plus compliquées.

Nous avons à Arcueil un fort tissu pavillonnaire où des populations plutôt âgées sont aujourd'hui remplacées par des « bobos ». Dans le cadre d'une opération de rénovation urbaine, cinquante logements sociaux ont été construits au cœur d'un quartier pavillonnaire. Des programmes de logements en accession sont prévus au cœur des programmes sociaux. Nous essayons, à l'échelle de la rue et du quartier, d'avoir une diversité d'habitats non stigmatisants. Pour cela, il faut beaucoup insister sur la qualité du bâti, sur la qualité des services offerts dans le quartier, etc. Pourtant, une association s'est créée pour s'opposer à la création de ces cinquante logements. Le but revendiqué était de s'opposer à l'arrivée massive de nouveaux véhicules. Lors d'une réunion de débat organisée avec cette association, une dame a dit : « Mais vous comprenez, moi j'habitais au Chaperon vert, j'ai quitté ce quartier et je ne veux pas qu'il me rattrape ». Cela illustre bien le fait que, s'il y a une adhésion générale au principe de l'idéal républicain et au principe de mixité sociale, il y a ensuite à l'échelle individuelle une tendance à dire « surtout pas dans mon quartier ».

Il y a douze ans, une résidence sociale existait dans ce même quartier, et un monsieur m'avait dit : « Monsieur le maire, il vaut mieux ne pas mettre les pauvres ici. Dans notre quartier il n'y a pas de pauvres, mettez-les plutôt dans des cités, ils seront mieux. » Je crois qu'il était sincère et que cela voulait aussi dire : « Nous serons mieux aussi. »

Cette question de mixité est donc difficile, on le voit encore avec l'évitement scolaire : quand on a des enfants, on a envie du meilleur pour eux. Si on a peur de la chute sociale, je comprends l'évitement scolaire. Cependant, il faut affronter ce problème en expliquant aux habitants que dans une commune comme Arcueil, si tous les enfants de la commune vont dans leur école de quartier et dans leur collège unique, c'est pour le meilleur. Il existe, de fait, une grande diversité, bénéfique à tous. Si en revanche, la moitié des premiers de classe demandent à éviter leur secteur scolaire, les niveaux de classe sont affaiblis et tirés vers le bas. Pour des raisons multiples – je ne suis pas chercheur, mais je le constate dans tous les cas – les ambitions éducatives sont souvent revues à la baisse quand les classes sont homogènes et difficiles, et la tâche d'enseigner y est bien souvent plus compliquée.

Certes, l'objectif théorique de mixité est approuvé mais difficile à mettre en œuvre. C'est pourquoi il faut utiliser des manières très fortes et volontaristes pour rappeler le droit et notamment celui des ménages modestes à habiter.

Lorsque je me trouve devant une assemblée de ménages du pavillonnaire, qui ne veulent pas de logements sociaux à côté de chez eux, je leur explique d'abord que cela sera peut-être eux qui demain divorceront et qui auront à rembourser l'endettement de leur pavillon. Je suis contraint d'être violent dans mes propos car, malheureusement, personne n'est à l'abri de la difficulté sociale (peut-être certains qui ont des parachutes dorés, mais ils n'habitent pas Arcueil). Beaucoup de gens se sont saignés pour acheter un pavillon. Mais tout le monde peut vivre une séparation, un décès ou autre, et être amené à faire une demande de logement social. Dans ces cas-là, les personnes concernées ne comprennent souvent d'ailleurs pas que l'on ne puisse pas leur en accorder un immédiatement.

Ces personnes, appartenant plutôt à la bourgeoisie d'Arcueil, ne tiennent pas non plus compte du fait que leurs enfants, quand ils prendront leur autonomie, ne disposeront pas des mêmes revenus qu'eux et seront sans doute également à ce moment-là dans la catégorie des « pauvres ». Pour trouver un logement, ces jeunes devront eux aussi pouvoir profiter d'une offre de logements à loyer modéré dans le parc social, mais pas seulement, également dans le parc privé conventionné, ou du moins abordable.

Je pense donc qu'il est impératif de faire la démonstration que cet idéal est nécessaire, que si les moyens de ce vivre ensemble ne sont pas mis en place, des phénomènes de ghettoïsation émergeront à l'intérieur des villes, d'un quartier à un autre, et généreront des tensions encore plus fortes. Les jeunes délinquants ne sont pas idiots, ils iront voler là où il y a des choses à voler.

La politique scolaire et la politique de la ville contre la mixité

Si on aspire à un vivre ensemble correct, il faut le promouvoir et donner à chacun les possibilités d'une dignité égale, d'une qualité de logement à peu près égale, de services publics accessibles à tous. Cela signifie que les politiques publiques doivent mettre plus de moyens dans les endroits où il y a davantage de difficultés : plus de services publics, plus de financements sur l'éducation...

On avait annoncé la disparition de la carte scolaire, en justifiant que l'évitement scolaire était déjà la règle, et qu'on laisserait aux établissements des moyens égaux, et que, de ce fait, ils auraient à l'avenir moins d'élèves pour les mêmes moyens, ce qui leur permettrait d'avoir des politiques renforcées envers les jeunes en difficulté. Or, cette affirmation ne résiste pas aux coupes budgétaires du ministère de l'Éducation nationale. Dans les villes qui ont de forts taux de départ des collèges, le maintien des moyens concerne le rapport heures/élèves. Pour cent élèves vous avez par exemple cent heures, si vous perdez cinquante élèves, vous perdez la moitié de ces heures. Dans la réalité, on redonne des moyens aux bons établissements qui ont accueilli de nouveaux élèves. Il y a donc derrière ce concept beaucoup de mensonges publics.

Concernant l'ANRU, beaucoup de débats ont eu lieu à gauche sur le fait de savoir si on y prenait part ou pas. Pour ma part, je m'y suis précipité. J'ai pensé que ce qui était dramatique avec l'ANRU, c'était qu'on asséchait tous les crédits du logement social, mais qu'en revanche, pour la première fois, on pouvait obtenir une concentration importante de moyens pour traiter des problèmes de logement (confort, isolation phonique, enclavement des quartiers, etc.). Par exemple, dans un quartier d'Arcueil, d'un côté il y a le périphérique, de l'autre côté l'autoroute, un passage de RER et enfin un aqueduc enterré inaccessible : autrement dit, ce quartier n'a qu'une sortie d'un côté. Ces problèmes d'enclavement se posent de façon cruciale. Ce quartier allait très bien quand tout le monde avait un emploi, des revenus, une vie sociale assez riche. Mais quand il y a moins de dessertes de transports collectifs, moins de services publics et des difficultés de déplacement, évidemment, il vit beaucoup plus mal. Or, l'ANRU a permis que des élus obtiennent des moyens financiers que nous n'avions jamais obtenus.

En revanche, j'ai dit beaucoup de mal sur les niveaux de financement parce qu'à Meaux, par exemple, ils ont obtenu deux fois plus d'argent pour chasser les pauvres que moi à Arcueil pour leur permettre de continuer à vivre dans leur commune. L'objectif de mixité sociale de l'ANRU est donc à revoir.

LA MIXITÉ SOCIALE : SENS ET USAGES DANS LA POLITIQUE DE LA VILLE

Christine Lelévrier

S'il y a une permanence dans l'histoire de la politique de la ville française – celle qui a concerné des « quartiers dégradés, sensibles » – c'est bien l'énoncé d'un objectif de plus en plus central de mixité sociale depuis la fin des années 1980. Pourtant, cette référence croissante à la mixité dans le champ des politiques urbaines, du logement et scolaires semble paradoxale pour au moins deux raisons. Premièrement, à l'inverse des objectifs visés, les écarts entre la composition sociale des quartiers concernés et celle de leur environnement urbain n'ont cessé de s'accroître, la situation ne s'étant pas améliorée depuis 2003 (Goulard, Pupponi, 2010). Deuxièmement, cette affirmation est en dissonance avec une critique sociale tout aussi incessante de la notion de mixité par une grande partie des chercheurs (Kirszbaum, 2008 ; Lelévrier, 2006).

Pourquoi une telle montée en puissance de cette référence à la mixité dans les politiques urbaines et du logement ? Par ailleurs, si les stratégies menées en référence à cette mixité n'ont pas d'effet sur les différenciations sociales des espaces urbains résidentiels, que produisent-elles et à quoi servent-elles ?

La mixité : une notion polysémique, trois représentations de la ville

La permanence de la mixité trouve une première explication dans l'ancienneté des représentations de la nécessaire diversité de la ville et dans les différents registres de valeurs et d'actions que ce terme polysémique peut fédérer.

La mixité est bien un mot de l'action publique et non une catégorie scientifique comme a pu l'être et l'est encore la ségrégation. De quoi parle-t-on ? La mixité est un mélange, c'est du moins la définition du verbe latin *miscere*, mélanger, d'où le mot tire son origine[1]. Ce mélange est celui « de plusieurs éléments », l'adjectif « mixte » introduisant l'idée de « composition ». Au regard de ses usages depuis une quinzaine d'années, on

1 L'origine du mot mixité remonte à 1842 (mixité, du mot mixte). Le dictionnaire se contente de la définir comme « ce qui est mixte » et d'évoquer « la mixité des établissements scolaires » (en 1987, *Le Petit Robert*).

pourrait la définir comme une action publique volontariste, visant le peuplement équilibré de quartiers résidentiels, à la fois nouveaux et existants, par la coprésence de groupes sociaux divers dans la ville. Elle a donc avant tout une dimension spatiale et résidentielle et désigne une action visant un état idéal, plus qu'une situation dont les critères, les seuils et les échelles ne sont jamais précisément définis.

L'usage de ce mot dans les politiques urbaines reste assez récent. Il n'apparaît pas avant le milieu des années 1990[2], même si l'on peut repérer des dispositions « non codifiées » qui n'utilisent pas le terme mais ont trait à la diversité sociale et à l'équilibre des quartiers dans des textes sur l'habitat datant de 1986[3] (Deschamps, 2008). Son émergence va de pair avec celle du problème public de la concentration sociale dans certains quartiers de la ville, principalement de grands ensembles de logements sociaux. Un bref retour historique montre que l'idée de la diversité sociale dans la ville est pourtant bien antérieure à l'émergence du mot dans l'action urbaine. On peut repérer trois acceptions de l'idée de mélange de catégories sociales et de fonctions dans la ville.

La première acception est celle de la diversité comme principe d'unité urbaine, dans une approche holiste et fonctionnaliste de la ville comme un tout. Dans les années 1920 et jusqu'aux années 1980, l'idée de la diversité sociale est intrinsèque aux politiques d'aménagement et de logement. « *Dans tout être social, l'équilibre, le développement complet ne se peuvent trouver que grâce à la variété. L'unité d'une région provient de son équilibre et non de son uniformité... Dans la région comme dans la ville, le groupe social s'unifie en se diversifiant.* » (Bardet, 1941, pp. 329-331). Présente dans la conception des cités-jardins et des premiers logements sociaux, elle le sera également au moment de la construction des grands ensembles et des villes nouvelles à travers l'idée de « brassage social ».

La seconde acception est plus récente et plus fondatrice de l'usage du terme de mixité en réponse à la ségrégation et à l'exclusion. Dans une approche cette fois plus pathologique et duale de la ville, la mixité est posée comme condition de la cohésion sociale. C'est à partir du milieu des années 1970 que la diversité va revêtir un autre sens, d'abord en réponse à la ségrégation des grands ensembles, dénoncée par la circulaire Guichard de 1973. Les premières politiques de Développement social des quartiers du début des années 1980 sont les prémisses du « référentiel de la mixité » fondé sur la « concentration sociale » (Zittoun, 2001, p.173). Le terme n'est pas utilisé dans les textes, mais un des objectifs est bien « d'équilibrer la

---

2 L'usage du mot mixité dans les textes de politique du logement et de l'urbanisme ne commencerait qu'en 1996, dans le Pacte de relance pour la ville.

3 Un sur les attributions de logements, l'autre sur l'accession et la vente des logements sociaux, et surtout 1990 (loi Besson et loi d'orientation sur la ville).

composition sociale des quartiers » (Dubedout, 1983, p. 52). Dans les années 1990, l'exclusion et la mixité sociale vont devenir des termes de référence dans la politique de la ville, participant de la construction du « ghetto » comme un espace à risque.

La troisième acception émerge à partir de la fin des années 1990 et au début des années 2000. Dans une approche environnementaliste de la ville, la mixité est élargie à toutes les politiques urbaines et devient un principe de durabilité et un instrument de justice spatiale. Les politiques de développement durable et de renouvellement urbain en font un principe de réaménagement équilibré de la ville. Non seulement la mixité garantirait des villes durables, mais elle permettrait à l'État d'exercer un rôle de régulation entre les communes. Un rapport de septembre 2009 sur la politique de la ville met à nouveau en avant cette dimension d'une régulation des effets du marché et des inégalités entre communes par la mixité : « *L'État est le régulateur là où la solidarité locale ne suffit plus à répondre aux difficultés auxquelles ces collectivités sont confrontées, malgré l'effort de l'État pour réduire les inégalités socio-urbaines.* » (Hamel, André, 2009, p. 5)

Les stratégies de mixité : diversifier le peuplement des quartiers pauvres et mieux répartir le logement social

On peut identifier trois grandes normes d'action visant à créer et réintroduire de la mixité dans l'habitat et la ville, différentes selon les époques et les pays. Elles ont trois traits communs en Europe : elles se forgent surtout dans les années 1990, l'action publique se centre avant tout sur la diversification du peuplement des quartiers dits populaires ou pauvres, et enfin, le logement social en reste l'instrument majeur, que ce soit à travers son peuplement, sa répartition sur le territoire ou sa transformation par démolition, vente ou reconstruction.

La première ligne d'action répond plutôt à l'acception de la diversité comme principe d'unité de la ville et n'a pas pour objet des « quartiers », ni des lieux de concentration de pauvreté. Elle consiste à utiliser les instruments de régulation étatique et publique pour équilibrer le peuplement des villes. En dehors des documents de planification et de l'imposition de quotas de statuts de logement dans un programme, le logement social reste l'instrument majeur de cette régulation. C'est la France qui est allée le plus loin dans cette stratégie. Sa spécificité est bien d'être le seul pays à avoir décliné le principe de mixité dans toutes les politiques urbaines et à toutes les échelles, de l'agglomération au quartier (Dansereau, 2005). Les années 1990 ont représenté un tournant important de ce point de vue. À côté de politiques centrées sur des quartiers « cumulant des handicaps », l'État a promulgué une loi visant une répartition plus équilibrée du logement social à l'échelle nationale, la loi d'orientation sur la ville (LOV) de 1991. Cherchant à agir sur les processus de ségrégation, la mixité ne s'applique plus aux seuls quartiers dits sensibles et joue sur le peuplement des villes les plus concentrées en classes moyennes et supérieures. La loi incite les communes qui ont moins de 20 % de logements sociaux à en construire. Elle sera renforcée en 2000 par la loi solidarité et renouvellement urbain (SRU) qui durcira les pénalités prévues pour les communes qui y dérogeraient. Dans cette logique d'action, le critère de la mixité est celui de la concentration de logement social, avec un seuil fixé à 20 %, soit un peu au-dessus de la moyenne du logement social en France. Ces lois, visant à éviter la constitution de ghettos, sont une première forme d'ajustement des politiques urbaines à l'accroissement de la ségrégation.

Une deuxième ligne d'action tente d'introduire davantage de mixité en maîtrisant les mobilités et en sélectionnant les attributions de logements. Elle peut concerner des quartiers pauvres, mais également se mettre en place à l'échelle de l'ensemble du parc social ou/et d'une commune. Elle rassemble des dispositifs mis en place par des villes et des bailleurs sociaux pour infléchir le peuplement en jouant cette fois sur les flux de populations, en particulier entre les quartiers les plus pauvres et le reste de la ville. Ces actions consistent soit à limiter l'arrivée de populations pauvres dans les quartiers pauvres, soit à favoriser l'accès des plus pauvres à des quartiers plus mixtes de la ville. En France, une répartition des plus démunis au sein du parc social a bien été tentée à partir de la fin des années 1980, à travers des protocoles d'accord entre communes et entre bailleurs sociaux. Cette limitation de l'arrivée de pauvres dans les quartiers pauvres a été mise en place également de manière encore plus volontariste à Rotterdam aux Pays-Bas. En 2004, une loi a interdit l'accès des demandeurs de logement disposant de faibles ressources aux quartiers concentrant déjà des populations pauvres, tout en facilitant leur accès aux autres quartiers de la ville (Ouwehand, Van Der Laan Bouma-Doff, 2007). Dans cette loi, les critères sont à la fois les niveaux de revenu des ménages et les seuils de concentration de populations pauvres. L'autre manière de déconcentrer la pauvreté est d'aider les habitants des quartiers les plus pauvres à partir, c'est bien la logique du programme américain *Moving To Opportunity* (MTO) qui aide financièrement les habitants de quartiers concentrant un taux de pauvres important à se loger dans des quartiers qui doivent être plus mixtes (Briggs de Souza et *al.*, 2010).

La troisième ligne d'action vise la « moyennisation » du peuplement de quartiers dits défavorisés, pauvres, sensibles par la diversification de l'habitat et des fonctions urbaines. Elle traduit une inflexion des politiques de quartier, *area-based policies*, mises en place dans un certain nombre de pays européens depuis les années 1980 (Droste, Lelévrier, Wassenberg,

2008). Ces politiques de quartier n'avaient pas ou pas seulement la mixité sociale comme objectif. Dans une logique d'action intégrée, globale, elles ont plutôt privilégié le développement social par l'insertion et la participation des habitants dans les années 1980. En France comme aux Pays-Bas, ces politiques s'orientent néanmoins à partir de la fin des années 1990 vers des programmes plus lourds de démolition-reconstruction visant à agir sur l'offre de logements et l'attractivité des lieux. La France avait déjà amorcé ce mouvement dès le début des années 1990 en prônant le désenclavement et le renouvellement urbain dans une cinquantaine de quartiers[4]. À partir de 2003, cette option stratégique a été étendue à près de cinq cents quartiers et radicalisée. La diversification de l'habitat en est l'instrument principal, ces programmes privilégiant dans ces quartiers une offre de logements aux formes architecturales et urbaines, mais surtout aux statuts plus divers : locatif privé et accession sociale et privée. En Angleterre, dans une logique de réduction globale du parc social, c'est par la vente que cette diversification de l'habitat a été tentée. L'objectif est plus que jamais celui de la mixité : les démolitions sont censées davantage disperser les habitants des quartiers concernés, en particulier les plus pauvres, tandis que les reconstructions devraient servir à accueillir des groupes sociaux ayant un emploi et des revenus plus élevés. C'est surtout autour de ces programmes que l'usage de la notion de mixité sociale s'est développé ces dernières années en Europe et a donné lieu à des débats sur sa pertinence (Tunstalll, Funton, 2006 ; Kleinhans, 2004 ; Jupp, 1999. Atkinson, Kintrea, 2001).

Les évaluations de ces politiques laissent interrogateur sur les capacités de l'action publique à infléchir le peuplement des quartiers et des villes. Les politiques globales de rééquilibrage du logement social à l'échelle de l'agglomération se heurtent aux logiques locales plutôt protectrices des communes les plus favorisées et à la réticence de leurs populations qui ont peu d'intérêt à cette mixité, rendant leur application lente et difficile. De plus, le lien entre statut d'occupation du logement et niveau de revenus n'est pas systématique et la production du logement neuf n'affecte que très marginalement le peuplement segmenté du parc social existant (Driant, Lelévrier, 2006). Les tentatives de sélectivité des attributions de logements et de gestion des mobilités se heurtent elles aussi à la fois aux processus de marché et à la rareté de l'offre pour les populations à bas revenus. Ainsi, aux États-Unis, malgré les aides financières à la mobilité, les ménages issus des quartiers pauvres tendent néanmoins à se retrouver dans des quartiers qui concentrent un taux élevé de ménages pauvres et de minorités. C'est également ce qu'on constate dans les relogements des populations déplacées

4 Grands projets urbains à partir de 1992, grands projets de ville et opérations de renouvellement urbain en 1998.

par les démolitions qui ont tendance à se re-concentrer plus qu'à se disperser à l'échelle des quartiers concernés (Lelévrier, 2010). L'action publique parvient davantage à limiter l'arrivée de ménages pauvres dans les quartiers pauvres qu'à y attirer des populations à plus hauts revenus, à y éviter le départ des plus aisés ou à organiser l'accès de populations pauvres à des espaces résidentiels plus mixtes. Ainsi, la loi de Rotterdam a eu pour effet de ralentir l'accès au logement des populations à faibles revenus tout en générant de la vacance dans les quartiers pauvres. Face à la vacance, les promoteurs immobiliers ont eu tendance à relouer aux ménages à faibles ressources pour rentabiliser leurs logements. Enfin, les politiques de régénération et de rénovation améliorent le cadre de vie, le niveau d'équipement et de services des quartiers concernés. Mais elles ont peu d'effets sur l'image et sur le peuplement (Tunstall, Fenton, 2006). Mixité ne rime pas forcément ni avec rentabilité immobilière, ni avec choix et parcours résidentiels.

En France, où les stratégies de mixité sont à la fois anciennes et diversifiées, le constat est plutôt celui d'une accentuation des écarts entre les quartiers prioritaires, retenus pour leur degré de concentration de chômeurs et d'immigrés, et le reste de la ville. Alors que les politiques portent essentiellement sur la déconcentration de la pauvreté, les analyses de la ségrégation montrent que le renforcement de ces écarts tient avant tout à la spécialisation sociale croissante des espaces des classes supérieures (Preteceille, 2003). Si l'on en juge par ces évolutions, les stratégies de mixité sociale s'avèrent plutôt inefficaces (Epstein, Kirszbaum, 2003). La réponse des pouvoirs publics à ce décalage n'est pas une remise en cause de la mixité comme principe de cohésion sociale et de développement urbain. Au contraire. La mixité n'a jamais été autant au cœur des discours politiques et de politiques publiques. Si ces stratégies sont inefficaces, c'est principalement parce que les instruments ne sont pas adaptés. Tel semble être le raisonnement qui a conduit à des ajustements permanents, dont le dernier est le programme de rénovation urbaine.

La recherche urbaine répond à ce décalage par une critique sociale récurrente, invalidant la notion et les présupposés de la mixité et dénonçant des effets pervers de l'action locale menée en son nom.

Une permanence du référentiel et des débats

La permanence de la mixité s'explique en grande partie par les valeurs auxquelles elle fait référence. La mixité répondrait à tous les maux de la ville ; la ségrégation et ses effets, l'urbanisme moderne et ses méfaits, l'immigration et ses conséquences. Les mises au point récurrentes sur la notion opposent des arguments rationnels – faisant comme si la mixité désignait une réalité sociale – à ce qui semble plutôt relever d'un système de croyances et d'un « *groupe de valeurs auxquelles on est obligé d'affirmer son adhésion lorsqu'on doit donner son avis* » (Béhar et *alii*, 2004). La mixité sociale s'apparente avant tout à un référentiel articulant des « *valeurs* », qui ressortent d'un jugement sur ce qui est « *bien* » ou « *mal* » et « *définissent un cadre global de l'action publique* » mais également des « *normes* », « *définissent des écarts entre le réel perçu et le réel souhaité* » et des « *principes d'action* » ; on peut également identifier « *des algorithmes* », établissant « *des relations causales qui expriment une théorie de l'action* » et des « *images* » qui « *font sens* » et sont un « *élément central du référentiel* », « *vecteurs implicites de valeurs et de normes* » (Muller, 1995, pp. 158-159).

S'il n'y a pas de critères et de seuils permettant de la définir, il y a en revanche des images qui « font sens » pour l'action. Elles ont la particularité d'associer des catégories de population et des lieux dans des sortes de métaphores spatiales de catégories sociales. Les images négatives correspondent à des figures de la ségrégation que sont les ghettos noirs de pauvres et les « *gated communities* » de riches aux États-Unis, les quartiers de la politique de la ville et les grands ensembles de « tours et de barres » en France (Lelévrier, 2005).

Les images positives empruntent tour à tour à l'immeuble haussmannien et à la « résidence » comme espaces privés et résidentiels de référence, et à la rue et au village comme espaces publics de référence. Référentiel sectoriel ou du moins propre à ces politiques urbaines, la mixité fait écho à un référentiel global (Muller, 1995) de cohésion et de justice sociale. Face à la séparation des groupes et au risque de sécession évoqués à propos de la concentration, la mixité apparaît comme une « *valeur démocratique* », autour de « *l'idée même de métissage et d'échanges avec les autres* » (Schnapper, 2005, p. 13). Dans une société marquée par un processus d'individuation et face aux mécanismes de marché, les acteurs publics feraient un pari sur la « *construction institutionnelle du social par le local, l'urbain* » (Genestier *in* Béhar et *alii*, 2004).

On peut presque opposer terme à terme les risques associés à la concentration par l'action publique (mais aussi l'opinion publique) aux valeurs et vertus attribuées à la mixité, construisant une sorte de grammaire de la mixité.

Les mots et valeurs de la mixité	**Les « risques » et « maux » de la concentration**
Mixité	Ségrégation
Mélange	Séparation
Hétérogénéité	Homogénéité
Diversité, variété, métissage	Monotonie
Ensemble	Entre-soi
Différence	Ressemblance
Urbanité, échange, ouverture	Repli, enfermement, cantonnement
Collectif	Individuel
Cohésion	Fracture
Unité, un tout	Castes, particularismes, « ghettos », « quartiers »
Nation, République	Communauté, communautarisme, territoires
Égalité	Inégalités
Fraternité, partage, solidarité	Sécession
Intégration	Exclusion
Harmonie	Conflits, tensions
Ordre	Violences urbaines
Équilibre	Déséquilibre
Collectif, « faire société »	Individualisme, protection
Intérêt général	Intérêts particuliers
Régulation	Mécanismes de marché

Source : extrait de Lelévrier C., 2010, « Action publique et trajectoires résidentielles : un autre regard sur la politique de la ville », Habilitation à diriger des recherches, IUP /UPEC.

Les effets sociaux attendus des stratégies de mixité sont en filigrane dans ces oppositions sémantiques. Pourquoi et comment la proximité de groupes sociaux différents dans l'habitat et dans la ville serait-elle un gage d'harmonie, d'unité, d'ordre et de cohésion ? Les postulats sont bien connus, réaffirmés depuis trente ans en France. Si les termes anglo-saxons ne sont pas tout à fait les mêmes, les croyances dans les bienfaits de la mixité restent assez similaires. Elles s'articulent autour de trois types d'argumentaire, politique, économique et social.

Le premier est celui d'une plus grande cohésion sociale par la mixité, basée sur l'idée que la diversité favoriserait une adhésion plus forte à des valeurs communes et nationales et éviterait la constitution de communautés marginales. Il a été surtout repris en France, les Anglo-Saxons évoquant davantage l'idée d'un développement de « cultures marginales » de la pauvreté. On voit toutefois se développer la référence à la cohésion sociale dans les discours officiels de certains pays d'Europe. Le Home Office anglais considère ainsi la ségrégation trop forte dans des quartiers pauvres comme un obstacle à la « *cohésion* » de la « *communauté* » locale (Home Office, 2001).

Le second renvoie plutôt à l'idée d'une valorisation économique et d'une durabilité de la ville par un peuplement diversifié. La présence de groupes sociaux ayant des revenus et celle de propriétaires préoccupés par la valeur de leur bien garantiraient la viabilité économique des services, des équipements et des commerces et le maintien par les communes d'un certain niveau de gestion, engageant une sorte de cercle vertueux du développement urbain (Tunstall, Fenton, 2006).

Le troisième tient davantage à l'idée d'interactions sociales positives. La proximité spatiale de groupes sociaux divers aiderait à l'intégration des populations les plus défavorisées et des minorités, tout en atténuant les tensions et la délinquance. L'approche française est plutôt celle de l'intégration, en référence à des représentations holistes, à la fois républicaines mais également ancrées dans des conceptions sociologiques durkheimiennes de la société comme un tout, dans lequel les individus seraient interdépendants et solidaires. La mixité serait porteuse de vertus intégratrices permettant de retrouver par l'unité de la ville une « *solidarité organique* » perdue (Durkheim, 1893).

Les approches anglo-saxonnes, si l'on peut ainsi généraliser des conceptions qui peuvent varier d'un pays à l'autre, ne mobilisent pas tout à fait les mêmes catégories et concepts. Elles mettent davantage en avant les destins individuels et les liens entre espace et relations sociales. L'argumentaire sur les interactions sociales s'est particulièrement développé depuis la fin des années 1990 autour des notions de « *role models* » et de « *capital social* » (Flint, Kearns, 2006 ; Kleinhans, 2004). L'absence de classes moyennes dans les ghettos noirs américains renforcerait l'exclusion de l' *underclass* (Wilson, 1987). La présence de classes moyennes dans les quartiers de pauvres et de minorités jouerait au contraire un rôle de diffusion de modèles d'intégration (« *role models* ») et contribuerait à réduire les « *comportements anti-sociaux* » (Tunstall, Fenton, 2006). De plus, ces classes moyennes seraient porteuses et génératrices de capital social et pas seulement économique. Leur présence permettrait de développer d'une part des liens sociaux plus ouverts, moins refermés sur l'attachement au quartier et supposés facilitateurs d'accès à l'emploi (Portes, Landolt, 1996). Elle conforterait d'autre part le potentiel de capital social local, défini comme une ressource collective, basée sur les réseaux et la confiance. Un « *quartier à fort niveau de capital social* » garantirait plus de « *propreté* », d' « *entretien* », de « *convivialité* » et de « *sécurité* », (Putnam, 2000, p. 307).

On voit bien comment l'ensemble de cet argumentaire peut être mobilisé autour des stratégies de mixité visant à ramener les classes moyennes dans les quartiers populaires et justifier des politiques de démolition-reconstruction de l'habitat valorisant l'accession à la propriété. Le concept de « *capital social* » n'a pas le même sens en France et reste peu développé autour de ces opérations, son acception anglo-saxonne étant très critiquée (Authier, Bacqué, Guérin-Pace, 2006). Il devient par contre une catégorie pratique qui ne cesse de se développer dans les discours sur la régénération et la rénovation urbaine dans certains pays. Il est explicitement référencé par le gouvernement néerlandais en 2005 (Kleinhans, 2007) et très présent également en Grande-Bretagne et au Danemark (Flint, Kearns, 2006). À travers le capital social, l'objectif de l'action n'est pas seulement d'améliorer les logements et la qualité physique des quartiers, mais également le « *bien-être social* » des résidents (*the social well-being*) (Kleinhans, Priemus, Engbersen, 2007).

Les critiques et interrogations autour de ces présupposés sont tout aussi partagées par la recherche urbaine que le sont les assertions des pouvoirs publics sur les bénéfices de stratégies de mixité. Elles sont de trois ordres :

- Une remise en cause de l'opérationnalité d'une notion floue dont aucun texte ne définit vraiment les critères, les échelles et les seuils (Bacqué, 2002 ; Selod, 2005). Un rapport anglais cherchant à définir la mixité fait ainsi mention de critères aussi divers que le niveau de revenus, les statuts d'emploi, l'âge, la taille des ménages, mais également l'ethnicité, le genre, la religion (Tunstall, Fenton, 2006, p. 6). Ce flou peut expliquer l'adhésion consensuelle à cette notion dont « *l'intérêt réside justement dans le fait qu'elle n'est pas définie et que chacun peut lui donner le contenu qu'il désire* » (Jaillet *in* Béhar et *alii*, 2004, p. 121). Il a facilité néanmoins le glissement sémantique ambigu de catégories sociales à des catégorisations ethniques (Simon, 1992 ; Lelévrier, 2008 ; Kirszbaum, 2008)

- Une non-validation par la recherche des présupposés sur les interactions sociales positives, contredits par l'analyse des situations de cohabitation et des processus de distance sociale. Non seulement la causalité établie entre proximité spatiale et réduction de la distance sociale n'est pas avérée, mais l'homogénéité sociale peut faciliter le partage de normes communes alors que la diversité peut exacerber les conflits (Chamboredon, Lemaire, 1970 ; Gans, 1961). Les chercheurs français montrent surtout que la plus ou moins grande hétérogénéité sociale dans un lieu de résidence, ne préjuge pas du type de relation qui s'établit, et de « pratiques sociales de co-présence », à la fois variables selon les espaces résidentiels et jamais figées (Grafmeyer, 1995 ; Authier, 2008). Le regroupement d'immigrés et/ou de classes populaires peut s'avérer tout aussi porteur d'intégration et opportunité de ressources que la dispersion contrainte. Les effets intégrateurs de la présence des classes moyennes dans les quartiers populaires sont plus affirmés que démontrés (Doherty et *alii*, 2006). À l'inverse, les relations sociales ne se limitent pas au lieu de résidence.

- Une forte interrogation sur la véracité des effets de quartier et sur la notion de capital social. Elle porte à la fois sur leurs fondements théoriques et sur la validité des démonstrations. Il y a très peu de travaux français sur cette question, mais beaucoup de remise en cause de ces notions qui prennent appui sur l'évaluation des programmes d'aide à la mobilité *Moving To Opportunity*, MTO, mis en place aux États-Unis (Goetz, 2002). Le déménagement de ménages à faibles ressources venant de quartiers pauvres vers des quartiers plus mixtes ne semble pas avoir d'autres effets sur le devenir des individus que celui d'un sentiment plus fort de sécurité (Authier, Bacqué, Guérin-Pace, 2006). Par ailleurs, les travaux sur la mobilité des pauvres continuent de montrer les ressources que peuvent constituer les quartiers populaires, y compris dans l'accès à l'emploi (Fol, 2009). Enfin, ces approches de la mixité tendent à constituer les pratiques des classes moyennes en normes sociales de référence aux dépens des sociabilités et pratiques des cultures populaires, perçues presque uniquement comme déviantes.

Le fait que les plus défavorisés ne soient pas toujours les « gagnants » de la mixité remet en cause l'idée de la mixité comme productrice de justice sociale (Bacqué, Sintomer, 2001).

Le logement social, instrument et enjeu de la mixité

La mixité n'aurait-elle finalement qu'une fonction idéologique comme tendent à le montrer certains chercheurs ? Sa prégnance s'expliquerait alors par une conception historique française de « l'État-Nation » qui, à l'opposé des États-Unis, fait du territoire « *un principe de dissolution des entités communautaires* » (Donzelot, Mével, 2001). Elle servirait dans ce contexte « *à occulter la réalité des enjeux sociaux et à légitimer des processus discriminatoires dans le logement* » (Tanter, Toubon, 1999 ; Simon, 2003). Ainsi, les pratiques de quotas dans le cadre de la réhabilitation auraient conduit à limiter l'accès des immigrés aux quartiers de la politique de la ville sans pour autant les élargir ailleurs. « *L'euphémisation par le territorial de la question ethnique* » témoignerait de l'incapacité de la politique de la ville à tenir « *un propos clair sur la place à faire aux immigrés et à leurs descendants dans la société française* » (Jaillet, 2005). La succession des politiques publiques et, plus particulièrement, la mise en place de programmes de transformation urbaine des quartiers de la politique de la ville s'apparenteraient avant tout à des stratégies de « *dissolution des regroupements d'immigrés* » (Kirszbaum, 2004).

Sans nier la force et les influences de ces conceptions politiques « républicaines » dans l'émergence et les sens de la mixité, deux évolutions amènent à nuancer l'idée de la mixité comme mode de gestion des regroupements d'immigrés et comme une spécificité française.

Tout d'abord, l'élargissement de la notion à l'ensemble des politiques urbaines en France depuis les années 1990 sort la mixité des politiques de quartier et en fait plutôt un instrument d'équité territoriale. En effet, on ne peut pas vraiment assimiler l'action consistant à imposer aux communes qui ont moins de 20 % de logements sociaux d'en construire (loi solidarité et renouvellement urbain) à une manière de gérer les regroupements d'immigrés. Ensuite, le recours à cette notion dans d'autres pays d'Europe et la mise en œuvre de politiques de régénération très proches de la nôtre aux Pays-Bas par exemple[5], tendent à atténuer les différences entre une conception française de la mixité, conduisant à des stratégies d'amélioration des lieux, et une conception plus anglo-saxonne basée davantage sur les gens et l' « *empowerment* » (Donzelot, 2003).

Plus qu'à une conception politique de l'État-nation, la mise en œuvre de stratégies de mixité en Europe est avant tout liée à l'existence d'un parc de logements sociaux important. Si de nombreux pays européens ont mis sur agenda le problème public de la ségrégation et y ont répondu par des politiques de quartier depuis les années 1980 et/ou 1990, tous ne se réfèrent pas à la mixité. On trouve très peu de références à cette notion dans les pays d'Europe du Sud, où le logement privé et l'accession dominent, comme l'Espagne ou le Portugal, sinon par transfert et diffusion de la notion par le biais de la Commission européenne (Driant, Drosso, Lefeuvre, Lelévrier, 2006). Ce n'est pas un hasard si la mixité est mise en avant, à l'inverse, par les Pays-Bas qui concentrent plus de 35 % de logements sociaux et réalisent des programmes de diversification de l'habitat. Le logement social n'est pas

5 Mais c'est le cas également du programme Hope VI aux États-Unis.

seulement un instrument des stratégies de mixité, c'est aussi un enjeu. De fait, les bailleurs sociaux constituent les maillons essentiels dans l'émergence et l'affirmation de la mixité sociale comme référentiel (Maury, 2001), mais également dans la mise en œuvre de la rénovation. Ce recentrage sur les « logeurs » apporte d'autres éclairages sur le sens et les effets des stratégies de mixité.

La mixité n'est pas seulement une valeur nationale, c'est aussi un intérêt stratégique pour le maintien, la réhabilitation et le développement du parc social. En 2000, le discours sur la mixité sociale est très fortement porté par le monde HLM. Le recours à la mixité n'est-il pas aujourd'hui une manière de raviver un « référentiel universaliste » du logement social assurant le maintien du parc social et le développement d'un logement intermédiaire par les bailleurs sociaux ? En France, le recours à la notion de mixité avait déjà permis, à partir de 1977[6], de réactualiser ce référentiel universaliste des politiques du logement, particulièrement dominant dans les années 1950-1960, celui d'une « *coalition* » qui défend l'idée d'une « *politique interventionniste* » de la construction du logement social comme « *un logement pour tous*, "*moderne*" et "*universel* ", "*répondant à un besoin social normé universel.* "[7] (Zittoun, *op.cit.*, pp. 11-15). Affirmer le bien-fondé de la mixité, c'est d'une certaine manière justifier un parc social important et non réservé aux pauvres, et défendre à l'échelle européenne l'acception du logement social comme un bien et un service public. Les débats récurrents de la Commission européenne sur le devenir du logement social montrent bien comment la mixité peut être un argument pour s'opposer à des logiques de « résidualisation » du logement social (CAS, 2011)[8].

Des effets paradoxaux de l'action locale ?

S'il y a beaucoup de critiques et de débats autour de la notion de mixité, il y a assez peu de travaux empiriques analysant la mise en œuvre de l'action et les effets de ces stratégies de mixité. La critique s'appuie d'ailleurs, soit

6 Date de la réforme Barre du financement du logement social qui permettait de faire des travaux dans les logements sociaux grâce à la PALULOS, prime à l'amélioration des logements à usage locatif et occupation sociale.

7 Dans l'analyse de P. Zittoun, cette coalition universaliste, ancienne, s'opposerait à une « coalition libérale », plus récente, qui « émerge autour d'une politique du logement n'intervenant plus directement sur la construction, mais indirectement, en aval du marché, à travers une aide accordée directement aux ménages qui en ont besoin », p. 11.

8 Les promoteurs ont déposé des plaintes auprès de la Communauté européenne au nom de la concurrence et le maintien du logement social français dans ses contours actuels est légitimé avant tout par ses missions de service public.

sur des travaux des années 1970, soit sur les résultats d'approches anglo-saxonnes plus empiriques. Or, d'une part, les catégories d'analyse ne sont peut-être pas tout à fait adaptées aux processus sociaux à l'œuvre. D'autre part, la mixité oriente des stratégies locales dans lesquelles le logement social et les bailleurs occupent une place centrale. Par-delà les positionnements nationaux du monde HLM, l'analyse de l'action locale des logeurs, publics et privés, permet d'éclairer autrement ce qui peut apparaître comme des effets paradoxaux d'une action qui viserait la mixité mais renforcerait les ségrégations et la discrimination.

Les effets n'ont pas été en tout cas ceux d'une réduction massive et généralisée de la part des populations immigrées dans les quartiers de la politique de la ville en France. Au contraire, la ségrégation ethnique serait en forte croissance et caractériserait encore plus les zones urbaines sensibles depuis 1999 (Pan Ke Shon, 2009). De la même façon, si l'intention de la rénovation est de disperser les pauvres et les immigrés, ce n'est pas non plus l'effet massif des relogements suite aux premières démolitions de logements sociaux. Au contraire, ceux qui ont les revenus les plus faibles ainsi que les familles immigrées sont relogés majoritairement dans le même quartier et re-concentrés dans les bâtiments existants (Lelévrier, 2010). Comment analyser ces effets autrement que par un facteur structurel lié à l'offre de logement, importante mais pas suffisante ?

La concentration des immigrés dans les fractions les plus dévalorisées du parc social est révélatrice des logiques de « préservation de la mixité » qui orientent l'action locale. Mettre en œuvre la mixité, ce n'est pas tant pour les bailleurs et les villes organiser une répartition équilibrée des ménages à l'échelle d'immeubles et de quartiers, ni même de chercher à attirer des classes moyennes. Cette stratégie n'est ni la plus réaliste, ni forcément la plus rentable dans des espaces trop spécialisés socialement. L'enjeu local, croissant et partagé, est plutôt de maintenir à tout prix les habitants salariés et de les ancrer dans des espaces qui valorisent l'image du quartier. Pour les maires, cela répond bien à des pratiques politiques et gestionnaires de « préférence locale » dans l'accès au logement, tout en assurant le maintien d'un niveau de services urbains. Pour les bailleurs, c'est une façon de remplir les logements, de mieux contrôler le peuplement et de requalifier leur patrimoine. Dans le cadre des projets urbains des années 1990, cette mise en pratique de la mixité par la préservation des espaces mixtes a conduit à une sélectivité des entrées sur des critères démographiques et à une gestion spatialisée et duale des quartiers, les « franges » étant les espaces de la mixité à valoriser, le « cœur » désignant l'espace de la concentration des grandes familles, à dé-densifier (Lelévrier, 2008). Les programmes de rénovation urbaine n'ont fait que renforcer ces stratégies locales. Les franges sont devenues le lieu du réinvestissement privé mais attirent surtout des ménages salariés du quartier et de la commune (ACT-CFGEO- CERFISE-

IUP, 2010). Ces programmes ont rendu davantage possibles les stratégies de mixité par le maintien des ménages salariés, dont le départ paupérise en continu les quartiers. C'est l'objectif que les Hollandais formalisent dans leurs programmes par l'expression « offrir des opportunités résidentielles » aux habitants. Pour que ces petits ménages visés acceptent de rester, les bailleurs ont plus intérêt à favoriser l'homogénéité sociale que l'hétérogénéité à l'échelle des résidences. De fait, les logiques du parcours résidentiel et des processus de distance sociale entraînent plutôt des regroupements électifs de petits ménages salariés dans les logements neufs. Du point de vue de la recomposition spatiale et sociale, elles ont pour effets de renforcer des micro-segmentations internes. Du point de vue des populations, ces stratégies de mixité permettent surtout des parcours résidentiels ascendants pour une partie des populations locales et des enfants d'immigrés. Cet ancrage promotionnel qui pourrait être plutôt favorable au maintien d'un capital social local repose la question des interactions sociales, pas seulement à l'échelle des résidences, mais des espaces publics de ces quartiers.

Bibliographie

ACT-CFGEO- CERFISE-IUP, 2010, *Diversification de l'habitat et mixité*, étude pour le CES de l'ANRU.

ATKINSON R., KINTREA K., 2001, « Disentangling area effects: evidence for deprived and non-deprived neighbourhoods », *Urban studies*, vol. 38, n°12, pp. 2277-2298.

AUTHIER J.-Y., 2008, « Les pratiques sociales de co-présence dans les espaces résidentiels : mixité et proximité », *in* JAILLET M-C., PERRIN E., MÉNARD F., *Diversité sociale, ségrégation urbaine, mixité,* Paris, PUCA, coll. Recherche, pp. 103-122.

AUTHIER J.-Y., BACQUÉ M.-H., GUÉRIN-PACE F., 2006, *Le quartier, enjeux scientifiques, actions politiques et pratiques sociales*, Paris, La Découverte, coll. Recherches.

BACQUÉ M.-H., SINTOMER Y., 2001, « Affiliations et désaffiliations en banlieue. Réflexions à partir des exemples de Saint-Denis et d'Aubervilliers », *Revue française de sociologie*, vol. 42, n° 2.

BACQUÉ M.-H., 2002, « Mixité », *in* SÉGAUD M., BRUN J., DRIANT J.-C. (sous la dir. de), *Dictionnaire de l'habitat et du logement*, Paris, Armand Colin., pp. 297-298.

BARDET G., 1941, *Problèmes d'urbanisme*, Paris, Dunod.

BÉHAR D., DONZELOT J., DUBET F., GENESTIER P., JAILLET M.-C., LELÉVRIER C., OBERTI M., 2004, « La mixité est-elle une politique ? » table ronde, *Esprit,* mars-avril.

BRIGGS DE SOUZA X., POPKIN S. J., GOERING J., 2010, *Moving to Opportunity, the Story of an American Experiment to fight Ghetto Poverty,* New York, Oxford University Press, Inc.

CAS (Centre d'analyse stratégique), 2011, « Le logement social pour qui ? Perspectives européennes », la note d'analyse, n° 230, juillet.

CHAMBOREDON J.-C., LEMAIRE M., 1970, « Proximité spatiale et distance sociale. Les grands ensembles et leur peuplement », *Revue française de sociologie*, Vol. XI, n° 1.

DANSEREAU F. (dir.), 2005, *Politiques et interventions en habitation*, Presses de l'Université de Laval et Société d'habitation du Québec.

DESCHAMPS E., 2008, « Mixité sociale et textes normatifs : le droit de la mixité », *in* JAILLET M.-C., PERRIN E., MÉNARD F., 2008, *Diversité sociale, ségrégation urbaine, mixité,* Paris, PUCA, coll. Recherche, pp. 249-271.

DOHERTY J., GRAHAM E., BOYLE P., HISCOCK R., MANLEY D., 2006, *Is mixed tenure for Social Well Being?*, York, Report from Joseph Rowntree Foundation.

DONZELOT J., MEVEL C., WYWEKENS A., 2003, *Faire société, la politique de la ville aux États-Unis et en France*, Paris, Le Seuil.

DONZELOT J., 2006, *Quand la ville se défait : quelle politique face à la crise des banlieues* ?, Paris, Le Seuil.

DRIANT J.-C., DROSSO F., LEFEUVRE M-P., LELÉVRIER Ch., 2006, *La Mixité, une référence européenne partagée* ? (Allemagne, Espagne, France, Portugal), CRÉTEIL/PUCA, septembre.

DRIANT J.-C., LELÉVRIER C., 2006, « Le logement social, mixité et solidarité territoriale », *in* LAGRANGE H., OBERTI M., *Émeutes urbaines et protestations,* Les Presses de Sciences po, pp. 177-193.

DROSTE C., LELÉVRIER C., WASSENBERG F., 2008, « Urban Regeneration in European Social Housing Areas », *in Social Housing in Europe*, London School of Economics (LSE), Londres, pp. 163-196.

DUBEDOUT H., 1983, *Ensemble, refaire la ville*, Paris, La Documentation française

DURKHEIM E., 1960 (1 ère ed.1893), *De la division du travail social*, Paris, PUF.

EPSTEIN R., KIRSZBAUM T., 2003, « L'enjeu de la mixité sociale dans les politiques urbaines », *Regards sur l'actualité*, n° 292, Paris, La Documentation française, juin-juillet, pp. 66-73.

FLINT J., KEARNS A., 2006, « Housing, Neighbourhood Renewal and Social Capital; the case of registered social landlords in Scotland », *European Journal of Housing Policy*, 6 (1), pp.31-54

FOL S., 2009, *La mobilité des pauvres*, Paris, Belin.

GANS H.-J., 1961, « The balanced community; homogeneity or heterogeneity in residential areas? », *Journal of the American Institute of Planners*, XXVII, n°3, pp. 176-184.

GOETZ E G., 2002, « Forced relocation vs. voluntary mobility: the effects of dispersal programmes on households », *Housing studies*, 17, pp. 107-123.

GOULARD F., PUPPONI F., 2010, *Quartiers défavorisés ou ghettos inavoués : la République impuissante*, rapport d'information n° 2853, tome I, Comité d'évaluation et de contrôle, Assemblée nationale.

GRANOVETTER M., 1973, « The strenght of weak ties », *American Journal of Sociology*, n°78, pp. 1361-1380

GEINDRE F., 1993, *Villes, démocratie, solidarité, le pari d'une politique*, Commissariat général au plan, Paris, La Documentation française.

HAMEL G., ANDRÉ P., 2009, *Rapport sur la révision de la géographie prioritaire et la contractualisation de la politique de la ville*, demandé par F. Fillon, Premier ministre, septembre.

JAILLET M.-C., 2005, « La politique de la ville a-t-elle encore un avenir ? », *Raison présente*, n° 151, Paris, pp. 5-20.

JUPP B., 1999, *Living together. Community life on mixed tenure estates*, London, Demos.

KIRSZBAUM Th., 2008, *Mixité sociale dans l'habitat, revue de la littérature dans une perspective comparative*, Paris, La Documentation française, coll. Études et recherches.

KIRSZBAUM Th., 2004, « Discours et pratiques de l'intégration des immigrés. La période des grands projets de ville », *Les annales de la recherche urbaine*, n° 97, pp. 51-59.

KLEINHANS R., PRIEMUS H., ENGBERSEN G., 2007, « Understanding social capital in recently restructured urban neighbourhoods: two case studies in Rotterdam », *Urban studies*, 44 (5/6), mai.

KLEINHANS R., 2004, « Social implications of housing diversification in urban renewal: a review of recent literature», *Journal of Housing and the Built Environment*, 19, pp. 367-390.

LELÉVRIER C., 2010, « La mixité dans la rénovation urbaine : dispersion ou re-concentration ? », *Espaces et Sociétés*, 140-141, n°1-2, Paris, Eres, pp. 59-74.

LELÉVRIER C., 2008, « Pratiques de logeurs ; de la mixité au processus de regroupements », *in* JAILLET M.-C., PERRIN E., MÉNARD F. (sous la dir.

de), *Diversité sociale, ségrégation urbaine et mixité*, Actes du séminaire « Mixité » de 2004, Paris, PUCA, coll. Recherche, pp. 233-248.

LELÉVRIER C., 2006, *Les mixités sociales, Problèmes politiques et sociaux*, n°929, La Documentation française, octobre.

LELÉVRIER C., 2005, « Mixité : de l'idéal social aux incertitudes des politiques urbaines », *Urbanisme*, n° 340, janvier, pp. 39-43.

MAURY Y., 2001, *Les HLM : l'État providence vu d'en bas*, Paris, L'Harmattan.

MULLER P., 1995, « Les politiques publiques comme construction d'un rapport au monde », in FAURE A., POLLET G., WARIN P., *La construction du sens dans les politiques publiques, débats autour de la notion de référentiel,* Paris, L'Harmattan, pp. 153-179.

OUWEHAND, VAN DER LAAN BOUMA-DOFF W., 2007, « Excluding disadvantaged households into Rotterdam Neighborhoods: equitable, efficient or revanchist? », OTB, Delft University of Technology, *ENHR Conference Paper*, Rotterdam.

PAN KE SHON J.-L., 2009, « Ségrégation ethnique et ségrégation sociale en quartiers sensibles, l'apport des mobilités résidentielles », *Revue française de sociologie*, vol. 50/3, pp. 451-487.

PORTES A., LANDOLT P., 1996, « The downside of social capital », *American prospect*, 26, pp. 18-21.

PRÉTECEILLE E., 2003, « Lieu de résidence et ségrégation sociale », *Les Cahiers français*, n° 314, Paris, La Documentation française, mai-juin,

pp. 65-67.

PUTNAM R.D., 2000, *Bowling alone: the collapse and revival of American community,* New York, Simon and Schuster.

SCHNAPPER D., 2005, « Idéal et limites de la mixité sociale, les arguments du débat public », *Informations sociales,* n° 125, pp. 6-10.

SELOD H., 2005, « La mixité sociale : le point de vue des sciences économiques, les gagnants et les perdants de la ségrégation », *Informations sociales,* n° 125, pp. 28-37.

SIMON P., 1992, « Banlieues, de la concentration au ghetto », *in La France de l'exclusion, Esprit*, juin.

SUEUR J.-P., 1999, *Changer la ville, pour une nouvelle urbanité*, Paris, Odile Jacob.

SIMON P., 2003, « Le logement social en France et la gestion des populations à risques », *Hommes et migrations*, n° 1246, novembre-décembre.

TUNSTALL R., FENTON A., 2006, *In the mix, a review of mixed income, mixed tenure and mixed communities: what do we know*?, Joseph Rowntree Foundation, report.

WILSON W.-J., 1987, *The truly disadvantaged*: *the Inner city, the underclass and public policy,* Chicago, University of Chicago Press.

ZITTOUN P., 2001, *La politique du logement*, 1981-1995, Paris, L'Harmattan.

POLITIQUES DE LA VILLE ET DU DÉVELOPPEMENT DURABLE : UNE FILIATION INSTITUTIONNELLE AUTOUR DE LA PRISE EN CHARGE DES POPULATIONS MODESTES ?

Nadine Roudil

Destinée à prévenir depuis 1981 les crises des banlieues, la « nouvelle politique urbaine » (Fijalkow, 2009) qu'est la politique de la ville concerne désormais une variété de territoires ayant la particularité de partager le stigmate de l'exclusion. Depuis 1977[1], la politique de la ville n'a de cesse de se renouveler. Elle s'est d'abord construite autour de la volonté d'éviter la ségrégation sociale et urbaine que laissaient percevoir le vieillissement des grands ensembles et la difficulté de leurs habitants, massivement ouvriers, à trouver un emploi après la double crise pétrolière des années 1970. Les dispositifs, mesures et engagements qui la caractérisent se sont ensuite développés et complexifiés dans les années 1990. Le thème de la violence urbaine s'est progressivement imposé pour désigner le quotidien des descendants des habitants des grands ensembles, délaissés par la puissance publique. Les désordres représentent alors la forme la plus exacerbée du refus par les plus jeunes de conditions de vie marquées par une exclusion multiforme et endémique (Beaud, Masclet, 2006). Depuis 1996, les habitants des 741 quartiers identifiés par la puissance publique comme étant en grande difficulté[2] vivent en zone urbaine sensible (ZUS)[3], l'expression soulignant au passage combien leur univers urbain est symboliquement rattaché à la figure de l'exception.

À partir du milieu des années 2000, le langage de la politique de la ville s'est naturellement enrichi d'un vocabulaire marquant la nécessité d'ancrer

1 Année de lancement des premières mesures dites d'Habitat et vie sociale (HVS) dont l'objet était de réhabiliter les logements des grands ensembles construits dans les années 1950 et 1960.

2 Soit 7 % de la population française, *Insee première,* n° 1328, décembre 2010.

3 Cette dénomination voit le jour lors du lancement du pacte de relance pour la ville. Les ZUS représentent un des trois niveaux d'une intervention publique qui se diversifie avec les zones franches urbaines (ZFU) et les zones de redynamisation urbaine (ZRU). La qualité de l'intervention, sociale ou fiscale, varie selon les besoins pressentis par la puissance publique. À partir de 2006, date de mise en place des contrats urbains de cohésion sociale (CUCS) succédant aux contrats de ville, l'ensemble de ces périmètres qualifient 2 500 quartiers en situation d'exclusion dont 741 situés en ZUS (*Insee première,* n° 1328, décembre 2010).

les ZUS dans une dynamique « durable ». Les multiples acteurs de la politique de la ville ont alors fait des problématiques de développement durable le nouveau tremplin à partir duquel se déclinent les mesures de requalification, de réhabilitation et de renouvellement urbain. Le « durable » devient un leitmotiv qui accompagne les actions et les déclarations d'intention. Au-delà des effets d'annonce, qui ont tendance à rester au stade du remaniement d'un discours rodé et à n'avoir que peu d'incidence sur les mécanismes d'exclusion qui caractérisent le quotidien des ZUS, deux situations traduisent cette volonté de donner une dimension durable à la politique de la ville tout en restant dans la tradition d'un rappel à la civilité adressé aux populations modestes véhiculé depuis les années 1990 (Roudil 2011). Il s'agit tout d'abord du recours quasi systématique aux écoquartiers[4] afin d'assurer la rénovation de l'espace urbain[5] et de lui donner une dimension modernisatrice et normative susceptible d'influencer les modes de vie (Epstein 2013). Une labellisation de la démarche[6] écoquartier a récemment été mise au point sous l'égide du ministère de l'Écologie, du Développement durable et de l'Énergie. Elle transforme en modèle un mode d'aménagement urbain, issu de la théorie de l'urbanisme durable (Émélianoff, 2007) qui valorise pourtant, ailleurs en Europe, une adaptation du projet urbain à la singularité de chaque contexte local et environnemental (Lévy et Émélianoff, 2011, p. 12). Ensuite, la rénovation énergétique des bâtiments, inscrite dans la loi Grenelle 2, permet désormais la diffusion de messages qui, sous couvert d'économies d'énergie, ont le caractère d'incitations au changement adressées plus spécifiquement aux populations vivant en habitat social en autorisant le regard sur leurs pratiques d'habiter (Roudil, 2015).

En devenant partie prenante de la rénovation urbaine, la rénovation énergétique des logements est ainsi susceptible de permettre un rappel à la norme qui pénètre la sphère privée alors que, jusqu'à présent, l'action publique émanant de la politique de la ville avait pour objet, en s'appuyant sur le renouvellement des projets urbains, de règlementer les rapports sociaux dans les espaces publics et intermédiaires.

4 En France, les expériences d'écoquartiers commencent à se généraliser entre les années 2000 et 2004. Les premières sont achevées en 2009. Deux concours, lancés sous l'égide du ministère de l'Écologie, assureront la diffusion de la notion d'« éco-quartier » en 2008-2009. Elle prendra le pas, dans le langage courant, sur celle de « quartier durable » à l'issue du second concours en 2011-2012 (Zetlaoui-Léger, 2013, p. 44).

5 Le site de l'ANRU affiche ses intentions dès 2012 de faire de l'éco-quartier le vecteur de la rénovation urbaine, entériné en janvier 2015 par le programme ANRU 2. http://www.anru.fr/index.php/fre/Expertises/Urbanisme-durable/Renovation-urbaine-et-eco-quartier/Renovation-urbaine-et-Ecoquartier

6 Le lancement officiel du label national éco-quartier a eu lieu le 14 décembre 2012 à Brétigny-sur-Orge.

Après avoir présenté les caractéristiques du passage au durable dans les principaux actes de la politique de la ville depuis la loi SRU de 13 décembre 2000, nous interrogerons les conséquences de la mise en œuvre de ce nouveau volet de durabilité. Il se caractérise par la volonté de modeler les modes d'habiter à l'échelle du logement. Ses principaux vecteurs sont les messages d'incitation à la sobriété énergétique lorsqu'ils sont adressés aux populations vivant en habitat social et le dispositif de prise en charge des habitants considérés en situation de précarité énergétique.

La politique de la ville à l'épreuve du développement durable

Ces dernières années le « verdissement » de la politique de la ville est incontestable. L'évolution sémantique qui le caractérise passe par la réorientation, du moins affichée, de certains dispositifs vers la prise en compte de la dimension environnementale des rapports sociaux et spatiaux urbains. Le mot durable s'est imposé pour indiquer la nécessité de faire le lien, lors de la mise en œuvre des dispositifs, entre les impératifs de développement durable inscrits dans la loi Grenelle 2 et le cadre d'exercice de la politique de la ville que sont les contrats urbains de cohésion sociale (CUCS). L'ajout du mot durable au vocabulaire de la politique de la ville a ceci de cocasse qu'il vient souligner, à travers le sens premier du mot, la pérennisation d'un système pensé depuis l'origine comme provisoire et qui n'a de cesse de s'enliser dans l'absence de résultats probants (Epstein, 2011). Quelle signification donner à l'introduction d'une telle dimension au dispositif complexe et désormais institué (Fijalkow, 2009) qu'est celui de la politique de la ville ?

Ce rapprochement n'est pas paradoxal. L'idée promue par le rapport Brundtland de répondre par un développement soutenable « *aux besoins des générations du présent sans compromettre la capacité des générations futures à répondre aux leurs* »[7] semble parfaitement en phase avec l'objet humaniste de la politique de la ville dont l'enjeu est de « *réduire les inégalités de territoire et d'agir pour les quartiers en difficulté* »[8]. Sur la dimension environnementale, le lien paraît bien plus difficile à faire. Malgré le pacte de relance pour la ville de 1996 et les tentatives de redynamisation économique[9], la politique de la ville a échoué à faire en sorte que l'environnement urbain des quartiers délaissés par la puissance publique réponde aux besoins de ses habitants. Pire, les banlieues françaises incarnent

7 Le rapport Brundtland, du nom de la commission présidée en 1987 par Mme Gro Harlem Brundtland, pose les principes du développement durable. Il a été publié en 1988.

8 Définition de la politique de la ville donnée sur le site institutionnel de l'ANRU. http://www.ANRU.fr/Ministere-de-la-ville.html.

9 En particulier par l'intermédiaire des dispositifs de zones franches urbaines (ZFU).

parfaitement les conséquences post-industrielles que subissent les villes. La question de la justice environnementale semble être défiée par l'injustice sociale et économique vécue au quotidien par les habitants des ZUS.

Il est néanmoins intéressant de s'arrêter sur la genèse de l'inscription de la dimension durable dans les lois et décisions susceptibles d'infléchir l'action de la politique de la ville. Cette évolution s'inscrit, depuis une dizaine d'années, dans une chronologie de l'action publique qui a progressivement attribué une dimension écologique à des actes du législateur qui jusqu'alors n'en voyait pas l'utilité. Les premières lois évoquant la possibilité d'un développement durable des activités humaines attestent plus d'un alibi environnemental attaché à des actes législatifs ordinaires sans conséquences sur les pratiques. Cet ajout est dicté par un contexte où la question du réchauffement climatique s'impose sur la scène internationale comme un enjeu et où les effets d'annonce sont plus politiquement payants que les actions concrètes.

Ainsi, la loi sur l'aménagement et le développement du territoire énoncée le 4 février 1995 devient « durable » en 1999 grâce à l'action de Dominique Voynet[10]. Cette évolution de vocabulaire, sans conséquence, marque le début d'une tendance qui consiste à ajouter au millefeuille de l'action publique du renouvellement urbain une strate de durabilité. En effet, la loi SRU du 13 décembre 2000 est encore très discrète sur la question. Elle annonce néanmoins les premiers effets concrets du sommet de Kyoto de 1997 en soulignant, dans son titre III, vouloir « *mettre en œuvre une politique de déplacements au service du développement durable* ».

Ce n'est que par la promulgation de la loi d'orientation et de programmation pour la ville et la rénovation urbaine dite loi Borloo en août 2003, débouchant un an plus tard sur la création de l'Agence nationale pour la rénovation urbaine (ANRU), que les choses vont sensiblement évoluer dans la forme. Mais qu'en est-il du fond ? Le contexte international a joué un rôle déterminant. Jacques Chirac affirme de manière assez théâtrale en septembre 2002, lors du IVème sommet de la terre à Johannesburg que « *notre maison brûle et que nous regardons ailleurs* ». Même si, à ce moment-là, l'appareil législatif français ne prend encore en compte ces questions que de manière anecdotique, le contenu de la loi de programmation pour la ville montre une adhésion explicite à la question du développement durable et adopte en la matière une dimension plus réfléchie et concertée à travers le texte de loi. Si un pas est franchi et se concrétisera à travers la création de l'ANRU, le texte se place néanmoins dans la continuité

10 Passage de la loi d'orientation pour l'aménagement et le développement du territoire, dite loi Pasqua, n° 95-115 du 4 février 1995, à la loi d'orientation pour l'aménagement et le développement durable du territoire, dite loi Voynet, n° 99-533 du 25 juin 1999, portant modification de la loi sus-citée.

des décisions antérieures en matière de rénovation urbaine. Malgré le verdissement des termes, le fond du propos ne change guère : 200 000 logements sont à détruire, 200 000 à construire et 200 000 à réhabiliter. Les autres dispositions concernent la sécurité dans les immeubles collectifs et copropriétés en difficulté ainsi que le traitement du surendettement, champs classiques de l'intervention des acteurs de la politique de la ville.

La mixité, un instrument d'intervention partagé

C'est plus précisément autour du thème de la mixité que se construit la légitimité de la dimension durable de la politique de la ville. Si cette question est l'objet central des politiques urbaines depuis le début des années 1990[11], deux articles de la loi d'août 2003[12] s'articulent afin de proposer une version « durable » aux déséquilibres de peuplement des quartiers fortement marqués par le chômage et la pauvreté. La loi de 2003 entérine le changement de paradigme de la politique de la ville dont l'action s'oriente désormais vers les conditions de vie des habitants. Cette option de « réinvestissement de l'humain » renvoie à l'une des dimensions théoriques originelles du dispositif du développement durable dont l'objet s'inscrit dans la continuité philosophique de la mixité sociale prônée par la politique de la ville qui suppose avant tout de traiter la question des déséquilibres de peuplement à l'échelle des territoires que sont les ZUS, en cassant leur homogénéité sociale et ethnique (Bacqué, Fijalkow, Flamand, Vermeersch, 2010) et de ne plus uniquement privilégier une solution à dominante spatiale centrée sur la réhabilitation du tissu urbain. En se fondant sur le principe d'équilibre, la vision de la ville proposée par le développement urbain durable, et qui se retrouve particulièrement dans la manière de penser les éco-quartiers, a des fonctions résidentielles, de service et tertiaires, non seulement équitablement réparties sur un territoire donné, mais aussi pensées pour s'articuler selon les temporalités en termes d'usage de l'espace. De telles dispositions ont également pour objet d'équilibrer les mécanismes de

11 La mixité devient une dimension centrale de l'action publique à partir de la loi Besson (1990). La place du terme n'aura de cesse de gagner en importance, de la mise en place de la loi de dotation de solidarité urbaine à celle de la loi d'orientation pour la ville (LOV), votée en 1991, ou dans le contexte de l'application de la loi SRU, relative à la solidarité et au renouvellement urbains, du 13 décembre 2000 (Avenel, 2005). Voir aussi l'article de Christine Lelévrier dans le présent ouvrage.

12 L'article 6 de la loi Borloo propose un programme national de rénovation urbaine qui « vise à restructurer, dans un objectif de mixité sociale et de développement durable, les quartiers classés en zone urbaine sensible ». L'article 10 de la même loi y fait écho : il acte la naissance et donne la dimension opérationnelle de l'Agence nationale pour la rénovation urbaine. Cette dernière a pour mission « de contribuer dans un objectif de mixité sociale et de développement durable, à la réalisation du programme national de rénovation urbaine dans tous les quartiers visés à l'article 6 ».

peuplement en engageant une répartition résidentielle qui respecte l'introduction de logements sociaux dans des espaces rénovés voués à la copropriété privée. Cette convergence théorique entre mixité et équilibre constitue un véritable enjeu politique (Tissot, 2006). À la fois objectif et produit de l'enchevêtrement optimal des trois piliers antinomiques que sont l'économique, le social et l'environnemental, cette dimension d'équilibre fait écho à la notion de mixité lorsqu'elle est présentée comme un outil de cohésion sociale et de rééquilibrage des rapports sociaux alors qu'elle est plutôt devenue, au fil des ans, une caution de vertu de l'action publique au premier rang de laquelle se trouve la politique de la ville (Avenel, 2005). Dans le contexte d'une politique de la ville durable, le retour à l'équilibre par la mixité s'incarne particulièrement dans la volonté de reconsidérer la place et l'offre de logements sociaux en milieu urbain et de faire en sorte de donner aux classes moyennes les moyens de réinvestir les ZUS. Ainsi associée à la politique de la ville, la notion de « durable » vient renouveler l'image d'un idéal social, fait de justice, d'urbanité, de civilité et d'une plus grande équité en termes de conditions de vie.

La pensée de l'équilibre s'incarne aussi dans la diffusion des idéaux de démocratie participative qui renvoient au travail engagé depuis les années 1990 dans les ZUS sur le thème de la concertation, les habitants étant invités à intervenir dans les décisions prises à l'échelle de leur quartier. La prise en compte des habitants est ainsi relancée, se fondant sur la notion de besoin, thème central des principes du développement durable, et qui fut aussi essentiel dans le contexte ancien du Développement social des quartiers (DSQ)[13].

Enfin, même si les théories de développement durable se placent dans une perspective de pensée globale, sur le terrain, l'échelle d'action semble identique à celle de la politique de la ville, très territorialisée, compacte, focalisée sur des espaces urbains sectorisés (Bernié – Boissard, Chevalier, 2011). L'action ne concerne qu'exceptionnellement une ville entière, tout comme le principe de la politique de la ville consiste à traiter la question de

13 La procédure de Développement social des quartiers qui débuta en 1982 a eu comme objet d'améliorer la vie quotidienne des quartiers cumulant depuis la fin des années 1970 un certain nombre de handicaps économiques, sociaux et urbains. Son but consistait à décloisonner les interventions des professionnels de la politique de la ville en matière éducative, sociale ou économique et à mettre en place les premières actions de prévention. Grâce à un financement de l'État et des régions et sous la responsabilité du maire de la commune, des périmètres furent établis afin de construire une action ciblée à l'échelle de territoires dits de DSQ plus circonscrits. Le développement de la vie associative locale devint l'une des priorités afin de permettre aux habitants de prendre part aux décisions liées à la vie de leur quartier, sur des thèmes aussi variés que l'aménagement urbain, les politiques de sécurité ou l'animation sociale et culturelle, et de leur permettre de réinvestir une posture de citoyen.

l'exclusion sociale et économique à l'échelle de quartiers sur lesquels une multitude de dispositifs est concentrée.

La ville durable comme fruit de l'union

C'est en examinant la fabrique de la ville durable, à la fois moyen et traduction des objectifs de développement durable appliqués à l'urbain (Lévy, Emélianoff, 2011), que les fils les plus probants peuvent être tirés. L'histoire des politiques publiques permet le premier lien. La politique de la ville est apparue au fur et à mesure que se complexifiait la question de la réhabilitation de l'espace urbain jusqu'à ce qu'elle débouche sur un problème pratique de réalisation. Le développement durable, par le biais de la création de quartiers durables, offre un nouvel espace d'action, un laboratoire d'expérimentation pour des mesures transversales dont la plus efficace repose actuellement sur la rénovation énergétique des bâtiments. Le développement durable comme la politique de la ville apportent donc leur pierre à l'histoire de l'urbanisme. Les formes urbaines privilégiées, du grand ensemble au quartier durable, et l'entrée résolument spatiale du processus de rénovation consistent dans les deux cas à programmer, à partir de l'habitat, l'évolution des conditions de vie des citadins. Dans les deux contextes, le rapport à l'environnement urbain est marqué par une tradition hygiéniste. La ville durable propose un renouvellement du traitement de la question de la salubrité et une rationalisation des rapports à l'air, à l'eau et à l'énergie en milieu urbain. Une pensée de la ville aseptisée et hautement technologisée vient se superposer aux dispositifs classiques de rénovation urbaine. Les nouvelles formes urbaines durables, à l'instar des grands ensembles d'après-guerre, ont pour objet de discipliner et de responsabiliser le citadin, mais cette fois pour le bien-être du plus grand nombre et de la planète. Le discours sur les « poubelles énergétiques », qualifiant les logements énergivores construits jusqu'en 1974, prépare un immense chantier de rénovation urbaine prévu dans la loi Grenelle 2[14]. Les critères de la modernité en termes d'habiter des années 1950 et 1960 sont revisités par ceux édictés depuis 2005[15] à travers la réalisation de bâtiments de logements dits à basse consommation (BBC) ou de bâtiments passifs dits bâtiments à énergie positive (BEPOS). Ils président à l'avènement d'un homme nouveau vivant

14 Il s'agit du chapitre premier de la loi, intitulé « Rénovation énergétique des bâtiments ».

15 Date de la diffusion de la réglementation thermique de 2005. Il s'agit de règles obligatoires à respecter en matière de chauffage, isolation, ventilation, pour la construction de bâtiments neufs. Leur objectif est de réduire la consommation énergétique des bâtiments. Les réglementations thermiques existent depuis 1974 et sont à ce jour au nombre de quatre (1974, 1988, 2000 et 2005). En évoluant, les critères d'économie qu'elles impliquent sont de plus en plus stricts.

harmonieusement dans un espace façonné par les solutions techniques permettant, à l'insu des consciences, de consommer rationnellement les ressources énergétiques qui composent son environnement. La durabilité tend à devenir une pensée dominante comme en témoigne la manière dont l'ANRU définit désormais ses missions L'objectif affiché consiste à « réaliser des villes et des quartiers durables »[16] associés à des moyens classiques d'intervention, au premier rang desquels figure la traditionnelle gestion de projet. Il apparaît désormais clairement que le bras armé de la politique de la ville met ses moyens au service d'une conception durable de la rénovation urbaine par le biais des trois outils qui ont fait leurs preuves dans le déploiement des dispositifs depuis 1977 : la concertation (destinée aux habitants), la diversification (des fonctions à l'échelle micro urbaine) et le partenariat (entre acteurs institutionnels, associatifs et privés). De même, les deux objectifs qui traditionnellement constituent l'essence d'une politique de la ville désormais verdie demeurent. Il s'agit de « la réhabilitation des grands ensembles et espaces urbains » qui caractérise la démarche dans les ZUS et la volonté affichée depuis 1991 de passer de « l'urbain à l'humain » par le biais du « développement social ». Ils restent la justification majeure de l'action publique en matière d'exclusion qui désormais revêt les attributs de la durabilité.

Une politique de la ville durable : un renouvellement de l'injonction à mieux habiter les quartiers en difficulté ?

Les acteurs institutionnels, aussi variés qu'ils soient, au fil des ans, de leurs missions et de l'évolution du dispositif de développement social urbain promu par la politique de la ville, ont construit leur rapport aux habitants des ZUS autour d'un axe norme/déviance dont ils définissent eux-mêmes les contours (Roudil, 2011). Les attentes en termes de rapport à la norme sont importantes, si bien que les ménages des quartiers les plus en difficulté évoluent dans un contexte d'injonction permanente. Dans la manière de structurer les rapports sociaux entre jeunes et adultes, dans leurs relations aux acteurs institutionnels (agents des transports en commun, travailleurs sociaux, enseignants, représentants des forces de l'ordre…), il leur est fait la demande d'examiner leur conduite pour la modifier le cas échéant. De ce fait, lorsqu'ils adoptent un comportement différent de celui attendu, ils revêtent les attributs du déviant. Dans ce contexte qui s'est lentement institué depuis les années 1990, la ville durable tend à prendre le relais. L'injonction comportementale qu'elle véhicule a pour objet de responsabiliser l'habitant

16 À noter que depuis le 1er novembre 2011, les logements construits dans les périmètres des zones ANRU doivent satisfaire la règlementation thermique 2012.

dans le cadre d'un agenda climatique qui n'a de cesse de se rétrécir et où l'enjeu se décline en termes de risques sanitaires, sociétaux, économiques et écologiques.

Une des caractéristiques communes de la politique de développement durable et de la ville est bien le caractère de l'injonction adressée aux habitants. Les mesures qui leur sont destinées se construisent à partir du message de sobriété énergétique devenu un des principes de réalisation de la ville durable, associé à des politiques de logement où la rénovation énergétique tient une place très importante. Enjeu de société inédit, l'égalité de l'usage de l'énergie semble passer par la régulation locale de l'accès aux ressources. Pour y parvenir, la nécessité d'imposer aux individus des mesures d'économie est devenue l'un des fondements de la ville durable, légitimé par le coût dispendieux des matières premières. Les ménages les plus pauvres ont souvent des conditions d'habiter qui permettent le regard sur leurs modes de vie, en vertu du fait, également, que leur fragilité en termes de revenus les expose plus que d'autres parties de la population à une prise en charge sociale de leurs difficultés. L'observation de deux situations résidentielles montre comment l'injonction à une consommation d'énergie basée sur la sobriété constitue un vecteur permettant d'accéder aux pratiques d'habiter des ménages les plus fragiles.

Si une partie importante des ménages modestes habite en logement social, y vivre place les familles face au choix des bailleurs de rénover ou non leurs logements. Ces derniers ont été les premiers à avoir entrepris la rénovation énergétique de leur patrimoine afin de faire baisser les consommations d'énergie à l'échelle des immeubles. Dans ce contexte, le souci majeur des bailleurs sociaux est de mieux connaître les pratiques du domicile des ménages afin de leur adresser des incitations permettant, une fois les réhabilitations achevées, de préserver l'efficacité énergétique des logements. Ces campagnes de rénovation s'accompagnent souvent de la diffusion auprès des ménages d'une documentation qui, à l'instar du guide des gestes verts, assure la promotion d'un mode d'habiter considéré comme plus compatible avec la rénovation du cadre bâti. Ces outils se généralisent[17] et montrent le caractère de l'injonction affectée aux pratiques du domicile dans un univers rénové. L'existence des guides procède d'un renouvellement des principes de modernisation du cadre de vie des ménages, en continuité idéologique avec l'objet des grands programmes de logement des années 1950. Il est intéressant de s'arrêter sur les messages institutionnels qu'ils véhiculent. La démarche consiste, à partir d'une série de conseils en matière d'habiter, à garantir un environnement intérieur sain, à développer des pratiques d'entretien (portant sur la ventilation à double flux, les appareils de

17 L'exemple du guide des gestes verts de l'OPAC 38 est intéressant à analyser. http://www.logementsocialdurable.fr/bank/gestes_verts_opac_saiem_chambery.pdf

chauffage) susceptibles de préserver la qualité de vie dans le logement, et à réduire les consommations d'énergie. Sans se méprendre sur l'intention du bailleur social qui est bien de faire baisser les dépenses d'énergie des ménages et donc le montant des charges de ses locataires, les conditions d'usage des logements qui apparaissent à la lecture de ces préconisations deviennent très contraignantes lorsque l'habiter est médiatisé par la technique (Zelem, 2010). Le logement est doté d'un véritable mode d'emploi dont le but est de proposer aux ménages une revue des bonnes pratiques dont la conséquence consiste néanmoins à les subordonner à des consignes permettant de « bien habiter ». Leur entrée dans le logement se présente sous l'angle de l'apprentissage, présupposant de fait un défaut de compétence à savoir habiter.

Les messages institutionnels deviennent un instrument de contrôle. Il est préconisé de s'éclairer en utilisant de préférence des lampes à basse consommation. Ces dernières sont opposées, dans le texte, aux halogènes et autres lampes à incandescence. Il est ensuite recommandé, en lien avec les messages de sensibilisation, d'éteindre les veilles, de brancher l'ensemble des « appareils vidéo sur une unique multiprise à interrupteur » et de choisir des appareils ménagers avec une étiquette énergétique la plus proche du A+ ou A++. Les pratiques du domicile sont aussi réglementées. Le guide pose un regard sur la manière de laver le linge et la vaisselle afin d'inciter les ménages à avoir des pratiques plus sobres en la matière. Il recommande aux ménages de préférer les lavages à basse température et de mettre en route leurs machines en optimisant les lessives. L'attention passe ensuite au contenu du réfrigérateur et du congélateur dont l'entretien est vivement conseillé par le biais du dégivrage dès l'apparition de la glace avec la consigne d'agir « dès cinq millimètres de glace », car ce seuil atteint, « la consommation d'énergie double ». Le domaine de l'intime est aussi pudiquement abordé lorsqu'il est suggéré d'utiliser « astucieusement une double chasse ».

Enfin, les activités de loisirs dans le logement sont considérées à partir du principe du coût qu'entraîne le non-respect de la mise en veille des appareils de télévision, hi-fi ou ordinateurs. Là aussi, à la préconisation est associé un avertissement : le respect de la consigne permet aux ménages d'économiser des sommes dont l'importance est notée tout au long du guide. Dans le cas contraire, le ménage apparaît comme quelque peu irresponsable alors qu'il est présumé faire face à des tensions économiques importantes.

Si dans l'esprit du bailleur, l'intérêt des ménages prime, il est utile de souligner que les caractéristiques de la production de ce discours et l'émergence de nouvelles compétences à habiter reposent désormais sur certaines utopies technologiques légitimées par un discours issu des sciences de l'ingénieur (Latour, 1992).

Tous les ménages modestes ne vivent pas en logement social. Un message d'incitation à la sobriété peut néanmoins être distillé auprès des populations les plus fragiles par le biais d'un dispositif apparu il y a peu, et dont l'objet institutionnel est la prise en charge de la précarité énergétique. Depuis quelques années, nous assistons en France à une montée en intérêt pour un des vecteurs de l'endettement des ménages lié au poids que représente le coût des énergies rapporté à l'ensemble des engagements budgétaires d'une famille. Les impayés EDF sont depuis longtemps au cœur de l'intervention des assistants sociaux de la Caisse d'allocations familiales (CAF) dans les ZUS et ailleurs. Dans les années 1990, pour les habitants, avoir recours à ce qu'ils appelaient communément « les bons CAF » était le moyen le plus sûr de pouvoir s'acquitter de ses factures d'électricité ou de gaz.

La notion de précarité énergétique est d'abord apparue dans la littérature anglo-saxonne au début des années 1990[18]. La première définition qui en fut donnée soulignait combien la notion de *fuel poverty* couvrait tous les usages de l'énergie au domicile et ne se réduisait pas au chauffage (Boardman, 2010). Après la reconnaissance par le gouvernement britannique de l'enjeu social que pouvait représenter l'endettement énergétique des ménages les plus fragiles, un seuil a été défini au-delà duquel les familles étaient susceptibles de vivre une situation de *fuel poverty*, traduite en français par la notion de « précarité énergétique ». À partir de l'exemple anglais, il est établi que l'engagement de plus de 10 % des ressources d'un ménage dans le paiement de ses factures d'énergie (Boardman, 1991) conduit à une situation de précarité complexifiée par la nécessité de ces règlements. Le terme de précarité énergétique apparaît donc pour qualifier une situation qui fonde les modalités de l'intervention publique en France. Il s'est imposé pour identifier un des facteurs de pauvreté affectant les ménages les plus fragiles situés dans le 1er quartile de l'INSEE[19]. La précarité énergétique devient d'autant plus un levier d'action des pouvoirs publics destiné aux ménages modestes que son objet entre dans une tradition de prise en charge sociale, que la notion renvoie à une dimension de la pauvreté facilement identifiable et que les mesures permettant d'agir sont les plus aisées à prendre.

18 L'ouvrage de Brenda Boardman, *Fuel poverty: from cold homes to affordable warmth*, Belhaven, London, paru en 1991, marque l'acte de naissance de la notion dans le champ scientifique outre-Manche.

19 Selon l'INSEE, les quartiles sont les valeurs qui partagent la distribution des salaires, des revenus, des chiffres d'affaires en quatre parties égales. Le premier quartile est le salaire au-dessous duquel se situent 25 % des salaires, et renvoie au niveau de vie des ménages les plus modestes.

L'une de ces mesures a d'abord consisté à mettre en place, en janvier 2005, des tarifs sociaux de l'énergie[20]. Désormais, l'ensemble de la démarche s'attache à faire évoluer certaines conditions d'habiter marquées par l'insalubrité, par les défauts d'isolation ou par les carences thermiques des logements. Les solutions proposées en s'attachant aux caractères du bâti constituent une réponse « spatiale » donnée à une question sociale, dans la plus pure tradition de la politique de la ville[21]. De même, ces mesures sont assorties de préconisations et d'incitations en matière d'habiter qui, en cas de non-respect, tendent à désigner les contours d'une forme d'incivilité et à renouveler les critères de la stigmatisation des plus démunis. Un portrait du mauvais habitant est dessiné et passe dans le sens commun. Les ménages modestes sont ainsi susceptibles d'être énergivores, ou encore d'investir une partie de leurs ressources dans l'achat d'équipements de loisirs très consommateurs d'énergie alors que leurs revenus sont réduits. Une forme de procès d'intention, moralisateur, tend à souligner leur difficulté à savoir bien habiter leur logement. Ce processus stigmatisant revient à valider le postulat selon lequel l'endettement vécu par les ménages ne tiendrait pas d'un mécanisme économique de surendettement dû à un certain nombre de facteurs structurants et cumulés– comme la faiblesse des revenus des ménages, leurs bas niveaux de salaire ou de retraite, un chômage occasionnel ou de longue durée, des périodes d'emploi en intérim ou à temps partiel articulées à l'augmentation du coût de la vie et à l'évolution des besoins de la famille liée à son cycle de vie –, mais bel et bien d'une incapacité potentielle à gérer son argent.

Depuis 1990, la politique de la ville participe à une reformulation constante du domaine du désordre en disqualifiant les pratiques qui portent atteinte au savoir-vivre en société. L'injonction à la lutte contre l'incivilité permet alors de désigner les comportements préjudiciables aux rapports sociaux quotidiens dans l'espace public (Roudil, 2011). Les injonctions produites dans le cadre récent de la ville durable semblent quant à elles complémentaires, en pénétrant dans le domaine privé du logement. Elles portent sur la manière de se chauffer, de cuisiner, de faire sa toilette et de se divertir au domicile, toutes ces activités entraînant une consommation d'énergie qui peut être désignée comme un facteur d'endettement lorsque le budget des ménages est sous pression. Le logement devient un espace où se confrontent de manière originale l'ordre et le désordre. En ce sens l'intitulé de l'article de la loi grenelle 2, qui fait de la précarité énergétique une cause nationale, est intéressant à analyser. Il souligne qu'est en situation de précarité énergétique une personne qui « *éprouve dans son logement des*

20 Dits « de première nécessité », ces tarifs permettent une économie globale de 40 à 60 % du montant annuel de la dépense électrique d'un ménage pouvant y prétendre.

21 À ce sujet, voir le texte de Grégory Busquet et Émilie Saint-Macary dans le présent ouvrage.

difficultés particulières à disposer de la fourniture d'énergie nécessaire à la satisfaction de ses besoins élémentaires en raison de l'inadaptation de ses ressources ou de ses conditions d'habitat » (Devalière, Briant, Arnault, 2011).

L'injonction qui se construit autour des dispositifs de politique de la ville entraîne une stigmatisation des règles du vivre ensemble dans les quartiers les plus en difficulté. La réalisation de la ville durable adressée aux populations modestes, sans que cela soit exclusif, repose, elle, sur une redéfinition par l'institution des modalités d'acquisition des règles de socialisation et de civilité primaires à l'échelle de la famille : savoir se chauffer, se nourrir, se vêtir, se divertir. Un travail de recherche récent sur le rapport aux objets de consommation d'énergie[22] montre cependant que les consommations énergétiques des ménages les plus modestes restent marquées par une prise de conscience du coût que les dépenses énergétiques représentent. Les ménages édictent eux-mêmes leurs propres règles de sobriété qui renvoient à un bricolage complexe et à des manières de faire au centre desquelles se trouvent des pratiques d'autocontrainte et d'auto-surveillance (Roudil, Flamand, 2013). Ainsi, ces ménages majoritairement locataires sont captifs d'une situation économique qui les oblige à porter une grande attention à leurs factures énergétiques. Ils surveillent leurs consommations, leurs usages, sont restreints par leur faible capacité à s'équiper. La possession d'objets multimédias est parfois réduite au minimum avec une télévision et un ordinateur pour toute la famille, tout en étant associée à une surveillance des temps d'utilisation. Les familles monoparentales interrogées développent ainsi des pratiques de sobriété accompagnées d'un discours qui montre que les messages institutionnels d'économie sont acquis et instrumentalisés. Ainsi, les équipements sont achetés par rapport aux performances énergétiques qu'ils affichent. L'étiquette A+ est considérée comme un investissement. La lutte contre le gaspillage est érigée en principe de vie. Dès la fin de leur utilisation, les objets fonctionnant à l'énergie sont arrêtés (hotte éteinte après la cuisson, comme les veilles après usage ainsi que les lumières à la sortie des pièces). On laisse décongeler les aliments plutôt que d'utiliser le four à micro-ondes. Les radiateurs sont éteints lorsque les pièces sont désertées par leurs occupants. Les plaques chauffantes sont coupées avant la fin de cuisson pour utiliser leur force d'inertie thermique. L'eau chaude est utilisée avec parcimonie en dehors des moments de toilette. Les enfants sont étroitement

22 Cette recherche s'est achevée en janvier 2013 et a été réalisée dans le cadre d'un projet ANR Ville et territoire durable. Elle porte sur la consommation énergétique des ménages, du domicile à la ville (ENERGIHAB). Parmi plusieurs protocoles, une enquête a été menée auprès de 60 ménages franciliens, vivant à la fois dans des logements individuels ou collectifs, représentant l'ensemble des PCS.

surveillés dans leurs temps de loisirs et de toilette afin d'éviter les dépenses énergétiques superflues.

La prise en charge institutionnelle des modes d'habiter paraît ainsi bien superflue et déplacée. Le discours sur la nécessaire montée en compétence des habitants, conditionnée à la réalisation de logements de plus en plus technologisés, doit être replacé dans un contexte global de sophistication de la prise en charge des populations les plus fragiles par la puissance publique.

Néanmoins, la ville durable a ceci de particulier qu'elle destine ses consignes à tous. Les espaces où elle se réalise actuellement constituent des laboratoires où traditionnellement l'efficacité de la prise en charge sociale est déjà éprouvée.

Conclusion

Le lien entre la politique de la ville et le développement durable se place dans une continuité institutionnelle renouvelée par la nécessité de réglementer l'accès aux ressources dans un contexte d'urgence climatique. Il repose sur l'utilisation de l'injonction rodée dans le cadre du discours sur l'insécurité urbaine. La ville durable, lorsqu'il est question des populations les plus modestes, entraîne un changement dans l'échelle de l'intervention publique. Nous sommes passés d'une attention portée aux rapports sociaux à l'échelle du quartier à une tentative de faire évoluer les principes qui sous-tendent les pratiques du domicile dans le cadre du logement.

Il n'est pas question de nier ici le fait qu'à la différence de la politique de la ville, le discours du développement durable s'adresse à tous. Il s'agit simplement d'examiner une de ses conditions de réalisation dans un des laboratoires actuels de la ville durable, celui du logement des populations modestes.

Les mesures et recommandations en termes d'habiter issues des incitations à la sobriété énergétique sont synonymes d'une recrudescence des injonctions et d'une restriction annoncée pour tous de l'accès aux biens de consommation dont la diffusion est directement liée aux prix de l'énergie, eux-mêmes associés à la quantité de ressources disponibles, objet de spéculations sans cesse renouvelées.

Les populations de ZUS vivent depuis 1977 dans les périmètres des dispositifs de la politique de la ville dont l'objet n'a pas beaucoup évolué. Elles voient apparaître une nouvelle exigence, celle de la sobriété énergétique qui dispose de conditions de réalisation très efficaces.

À côté des règles strictes d'application des normes de réglementation thermiques lors des campagnes de démolition-reconstruction et bientôt de rénovation, via l'édition de référentiels BBC[23] rénovation, l'application de l'article 11 de la loi Grenelle 2, avec la mise en place du programme « habiter mieux », risque bien de créer les conditions d'un nouvel espace de conflit entre la norme et les catégories du désordre, mais, cette fois, à l'échelle du domicile.

Bibliographie

AVENEL C., 2005, « La mixité dans la ville et dans les grands ensembles. Entre mythe social et instrument politique », *Informations sociales*, CNAF, 2005/5, n° 125, pp. 62-71.

BACQUÉ M.-H., FIJALKOW Y., FLAMAND A., VERMEERSCH S., 2010, « Comment nous sommes devenus HLM. Les opérations de mixité sociale à paris dans les années 2000 », *Espaces et Sociétés*, 2010/1 n° 140-141, pp. 93-109.

BEAUD S., MASCLET O., 2006, « Des marcheurs de 1983 aux émeutiers de 2005. Deux générations sociales d'enfants d'immigrés », *Annales Histoire*, Paris, Editions de l'E.H.E.S.S., 2006/4, 61e année, pp. 809- 843.

BERNIE-BOISSARD C., CHEVALIER D., 2011, « Développement durable : discours consensuels et pratiques discordantes : Montpellier et Nîmes », *Espaces et Sociétés*, 2011/4, n° 147, pp. 41-55.

BOARDMAN B., 1991, *Fuel poverty: from cold homes to affordable warmth*, London, Belhaven.

BOARDMAN B., 2010, *Fixing fuel poverty: challenges and solutions,* Earthscan Publications Ltd.

DEVALIERE I., BRIANT P., ARNAULT S., 2011, « Précarité énergétique : avoir froid ou dépenser trop pour se chauffer », *Insee première*, n° 1351.

EMELIANOFF C., 2007, « La ville durable : l'hypothèse d'un tournant urbanistique en Europe », *L'Information géographique*, 71 (3), pp. 48-65.

EPSTEIN R., 2011, « Politiques de la ville : bilan et (absence de) perspective », *Regards croisés sur l'économie*, Paris, La Découverte, 2011/1, n° 9, pp. 203- 211.

EPSTEIN R., 2013, *La rénovation urbaine. Démolition-reconstruction de l'État*, Paris, Presses de Sciences po.

23 Les bâtiments à basse consommation renvoient à des exigences très importantes en matière de sobriété énergétique. La consommation au mètre carré ne doit pas excéder 50 kWh alors qu'un logement construit avant le premier choc pétrolier de 1973 consomme en moyenne entre 230 et 300 kWh/m^2.

FIJALKOW Y., 2011, *Sociologie du logement*, Paris, La Découverte, coll. « Repères ».

FIJALKOW Y., 2009, « Politiques urbaines », *in* STEBE J.-M. MARCHAL H., *Traité sur la ville*, Paris, PUF, pp. 153-205.

FOURCAUT A., 1999, « Les habits neufs des politiques de la ville depuis 1980 », *Vingtième siècle*, n° 64, octobre-décembre, pp. 113-119.

LATOUR B., 1992, *Aramis ou l'amour des techniques*, Paris, La Découverte.

LÉVY A., EMELIANOFF C., 2011, « Quelle ville durable ? », *Espaces et Sociétés*, 2011/4, n° 147 pp. 7- 23.

ROUDIL N., 2011, *Usages sociaux de la déviance. Habiter la Castellane sous le regard de l'institution*, Paris, L'Harmattan, coll. « Habitat et société ».

ROUDIL N., FLAMAND A., 2013, « Face à la crise l'habitant consommateur d'énergie, stratégies et économie », *in* CLOCHARD F., DESJEUX D. et GOUIN S., *Le consommateur (malin ?) face à la crise*, Paris, L'Harmattan, coll. « Dossiers sciences humaines et sociales ».

ROUDIL N., 2015, « La ville durable à l'épreuve de la sobriété. Le citadin entre injonction à « bien habiter » et normalisation des conduites en milieu urbain », *in* HAMMAN Ph., CHRISTEN G., JEHLING M., *Systèmes énergétiques renouvelables en France et en Allemagne, synergies et divergences*, Paris, Orizons.

TISSOT S., 2006, « Une discrimination informelle ? Usages du concept de mixité sociale dans la gestion des attributions de logement HLM », *Actes de la recherche en sciences sociales*, n° 159, pp. 54-69.

ZELEM M.-CH., 2010, *Politiques de maîtrise de la demande d'énergie et résistance au changement, Une approche socio-anthropologique*, Paris, L'Harmattan, coll. « Logiques Sociales ».

ZETLAOUI-LEGER J. et *al.*, 2013, *La concertation citoyenne dans les projets d'écoquartiers en France : évaluation constructive et mise en perspective europée*nne, Programme CDE, APR 2008-2009, rapport final, tome 1.

LES POLITIQUES SOCIALES URBAINES AILLEURS

Après une approche analytique détaillée de la politique de la ville, portant sur des aspects à la fois historiques et idéologiques (première partie), techniques et institutionnels (seconde partie), territoriaux et sociaux (troisième partie), cette quatrième et dernière partie de l'ouvrage propose au lecteur de porter son regard ailleurs, et d'observer les politiques urbaines mises en œuvre chez deux de nos voisins européens : l'Allemagne et la Grande-Bretagne. Si nous ne sommes pas les seuls à nous être récemment intéressés à la comparaison des politiques urbaines de ces deux pays avec la politique de rénovation urbaine française[1], c'est sans doute parce qu'elles sont toutes deux, à la fois particulièrement proches de ce que nous connaissons en France – dans les objectifs affichés notamment – tout en étant simultanément très éloignées, du fait de la place plus ou moins importante qu'occupe le logement social dans chacun de ces pays.

Au-delà des constats de divergences et/ou de convergences des politiques urbaines dans différents contextes nationaux, que nous apprennent les expériences étrangères ? Dans quelle mesure peuvent-elles concrètement alimenter les réflexions et l'action en France ? Les « recettes à succès » de telles politiques sont-elles « internationalisables » ? Autrement dit, la capitalisation d'expériences a-t-elle un sens lorsqu'elle sert à alimenter des politiques urbaines qui peuvent être par ailleurs très éloignées ?

Si la posture comparative constitue le fil conducteur de la première contribution de cette dernière partie, portant sur le programme « ville sociale » allemand (Vieillard-Baron), elle apparaît en creux dans l'analyse proposée dans la seconde contribution qui concerne la politique de « renaissance urbaine » anglaise (Launay).

La politique de rénovation urbaine française est, nous l'avons vu, non pas une politique assignée à la ville dans son ensemble, mais bien un dispositif spécifiquement dédié à certains quartiers urbains dits en difficulté. C'est donc au regard des expériences mises en œuvre dans le cadre de politiques étrangères en faveur des quartiers dits en difficulté que la politique de la ville française est analysée.

Quelles que soient les politiques publiques étudiées, l'exercice de la comparaison internationale n'est jamais aisé, car en dépit d'une proximité qui peut être géographique, socioéconomique, voire historique, les contextes politiques, les systèmes de gouvernance locaux, l'organisation et l'enchevêtrement des différentes politiques publiques appliquées peuvent donner lieu à des dispositifs locaux au final peu comparables.

C'est pourquoi, les travaux comparatifs, et notamment ceux que nous proposons dans ce quatrième chapitre, sont très souvent prudents, et ce

---

[1] KIRSZBAUM T., 2015, *En finir avec les banlieues ? Le désenchantement de la politique de la ville*, Paris, Éditions de l'Aube.

d'autant plus en Europe où, malgré une proximité de contextes sociopolitiques et, de fait, une proximité géographique, les divergences des politiques urbaines sont souvent plus nombreuses que les convergences. Une recherche relativement récente, réalisée pour le PUCA en 2010, sur l'usage du terme *mixité sociale* dans les politiques urbaines de quatre pays européens, à savoir le Portugal, l'Espagne, l'Allemagne et les Pays-Bas[2], a notamment mis en exergue certaines divergences fondamentales dans la mise en œuvre des politiques du logement qui, en substance, seraient susceptibles d'invalider la comparaison entre les politiques publiques urbaines appliquées dans chacun de ces pays. En effet, dans les quatre pays étudiés, il est montré que le logement social n'a ni le même poids, ni la même définition, ni le même rôle qu'en France. Il est soit inexistant ou presque (Portugal, Espagne), soit en voie de disparition en tant que logement spécifique (Allemagne), et il ne peut en l'occurrence constituer un enjeu et un outil de la mixité. Au delà des résultats mis en exergue dans cette étude sur la prise en compte du terme de mixité sociale dans les politiques locales du logement de ces quatre pays, cette recherche met donc en évidence des divergences fondamentales dans les réponses apportées à des problèmes pourtant souvent posés de façon analogue dans les quatre lieux étudiés. S'il semble que la politique française soit assez éloignée de celle de ses voisins européens (constat en partie partagé par la première contribution de cette quatrième partie), elle a souvent fait l'objet de rapprochements avec la politique urbaine d'une territoire beaucoup plus éloigné géographiquement, à savoir le programme *Hope VI* américain. Les démolitions mises en œuvre de façon massive dans le cadre du PNRU sont par exemple une exception européenne et se rapprochent davantage des objectifs du programme américain. La diversification de l'habitat est également une des spécificités françaises que l'on retrouve appliquée de façon comparable aux États-Unis.

Dès lors, malgré un contexte comparatif délicat avec les politiques urbaines européennes, il apparaît toutefois dans ces deux articles que, malgré des traditions institutionnelles différentes et des histoires urbaines récentes distinctes, les idéologies et les moyens, à savoir ceux du renouvellement urbain et des politiques de mixité sociale, aboutissent de façon inévitable à une dynamique de *gentrification* des quartiers populaires, et ce, des deux côtés du Rhin et de la Manche. Il semble par ailleurs que les impacts et les réussites de telles politiques sont de prime abord davantage perceptibles chez nos voisins allemands, du fait même des idéologies assumées, des traditions institutionnelles et des politiques locales.

---

2 DRIANT J-C., DROSSO F., LEFEUVRE M.-P, LELEVRIER C., *La mixité sociale, une référence européenne partagée ? Études des cas de l'Allemagne, du Portugal et de l'Espagne*, CRETEIL-PUCA, septembre 2006, 52 p. + 3 volumes nationaux.

L'ALLEMAGNE ET SES QUARTIERS SENSIBLES : POLITIQUES SOCIALES ET FORMES DE RÉNOVATION URBAINE EN REGARD DE LA SITUATION FRANÇAISE

Hervé Vieillard-Baron

Toutes les agglomérations d'Europe comprennent des quartiers en difficulté. On y retrouve, à peu de chose près, les mêmes processus d'enclavement géographique, de ségrégation sociale et de marginalisation culturelle et civique. Le principe de la ville à deux vitesses y semble couramment admis en dépit des politiques menées depuis 1945 et des projets récents. Certains quartiers connaissent une forte croissance économique et une redistribution sociale qui conduit à la promotion de leurs habitants ; d'autres sont des réservoirs de pauvres et de chômeurs. Leur localisation varie selon les États. Alors qu'en France et aux Pays-Bas, ils sont plutôt en périphérie, ils se situent généralement au centre des agglomérations en Angleterre. En Allemagne, on les trouve aussi bien à la périphérie qu'au centre.

Il faut dire que le cas allemand est singulier en tout point : la structure fédérale introduit des pratiques spécifiques ; la réunification y est récente et les politiques générales en faveur des quartiers sensibles y ont été longtemps absentes.

Précisément, nous nous intéresserons ici à l'Allemagne, aux stratégies d'aménagement, aux formes de rénovation urbaine et aux politiques sociales qui y ont été mises en œuvre dans les années 1990-2010 en faveur des secteurs urbains en difficulté. Comment analyser ces politiques et ces interventions au regard de la situation française ? Peut-on dégager des orientations similaires à celles qui se développent en France avec la politique de la ville ? Nous tenterons de répondre à ces questions à partir des résultats du programme franco-allemand mis en place en 2000-2001 avec deux chercheurs du Séminaire de sociologie de l'université Georg-August de Göttingen (land de Basse-Saxe)[1].

Du point de vue méthodologique, nous sommes appuyé sur plusieurs terrains et sur les résultats d'enquêtes menées conjointement dans les deux

1 Contrat intitulé « Les quartiers sensibles en France et en Allemagne : approche comparative » avec la participation de R. Neef, R. Keim (Université de Göttingen) et C. Lelévrier (IUP-Paris12). Convention FASILD - UMR LOUEST- Soziologisches Seminar de l'Université de Göttingen, 2000-2002.

pays et portant sur la rénovation et les relations de voisinage[2]. Outre les quartiers français de La Noé à Chanteloup-les-Vignes (Yvelines) et des Poètes à Pierrefitte en Seine-Saint-Denis, l'analyse s'appuie sur six quartiers allemands : deux vieux quartiers de tradition ouvrière (Nordstadt à Kassel et Kreuzberg à Berlin), deux grands ensembles de l'ex-RFA[3] (Brückenhof situé au sud de Kassel et Varenheide-est à la périphérie de Hanovre) et, enfin, deux ensembles de l'ex-RDA, emblématiques par leur dimension exceptionnelle (Marzahn à la périphérie orientale de Berlin), ou par l'impact de leur restructuration urbaine (Leinefelde localisée à l'est de Göttingen).

Dans un premier temps, nous évoquerons la singularité du contexte allemand et les limites liées à l'approche comparative. Puis nous interrogerons le programme Soziale Stadt (ville sociale) mis en place en 1999 au regard de la situation française et, enfin, nous soulignerons les différents aspects du renouvellement urbain en Allemagne.

Les contraintes et les limites de l'approche comparative

Des traditions culturelles et institutionnelles spécifiques

Les limites de la comparaison sont liées d'abord au décalage des traditions culturelles, à la différence des contextes historique, géographique et démographique, mais surtout aux modifications très rapides qui se sont produites depuis plus de vingt ans en Allemagne. Ensuite, s'il est clair que la réunification allemande de 1990 a joué un rôle moteur dans l'accueil de nouvelles populations et dans la réorganisation des institutions, les objets mêmes des comparaisons ne sont pas identiques d'une partie de l'Allemagne à l'autre, et d'un land à l'autre, du fait même de la structure fédérale.

En matière de morphologie urbaine et de situation, on observe déjà que les quartiers sensibles situés à l'Ouest[4] sont en général plus petits et plus souvent situés à proximité des centres-villes qu'en France, tandis que les grands ensembles de l'Est (*Plattenbauen*), initialement destinés aux ouvriers et aux fonctionnaires de l'ancien régime communiste (et considérés positivement à l'époque), sont au contraire d'une dimension très supérieure, localisés tantôt à proximité du centre, tantôt en périphérie comme Marzahn

---

2 VIELLARD-BARON H., NEEF R., Social Networks and Neighbourhood Relations in Difficult Neighbourhoods in Germany and in France, *Swiss Journal of Sociology*, Volume 34, Issue 2, Seismo, 2008, pp. 351-369.

3 RFA : République fédérale d'Allemagne (de 1949 à la chute du mur en 1989) ; RDA : République démocratique allemande (ex-Allemagne de l'Est).

4 Si l'on met à part les très grands ensembles de Munich et de Cologne qui dépassent chacun les 40 000 habitants.

ou Hellersdorf sur les marges orientales de Berlin. Dans ces ensembles, les projets visent à une réduction de la vacance locative par une démolition sélective et par une restructuration urbaine de grande ampleur, à l'instar de ce qui se passe dans les zones les plus sensibles de France.

Les limites à la comparaison concernent ensuite les imprécisions conceptuelles qui résultent de la traduction. Les Français et les Allemands se différencient bien évidemment par la langue, mais aussi par les significations divergentes qu'ils donnent à des mots identiques. Il en résulte de profondes différences dans l'approche des quartiers, souvent mal rendues dans les rapports scientifiques.

En France, le souci du « politiquement correct » a conduit l'administration à regrouper les procédures et les interventions contractuelles en faveur des quartiers sensibles sous l'appellation très généraliste de « politique de la ville ». Mais cette expression prête évidemment à confusion dès lors qu'il s'agit de la traduire. Déjà, les termes de « politique » et de « ville » sont imprécis puisqu'ils ne recouvrent pas réellement ce qu'ils sont censés signifier en français. En Allemagne, la « politique de la ville » s'intéresse à toute la ville. Dans le système fédéral, elle implique une division entre le développement urbain (*Städtebau*) centré sur les tâches opérationnelles au niveau municipal, et la planification régionale (Raumordnung) fondée sur de grands principes directeurs imposés par les länder et par l'État.

La responsabilité de la politique de l'habitat et du développement urbain incombe au ministre fédéral de l'Aménagement du territoire et du Logement. Mais chaque Land a un ministre qui s'occupe du développement urbain. De plus, la constitution garantit aux municipalités « le droit d'assumer la responsabilité de l'organisation de leurs affaires locales » dans le respect des lois fédérales et des lois des Länder. En somme, la coordination verticale entre le gouvernement fédéral (le *Bund*), les Länder et les municipalités est indispensable à la réussite de toute politique de la ville. Elle permet de traiter les questions de façon tout à la fois descendante (du *Bund* vers les collectivités locales) et ascendante (des municipalités et des länder vers le gouvernement fédéral). C'est ce principe de « double sens » (*Gegenstromprinzip*), associé de subsidiarité, qui donne sa spécificité au système institutionnel allemand. Il impose des règles de fonctionnement profondément différentes de celles de l'État français, centralisateur et unitaire, en dépit des lois de décentralisation de 1982-83. Les administrations déconcentrées de l'État dans les régions ou les départements n'existent pas en Allemagne. Par conséquent, la politique de la ville allemande est très éloignée dans son fonctionnement de « la politique de la ville » à la française. Un colloque franco-allemand[5] sur cette question au début des années 1990 considérait que la moins mauvaise des traductions pour « politique de la ville » était celle de « travail social communautaire » (*Gemeinwesen Arbeit*) ! De fait, on parlera plutôt en Allemagne d'investissement social sur les quartiers, ou de travail de quartier, ou encore de mesures pour les quartiers « ayant des besoins spécifiques de développement ».

Ensuite, la forte diffusion des noyaux urbains en Allemagne rend caduques toutes les approches systématiques du type *centre/périphérie* ou *ville-centre/ville de banlieue*, telles qu'elles ont pu être développées en France. Les secteurs urbanisés qui connaissent des difficultés comparables à celles des banlieues françaises (marginalisation sociale, discrimination des immigrés, paupérisation, délinquance) sont souvent de petits îlots situés dans les centres-villes ou les faubourgs proches. On les désigne habituellement sous le terme *Brennpunkte* (littéralement : points chauds). Mais l'usage montre que les Allemands l'utilisent de manières diverses : pour désigner les lieux où les risques d'incendie criminel sont importants, pour nommer des micro-quartiers dangereux, parfois même pour désigner des secteurs entiers en voie de disqualification (du type des grands ensembles français). L'Assemblée des délégués des villes allemandes emploie couramment ce mot de *Brennpunkte* dans le sens de quartier à problèmes. On observe néanmoins de fortes différences régionales dans l'usage du terme. Par exemple, le land de Hesse où se trouve Kassel l'a intégré dans la nomenclature officielle des documents relatifs à la planification. Le classement en point chaud y favorise l'attribution des subventions. D'autres länder, comme celui de Rhénanie du Nord-Wesphalie, préfèrent utiliser des euphémismes tels que l'expression *Stadtteil mit besonderem Erneuerungsbedarf* (littéralement : quartier avec un besoin particulier de rénovation). Dans l'ancienne Allemagne de l'Est, les points chauds sont souvent de simples foyers d'hébergement pour les étrangers, comme les foyers de Rostock et de Hoyerswada, tristement célèbres pour avoir été victimes d'attentats ou d'incendies.

Un contexte urbain très original en Allemagne

Si l'on s'en tient à la population et à l'habitat, on observe qu'en Allemagne, la corrélation entre grands ensembles, ménages immigrés et pauvreté ne va pas de soi. L'intensité et la forme des concentrations sont très variables. Certains quartiers centraux des grandes villes (Kreuzberg à Berlin,

5 Communication de Maurice Blanc aux secondes journées de la recherche sociale, « Territoires et travail social en France et en Allemagne », Chaire de travail social du CNAM, Paris, juin 2006.

ou Nordstadt à Kassel) ont des caractéristiques proches des anciens quartiers ouvriers français : ouverture à l'immigration, mixité des activités, mélange de logements dégradés et de logements sociaux plus récents. En revanche, la qualification des grands ensembles est plus variée en Allemagne qu'en France. Une distinction s'impose immédiatement entre les ensembles résidentiels de l'ancienne République fédérale (ex-RFA) qui se rapprochent des cités françaises (même si la mixité sociale y est souvent un peu plus forte) et les grands ensembles de l'Allemagne de l'Est qui accueillent très peu d'étrangers et qui regroupaient, avant la chute du mur, une population de salariés socialement diversifiée.

En second lieu, on observe une plus forte vacance résidentielle en Allemagne. Les nombreuses opérations de démolition et de recalibrage de l'offre de logements se justifient davantage par l'importance de cette vacance que par des stratégies de réaménagement urbain. Cette situation est particulièrement préoccupante dans les grands ensembles de l'ex-Allemagne de l'Est qui ont souvent la dimension de véritables villes. Certains d'entre eux regroupent plus de 50 000 logements (Hellersdorf, Marzahn à l'est de Berlin, Grünau à Leipzig) et connaissent une forte vacance due non seulement à la baisse continue de la natalité depuis trente ans et à la fermeture des industries locales, mais surtout au développement d'une nouvelle offre de logements dans les centres urbains requalifiés et dans les lotissements périphériques. Étant donné la taille de ces ensembles, l'enjeu du renouvellement urbain concerne souvent le devenir même des villes où ils se situent.

Les autres éléments de contexte à retenir ici tiennent plus à l'originalité des organisations politico-administratives et aux spécificités de la participation qu'aux aspects proprement socioéconomiques. Tout d'abord, le système allemand de production, de gestion et de financement de l'habitat met en évidence des définitions multiples du logement social et des rapports très complexes entre les organismes bailleurs, l'État fédéral et les collectivités territoriales. Sans entrer dans le détail, on dénombre une grande variété d'organismes logeurs, depuis les sociétés privées ou privatisées de l'Ouest jusqu'aux coopératives de l'Est, en passant par les organismes municipaux. À la différence de la France, le logement social est davantage défini par le statut de l'occupant que par son mode de financement. Il peut également être privatisé de façon massive : à Berlin par exemple, le nombre de logements sociaux locatifs a baissé des trois quarts en quinze ans, passant de 650 000 en 1990 à 200 000 en 2006[6].

6 Par exemple, le patrimoine du bailleur social Stadt und Land dans le grand ensemble de Hellersdorf est passé de 36 000 logements en 1991 à 21 000 en 1998, et à 15 044 en 2006. Plus de 20 000 logements ont été vendus.

Ensuite, on observe que les politiques menées dans un cadre imposé par l'État fédéral sont largement infléchies au niveau local. Les länder et les municipalités sont les maîtres d'œuvre ; ils sont chargés de choisir les quartiers à traiter, de définir les priorités et d'affecter les crédits. De ce fait, l'autonomie des acteurs locaux est beaucoup plus grande qu'en France[7]. En ce sens, le programme « ville sociale », même s'il est national, s'adapte aux contextes locaux.

Les orientations multiples du programme « ville sociale »

Le programme « ville sociale » – intitulé très exactement « Programme conjoint de la fédération et des États allemands : soutien aux quartiers ayant des besoins particuliers de développement, la ville sociale » (*Stadtteile mit besonderem Entwicklungsbedarf, die Soziale Stadt*) – a été lancé conjointement, comme son nom l'indique, par le gouvernement fédéral allemand et les länder en 1999. Comme les dispositifs français, ce programme est fondé sur une approche intégrée des secteurs socialement défavorisés, dans un cadre étroitement territorialisé, transversal et partenarial. Mais les termes de son intitulé soulignent la différence d'approche : la priorité est donnée d'emblée au « quartier » et au « social » côté allemand, alors qu'à partir de 1990, l'accent est mis sur la « ville », c'est-à-dire sur le volet spatial côté français, après l'épisode du Développement social des quartiers des années 1980.

De fait, ce programme présente de nombreuses différences avec la France : celles-ci tiennent d'abord à la spécificité du régime politique allemand et des pratiques locales, avec un dosage subtil entre un fédéralisme qui délègue l'initiative aux länder et un pouvoir municipal fort, nourri de mutualisme, qui parvient souvent à s'imposer en dernier recours. Très soucieuses de leur autonomie, ce sont les agglomérations qui mettent en musique les programmes à partir des orientations et des financements des länder.

Précisément, la souplesse d'adaptation aux contextes locaux, l'ouverture aux propositions de la base et la pratique du libre débat soutenu par des structures associatives, reconnues d'utilité publique, permettent de résoudre la majorité des conflits, même si les initiatives concrètes entrent régulièrement en tension avec la rationalité administrative et le caractère très institutionnel des dispositifs. L'État n'est pas sacralisé comme en France et on n'hésite jamais à faire appel aux grandes fondations et aux entreprises quand les besoins se font sentir. Avec l'usage courant du consensus politique outre-Rhin, on observe aussi que le rapport au temps du changement n'est

7 On lira à ce propos l'article de Fabrice Peigney publié dans cet ouvrage.

pas le même : en France, l'obligation de résultats dans l'espace d'une mandature conduit à multiplier les dispositifs et à réduire l'implication réelle des habitants, alors qu'en Allemagne, la transformation d'un quartier peut être gérée sur la durée, sans être soumise aux échéances électorales. Le réformisme allemand, associé à un solide pragmatisme sur le terrain, peut donner ici toute sa mesure.

Les différences tiennent, en second lieu, au contexte urbain et aux données socio-démographiques des deux pays. Sur un territoire plus réduit, l'Allemagne est deux fois plus dense que la France ; elle est dotée de nombreuses villes de plus de 200 000 habitants et d'un important semis de villes petites et moyennes bien reliées entre elles. Les formes d'enclavement des quartiers difficiles ne sont donc pas similaires à la France. Dans les grandes villes de l'Allemagne de l'Ouest, le modèle-type de quartier difficile est l'ancien quartier ouvrier en situation péri-centrale. Beaucoup d'Allemands très modestes y résident ainsi qu'une partie des immigrés arrivés depuis les années 1960, issus principalement de Turquie et d'Europe du Sud (Yougoslavie, Italie, Espagne, Grèce). Le quartier d'habitat social est un second modèle : dans l'ancienne RFA où il est situé plutôt en périphérie, il regroupe des immeubles assez récents, d'anciens logements sociaux bénéficiant désormais d'un loyer libre[8] et, éventuellement, des secteurs pavillonnaires. Dans l'ancienne République démocratique (ex-RDA), le grand ensemble est souvent conçu comme l'élément central de la ville – sinon comme le quartier le plus peuplé et souvent le plus favorisé socialement et économiquement. Il est habité par des Allemands aux revenus modestes, par d'anciens immigrés ayant réussi leur implantation, par des réfugiés des années 1980-1992, et par de nouveaux migrants, rapatriés allemands (*Aussiedler*) originaires de l'ex-URSS, plus rarement de Pologne ou de Roumanie.

Enfin, les différences entre les deux pays sont liées aux cultures spécifiques en matière de travail social depuis la fin du nazisme, au traitement social de la pauvreté et au regard particulier qui est porté sur l'exclusion sociale et sur l'immigration depuis la fin de la Seconde Guerre mondiale, l'immigré étant considéré davantage comme un « invité » que comme un membre à part entière de la société allemande.

8 Après une période qui varie de 15 à 25 ans, les logements sociaux allemands sont libérés de leurs contraintes réglementaires en matière de loyer et ils peuvent être vendus. Depuis la dérogation du Wohnungs-Gemeinnützigkeitsgesetz en 1990, les sociétés de logement peuvent en effet en disposer à leur gré.

Un programme récent

La nécessité d'une action territorialisée, cohérente et intégrée concernant les quartiers visés se fait sentir partout au milieu des années quatre-vingt-dix et une première réflexion d'ensemble sur les quartiers défavorisés est menée en Allemagne en 1996. Elle résulte d'une initiative de la conférence des ministres des länder sur le thème de « la ville sociale », thème qui fait son apparition en toutes lettres à cette époque à partir d'objectifs prioritaires centrés sur l'amélioration des conditions de vie dans les quartiers défavorisés et la nécessité d'une plus grande efficacité des interventions publiques.

En 1998, le gouvernement fédéral – qui s'appuie sur une nouvelle coalition « rouges-verts » dirigée par le chancelier Gerart Schröder – met à la disposition des länder et des communes une enveloppe budgétaire pour une période de quatre, puis de six ans pour financer les mesures d'urgence concernant les quartiers les plus sensibles, ce qui est une nouveauté en Allemagne. Les sommes affectées qui étaient de 51 millions d'euros au début seront portées à 105 millions par partenaire et par année après 2006. Au niveau national, le programme « ville sociale » est confié au ministère fédéral des Transports, de l'équipement et du logement qui signe un accord avec les länder pour assurer le cofinancement des projets. Ces länder sont chargés d'appliquer la politique nationale, mais ils jouissent d'une importante marge de manœuvre. Le principe du cofinancement « État- länder -commune » est prévu à parts égales, rappelant la trilogie financière « État-région-commune » mise en œuvre pour les actions de Développement social des quartiers au début des années 1980, les régions françaises n'ayant cependant pas les mêmes pouvoirs que les länder allemands qui sont quasiment des États dans l'État.

Le projet « ville sociale » est définitivement adopté à Berlin lors d'un grand congrès largement médiatisé en 1999. Il concerne explicitement les deux types de quartier évoqués plus haut : tout d'abord, les quartiers anciens centraux et péricentraux (Kreuzberg à Berlin, Nordstadt à Dortmund et à Kassel par exemple) construits à la fin du XIXe ou au début du XXe siècle, composés de logements diversifiés plus ou moins vétustes ; ensuite, les grands ensembles de l'ex-RFA dont le statut et la localisation sont très différents de ceux de l'Est. Il faut en effet distinguer les formes d'habitat collectif à l'ouest et à l'est de l'Allemagne, comme on a pu l'observer à Berlin. Les quartiers de Marzahn et d'Hellersdorf situés dans l'ex-Berlin-Est sont des grands ensembles récents (Marzahn a été terminé en 1977 et Hellersdorf au milieu des années 1980) qui ont accueilli au début les cadres du Parti communiste et les ouvriers qualifiés. Aujourd'hui, dans ces quartiers largement paupérisés, les techniciens luttent contre la vacance des logements dans le cadre d'un autre programme qui s'attache essentiellement à la requalification et à la rénovation urbaine par des démolitions et des transformations très ciblées : le programme Stadtumbau Ost pour l'Allemagne de l'Est.

Des orientations très sociales

Le programme « ville sociale » a pour but de rendre plus efficaces les interventions en activant les dépenses publiques selon un principe de fongibilité des investissements sur les zones étroitement délimitées. La coordination des projets et la coopération entre les services sont au centre du dispositif. Il s'agit, comme on l'a fait en France avec les DSQ, mais dans une optique de « développement durable » (*sustainable development*), de passer d'une politique sectorielle à une approche multidimensionnelle visant la requalification de l'environnement physique, l'amélioration du contexte socioéconomique, le développement de l'emploi local et l'intégration des étrangers et des Russes allemands[9]. Comme on l'a déjà vu, il s'agit de définir une stratégie transversale pour chaque site, de développer des partenariats avec l'ensemble des acteurs locaux et de mettre en œuvre une coopération horizontale des administrations concernées.

Du point de vue de la gouvernance, le programme « ville sociale » se traduit par la mise en place d'un « management de quartier » qui repose sur une équipe indépendante, ouverte aux propositions des habitants. Celle-ci est souvent constituée de chercheurs, d'universitaires, de chargés d'études, de consultants ou de membres d'associations sans lien direct avec les services municipaux. Elle est implantée au cœur du quartier pour faciliter la proximité avec les réseaux sociaux et avec les résidents. Un fonds d'action spécifique est dédié aux habitants. Néanmoins, il n'existe pas en Allemagne une conception unique du management de quartier. Certains habitants peuvent disposer directement du fonds et l'utiliser selon les décisions de jurys de citoyens[10] comme à Berlin. Parfois, à Kassel ou à Hanovre par exemple, c'est la municipalité qui en dispose et qui veille à son utilisation.

---

9 La présence d'Allemands en Russie remonte à l'impératrice d'origine allemande, Catherine II, qui autorisa l'émigration de quelque 100 000 Allemands. Lénine leur donnera un État, « la République socialiste soviétique des Allemands de la Volga ». Un million et demi d'Allemands vivent en Russie à la veille de la Seconde Guerre mondiale. L'invasion de l'Union soviétique par Hitler marque le début des persécutions. La population allemande est déportée vers les camps de travail de Sibérie. Après la chute du mur de Berlin, l'effondrement de l'Union soviétique permet aux Russes allemands de revenir en Allemagne avec un statut d'*Aussiedler*, c'est-à-dire de rapatriés. La moitié des 42 000 Russes allemands de Berlin vivent dans le quartier de Marzhan. (Sources : Nathalie Versieux, « Russes allemands, éternels étrangers », *Libération,* jeudi 15 novembre 2007).

10 À Berlin, ces jurys de citoyens sont composés normalement de 49 % de partenaires impliqués (associations par exemple) et de 51 % d'habitants tirés au sort (étrangers compris).

Un appel à des professionnels indépendants

Le code de l'urbanisme allemand conseille aux mairies de faire appel à des bureaux privés et à des professionnels extérieurs pour accompagner la rénovation urbaine, car il n'est pas forcément très intéressant de former des agents de la ville pour un projet dont on ne maîtrise pas la durée exacte. À Berlin, des professionnels indépendants travaillent dans ce domaine depuis la rénovation dite « douce » de la fin des années 1970. Et les acteurs du programme « ville sociale » s'appuient souvent sur cette expérience d'une trentaine d'années.

L'intérêt du management de quartier, c'est aussi d'échanger des expériences et de valoriser les logiques de réseaux. Alors que l'administration locale se focalise sur un quartier, les équipes de management qui sont issues de cabinets extérieurs sont mobiles ; une fois le projet terminé, elles vont s'investir dans un autre projet local, voire dans un autre land. Concernant la neutralité, on constate que ces cabinets peuvent être plus critiques ou plus novateurs dans leurs démarches que de simples agents de la ville qui seraient détachés sur un quartier. Finalement, un des objectifs sous-jacents serait de réformer les pratiques de l'administration, ce qui a été le cas de la France au moment de la mise en place des opérations de développement social des quartiers en 1982-1983.

Des quartiers localisés plutôt dans les anciennes régions industrielles

La carte de localisation des quartiers bénéficiant du programme « ville sociale » en 2008 souligne leur dispersion dans tout l'espace allemand. Il faut dire que l'on a observé en Allemagne une véritable inflation du nombre de quartiers touchés par ce programme, tout comme en France où l'on a assisté à une croissance rapide du nombre des secteurs en politique de la ville, la recherche de nouveaux financements motivant souvent les demandes. En 2001-2002, 200 quartiers allemands répartis dans 189 agglomérations étaient concernés. Ils étaient 330 en 2003 dans 229 villes, 392 dans 250 villes en 2005. En 2006, on recensait 430 sites inscrits dans le programme « ville sociale » au sein de 284 communes, 523 sites concernés dans 326 communes en 2008, et en 2009, 571 quartiers dans 355 communes. Tous les länder sont concernés, mais avec des différences, en particulier au sud de l'Allemagne où les deux länder les plus riches, le Bade-Wurtemberg et la Bavière - qui ont eu au départ une position attentiste - comptent moins de quartiers dans les dispositifs.

Les villes du programme « Des quartiers avec un besoin particulier de développement – **la ville sociale.** »
Régions de la politique structurelle communautaire 2000-2006

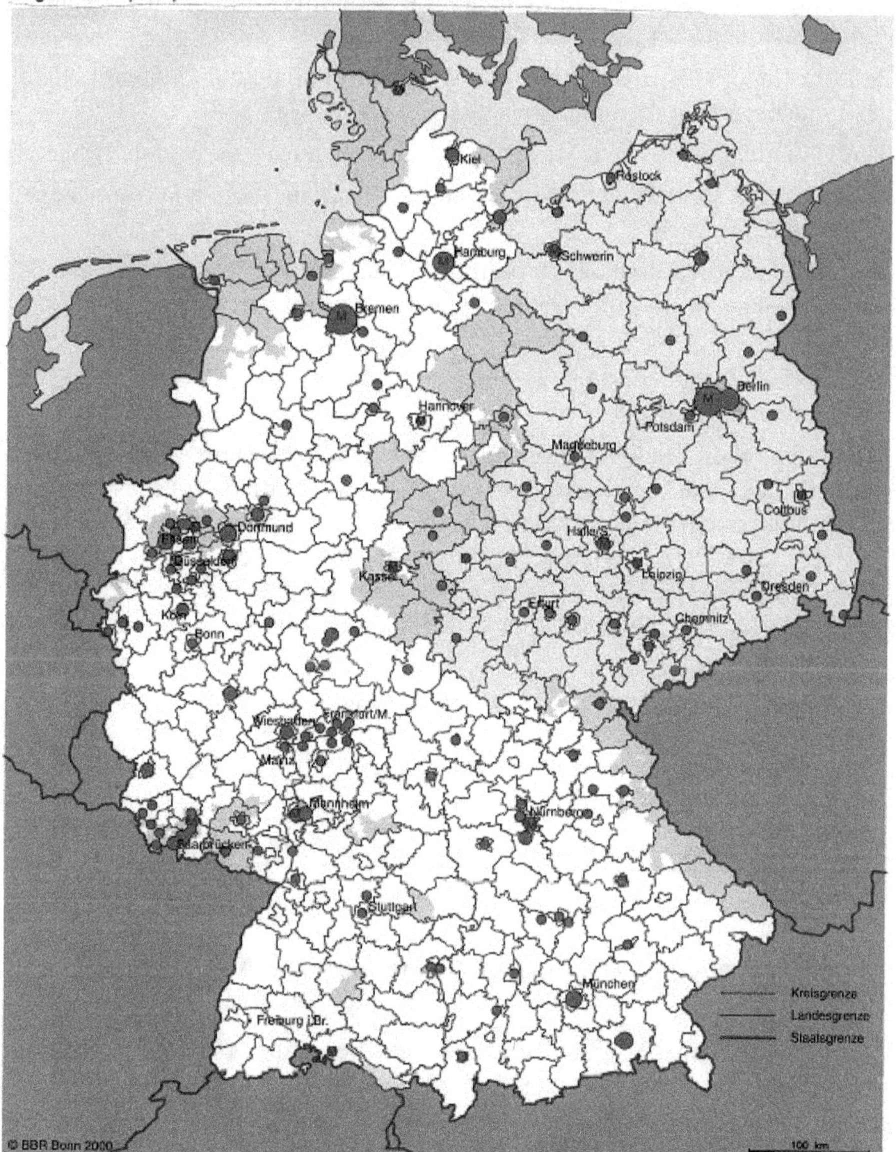

Zones éligibles

- Objectif 1
- Berlin-Est: Transition jusqu'à 2005
- Objectif 2

Nombre des quartiers dans chacune des villes

15
5
1
0

M Un quartier modèle (équipé d'un système de veille scientifique)

Stand 8/2000

En fait, une lecture attentive montre que trois grandes régions allemandes, si l'on met à part les « villes-*Land* » de Berlin, de Brême et de Hambourg, regroupent davantage de quartiers que les autres, proportionnellement à leur superficie :

- la Ruhr (land de Rhénanie du Nord-Westphalie) où de nombreux quartiers sont touchés par la désindustrialisation et le chômage,
- la région qui s'étend entre Mayence et Francfort, au sud du land de Hesse,
- la Sarre qui a souffert également de la désindustrialisation, à la frontière de la Lorraine française.

Comme les quartiers français en politique de la ville, ces quartiers allemands concernés par la « ville sociale » ont un profil socio-démographique original:

- le taux de chômage y est en moyenne de 16 %, soit souvent plus du double de la moyenne nationale,
- la population est relativement jeune, dans le contexte d'une Allemagne très vieillissante, faut-il le rappeler : 40 % des quartiers touchés par le programme accueillent plus de 20 % de jeunes de moins de 20 ans. Cette jeunesse est toute relative. En France par exemple, on compte en moyenne 30 % de moins de 20 ans dans les zones urbaines sensibles. Les pyramides des âges sont différentes, et le taux de natalité est beaucoup plus faible en Allemagne,
- la part des étrangers y est importante, surtout dans l'ex-Allemagne de l'Ouest : on compte 24 % d'étrangers dans les quartiers touchés par le programme « ville sociale » à l'Ouest, mais seulement 8 % à l'Est,
- l'échec scolaire y est plus élevé qu'ailleurs,
- les revenus des ménages sont nettement en dessous de la moyenne allemande.

Des financements qui sont loin d'être négligeables

Les moyens dégagés globalement pour ce programme ont été importants. À peu près 2,5 milliards d'euros ont été dépensés entre 1999 et 2009, avec une moyenne de 250 millions d'euros par an. En 2009, le budget total alloué était de 315 millions d'euros, dont 105 millions venant de l'État, 105 millions des länder et 105 millions des communes. Les combinaisons avec les programmes européens ont été assez bien gérées, notamment en matière de financement ; elles ont été facilitées pour la partie est de l'Allemagne, l'ex-RDA ayant massivement bénéficié de fonds européens jusqu'en 2006, en particulier Berlin-Est dans le cadre du programme Urban 2 par exemple[11]. Il faut signaler aussi qu'à Berlin, les circuits de financement et de décision sont plus simples que dans les autres länder. Dans cette ville-capitale, le Sénat a porté à dix-sept, à partir de 2001, le nombre de quartiers bénéficiant du programme « ville sociale », ce qui concerne directement 7 % de la population berlinoise. Le management de quartier y reçoit environ 1 million d'euros par an et par quartier.

Dans la partie est, Marzahn fait un peu figure de quartier modèle, en particulier « Marzahn nord » où l'action « ville sociale » est complétée, en matière de renouvellement urbain, par le programme Stadtumbau Ost[12]. Mais d'autres quartiers ont bénéficié d'interventions notables, par exemple le vieux quartier ouvrier de Kreuzberg et le grand ensemble de Neuköln, assez central avec une forte implantation turque, le site de Pankstraβe où les initiatives se sont orientées en priorité sur les espaces publics et les espaces verts, ou encore les vieux quartiers de Wedding, Prenzlauerberg ou Pankow, etc.

Si Berlin est aujourd'hui parsemé d'actions qui rencontrent une assez large audience dans la population, c'est qu'il y a ici une tradition ancienne du renouvellement urbain et une forte culture citoyenne. L'action en faveur de la rénovation douce menée dans les années 1970 a laissé une mémoire positive qui a facilité l'implantation du programme « ville sociale ».

Un dispositif d'évaluation intégré

Dès son lancement, le programme « ville sociale » a été accompagné d'un dispositif d'évaluation. Ainsi, l'État fédéral a chargé l'Institut allemand d'urbanisme, le Difu, de mettre en réseau les différents sites du programme et de développer une stratégie globale de communication pour permettre des échanges d'expériences entre les acteurs de terrain dans le cadre de l'évaluation. À partir de l'été 2000, un système d'observation a été mis en place sur seize sites-modèles (soit un par land). Dans chaque zone sélectionnée, une équipe de chercheurs a été chargée de suivre le

11 www.ville.gouv.fr/infos/dossiers/urban-2.html

12 Ce programme massif de restructuration urbaine a été lancé en 2002. Il concerne spécifiquement les neuf nouveaux länder de l'Est ; il doit leur permettre d'améliorer leur attractivité en renouvelant l'offre de logements et, par là même, de résoudre la question récurrente de la vacance. Les subventions fédérales, associées à l'aide européenne, doivent soutenir l'investissement des communes en difficultés financières et réduire les conséquences négatives de la réunification dans les régions de l'ex-RDA. Il reste que ce programme Stadtumbau Ost, qui renoue avec une logique d'investissement urbain lourd, entre en contradiction avec les principes du dispositif « ville sociale », qui mettaient en avant la transformation des modes de gouvernance et le recours à des méthodes qualitatives beaucoup plus légères.

développement du programme. On a décidé également d'éditer une lettre d'information au moins trois fois par an et d'organiser un congrès une fois par an autour d'un thème précis réunissant tous les acteurs concernés par le sujet.

Néanmoins, les évaluations ne vont pas de soi. Elles rencontrent beaucoup de difficultés en Allemagne, comme en France. Plus encore qu'en France (au moins jusqu'en 1999), le dispositif statistique allemand est problématique dans la mesure où il n'y a pas de recensement exhaustif. Comme on travaille en général sur des échantillons réduits de 1 % de la population en Allemagne, on a du mal à avoir des données très précises sur les quartiers. Les diagnostics préalables aux interventions sont très difficiles à établir, et les comparaisons dans le temps entre une situation à un instant A et une situation à un instant B sont très malaisées.

De plus, on a constaté que la mobilisation des acteurs locaux sur l'évaluation était assez flottante, tout au moins très inégale selon les quartiers.

Des limites au programme qui sont régulièrement soulignées

Ces limites rappellent celles qui ont été enregistrées en France : dispersion des actions compte tenu de la pluralité des domaines concernés (urbanistique, économique, social, éducatif, culturel), problème de cohérence entre les dispositifs, difficultés d'application de la transversalité même quand il s'agit de programmes intégrés.

On constate aussi que la plupart des bailleurs sociaux allemands sont réticents vis-à-vis des programmes, à la différence de la France. Malgré la stabilité politique, les acteurs locaux semblent préférer le court terme plutôt que l'action à long terme. Il y a un « effet guichet » qui joue incontestablement en Allemagne, comme en France. C'est une des explications de l'inflation des quartiers bénéficiant du programme « ville sociale » : on profite de l'aubaine financière pour alimenter des projets d'intérêt souvent inégal.

Enfin, les évaluateurs observent en Allemagne que les municipalités ont des difficultés à honorer les financements prévus dans le cadre de la répartition tripartite « État, land, commune ». Autrement dit, un nombre important de communes, Berlin en particulier, sont au bord de la faillite financière avec des dettes considérables : 64 milliards d'euros pour le land de Berlin en 2007.

En Allemagne comme en France, la mise en œuvre des mesures montre que l'administration locale manque de flexibilité. Les principes de partenariat et de fongibilité sont souvent difficiles à mettre en œuvre.

Au niveau social, la question du multiculturalisme et de l'intégration des étrangers, notamment celle des Turcs, reste posée dans de nombreux quartiers. Cette difficulté a été évoquée ouvertement par la chancelière Angela Merkel en 2010, engendrant un véritable tollé. Le cas des Russes rapatriés (*Aussiedler*) est différent : comme ce sont des Allemands, ils ne sont pas considérés séparément dans les statistiques.

On observe aussi que les Allemands, comme les Français, sont confrontés à des difficultés dans le domaine de l'éducation, même si les établissements scolaires n'ont pas du tout le même statut qu'en France, beaucoup d'entre eux étant de statut privé. La carte scolaire qui fonctionne pour le primaire (beaucoup moins pour les collèges et nullement pour les lycées) est régulièrement contournée, ce qui cristallise les problèmes sur la *Hochschule* (le collège général) : on trouve ainsi des écoles très mal considérées où l'on concentre les élèves d'origine étrangère et les jeunes Allemands en grande difficulté.

Enfin, la participation n'est pas toujours aussi forte qu'on le croit, même si elle fait partie de la tradition berlinoise. En 2001, dans le cadre du management de quartier de Pankstrasse, sur 200 personnes tirées au sort pour participer au jury de citoyens, seules 17 se sont portées volontaires.

Des formes diverses d'intervention urbaine en Allemagne

Si l'on s'en tient aux interventions qui portent sur le bâti et les aménagements extérieurs, et qui s'apparentent au « renouvellement urbain » à la française, on observe en Allemagne des actions d'ampleur très inégale puisqu'elles peuvent aller de l'aménagement d'aires de jeux à la démolition de barres entières, en passant par la « résidentialisation », c'est-à-dire l'aménagement des entrées et la sécurisation de terrains situés à la périphérie immédiate des immeubles. Pour simplifier, on a distingué trois types de quartiers, selon les contextes géographiques et sociaux, les enjeux locaux et les stratégies d'intervention : quartiers anciens centraux, ensembles périphériques des années 1960 de l'ex-RFA, grands ensembles de l'est de l'Allemagne.

Des quartiers anciens centraux marqués par la mixité de l'habitat

Les quartiers ouvriers traditionnels qui ont été étudiés (Kreuzberg à Berlin et Nordstadt à Kassel) se caractérisent par une localisation centrale, un faible enclavement et par la diversité de l'habitat. Le type de tissu dans lequel ils s'insèrent en fait plutôt des quartiers mixtes, mêlant habitat et activités commerciales ou artisanales. Les petits logements dominent et, du fait de leur taille et de leur faible confort, ils sont accessibles à des ménages aux revenus très modestes[13].

Quartiers traditionnels d'accueil (comme la Goutte d'or à Paris ou la Plaine Saint-Denis), ils ont vu se succéder les vagues d'immigration qui ont touché l'Allemagne depuis 1945 (en provenance d'Italie, d'Espagne, de Grèce, du Portugal, de Turquie, de Yougoslavie et des pays de l'Est en particulier). L'enracinement des plus anciennes strates se traduit par l'implantation de cafés-bars, de cybercafés, de boutiques de téléphonie et de restaurants. La population étrangère y reste très importante (près de 50 % à Kreuzberg et à Nordstadt). Aux Turcs toujours majoritaires s'ajoutent depuis 1988-89 des Russes et des Polonais de nationalité allemande. Le taux de chômage (15 % à 20 %) touche d'abord les immigrés (30 % de chômeurs chez les actifs étrangers de Kreuzberg).

L'entrée du quartier de Kreuzberg à Berlin en mai 2007

Dans ces quartiers, l'intervention urbaine n'est pas aussi importante que dans les autres. Néanmoins, des groupes de travail associant les habitants ont recommandé tout à la fois une diminution des logements sociaux par la vente d'appartements, la revitalisation du tissu commercial et, enfin, la réaffectation des terrains industriels vacants. À Kreuzberg comme à Nordstadt, si les démolitions ont été limitées, les parties communes et les aires de jeux ont été reprises. À l'inverse du souci français de bien séparer le privé du public, les « arrière-cours » constituent souvent des espaces de convivialité mi-privés mi-publics, d'autant que certaines d'entre elles ont été aménagées grâce aux réseaux de solidarité qui se sont constitués localement.

Aujourd'hui, les besoins se situent plutôt du côté de l'insertion professionnelle et de l'intégration sociale. Des activités « classiques » d'alphabétisation et de soutien scolaire touchant surtout les familles turques ont été financées, la non-maîtrise de la langue allemande par des enfants étant considérée ici comme un problème crucial. Par ailleurs, des initiatives de médiation ont vu le jour entre les institutions et la population immigrée, mais elles reposent essentiellement sur le bénévolat. À la différence de la France, la forte structuration des immigrés facilite la participation des

13 Le quartier de la Nordstadt rassemble 16 000 habitants et une trentaine de nationalités. Les liaisons avec les autres quartiers y sont bien assurées par le bus et par le rail. Du point de vue social, c'est le secteur de Kassel qui possède le taux le plus élevé d'étrangers et de chômeurs. Pour les Allemands, c'est un quartier jeune (moyenne d'âge voisine de 35 ans) ; pour les Français, ce serait un quartier vieillissant. En 1999, la circonscription 111 de la Höllandische Strasse, considérée comme très difficile, regroupait 8 600 habitants dont 25,5 % de jeunes de moins de 18 ans, 9,5 % de plus de 65 ans, 52,4 % d'étrangers et plus de 30 % de bénéficiaires de l'aide sociale (contre 10,5 % pour la ville de Kassel).

habitants et les projets d'insertion. Par exemple, l'agent de développement économique de Kreuzberg travaille directement avec les associations turques qui regroupent plusieurs petits entrepreneurs et le centre socioculturel qui constitue un point d'appui aux initiatives.

Les ensembles de l'Ouest : réhabilitation et accompagnement social

Les deux ensembles étudiés ici, ceux de Brückenhof à Kassel et de Vahrenheide-Est à Hanovre, font partie du programme « ville sociale » depuis 2000. En rupture avec le tissu pavillonnaire environnant, ils ont en commun une localisation périphérique et une configuration urbaine qui rappellent celles des cités françaises : des tours et des barres construites entre 1955 et 1980, avec quelques locaux d'activité en pied d'immeuble et un centre commercial excentré qui vit relativement bien[14]. Les loyers sont modérés, mais les charges sont très élevées. Les immeubles, plus ou moins dégradés selon les secteurs et les sociétés gestionnaires, sont en cours de réhabilitation depuis 2004.

On observe toutefois deux différences importantes avec bon nombre de grands ensembles français : une très bonne desserte par les transports en commun (tramway et bus avec des fréquences adaptées aux besoins et plusieurs arrêts dans le quartier même[15]) ; un bon entretien des espaces extérieurs avec une nature abondante assortis souvent de petits jardins privatifs en pied d'immeuble.

Ces ensembles allemands concentrent une population très modeste, touchée par le chômage : 21 % de chômeurs à Vahrenheide-Est en 2005 (contre 8 % pour la ville entière de Hanovre) ; le taux de ménages bénéficiant de l'aide sociale est de 20 % en moyenne, et de 30 % pour les seuls ménages migrants[16]. Néanmoins, les compositions sociales sont

---

14 Le grand ensemble de Brückenhof, situé au sud-ouest de Kassel dans le quartier d'Oberzwehren et géré par la société d'habitat social GHW (*Gemeinnützige Wohnungsgesellschaft Hessen*), rassemble quelques dizaines de maisons de villes, mais surtout des barres et des tours de 3 à 16 étages, construites en béton armé selon les normes en vigueur dans les années 1960. Il accueille 1 745 appartements regroupant environ 5 500 personnes. En 1999, on dénombrait 22,6 % de moins de 18 ans (contre 16,9 % pour la ville de Kassel) et 13,9 % de moins de 65 ans (contre 18,7 % pour la ville de Kassel). On comptait une cinquantaine de nationalités et le taux d'étrangers était de 18,4 %, alors que le taux est de 14 % pour la ville de Kassel tout entière. La part de bénéficiaires de l'aide sociale comptabilisée dans l'arrondissement entier s'élevait à 17,3 % (contre 10,5 % pour la ville de Kassel).

15 Il ne viendrait à l'idée de personne de s'en prendre de manière violente aux bus ou au tram.

16 Source : *Melderegister der Stadt Hannover, Stichtagsdaten vom* : 31.12.1998 *in Stadtteilanalyse Hannover-Vahrenheide*, Universität Hannover, AGIS-Text Band 24. Et aussi

variables d'un site à l'autre. Que ce soit à Hanovre ou à Kassel, la mixité sociale est visible. Le taux de migrants y est plus faible que dans les quartiers anciens, mais il augmente. À Vahrenheide-Est, il est passé de 10 % en 1985 à 35 % en 1998, puis à 40 % en 2006. Outre les Allemands issus des pays de l'Est (Russes, Polonais, Ukrainiens, Géorgiens), on trouve surtout des Turcs, des Yougoslaves, des Iraniens, des Irakiens, des Afghans, des Maghrébins et des réfugiés d'Afrique orientale.

Les interventions urbaines sont centrées sur la réhabilitation et la démolition. Il s'agit, d'une part, de résoudre les problèmes liés à la vacance des logements (30 % à Vahrenheide, 15 % à Brückenhof) et, d'autre part, d'améliorer l'isolation, le confort intérieur (reprise des cuisines et des salles d'eau), l'aspect des façades et des parties communes (cages d'escalier, ascenseurs, boîtes aux lettres). Un effort particulier a été entrepris entre 2004 et 2006 à Brückenhof sur l'arrière des immeubles, la couleur et les éclairages.

À Vahrenheide-Est, qui rassemblait à l'origine 3 800 logements et 11 000 habitants environ, la vacance a été partiellement résolue par la démolition de deux tours de 18 étages en 2004-2005, soit 500 logements environ. Ces tours, composées de grands appartements et fortement dégradées, accueillaient plus de trente nationalités différentes ; formant une sorte de « point chaud » dans la cité, elles concentraient les actes de délinquance et les trafics de drogue. Les réhabilitations ont conduit aussi à la valorisation de certains bâtiments selon un modèle scandinave, avec la création de coursives, de terrasses et de balcons. Des jardins collectifs ont été mis à disposition des habitants, et les services ont été fortement améliorés.

Quelques immeubles ont été vendus à des fonds privés. Mais, dans l'état actuel des choses, les propriétaires sont très réticents à la revente des appartements aux Turcs qui sont presque les seuls à se porter acquéreurs, craignant que le quartier ne devienne une « petite Istanbul ». On retrouve ici les problèmes qui touchent les zones sensibles françaises dès lors que l'on cherche à mixer les populations ou que l'on envisage de vendre des appartements, ce qui a d'ailleurs conduit à réduire au strict minimum ces types d'initiative en France. L'image négative du quartier, la peur de la promiscuité, l'insécurité ambiante et le discrédit des écoles ont un effet repoussoir presque insurmontable pour les Allemands et les étrangers qui s'estiment les mieux intégrés.

La réhabilitation des bâtiments, amorcée dès 1998, devait s'achever en 2008-2009. Elle est complétée par un « accompagnement social » comme en France : actions socio-éducatives, insertions socioéconomiques, responsabilisation parentale.

Landeshaupstadt Hannover, Fachbereich Zentrale Dienste - bereich Wahlen und Statistik, 2005.

Les ensembles de l'Est : un renouvellement urbain massif

Les remarques suivantes s'appuient sur l'ensemble de Leinefelde, situé à l'est de Göttingen, au centre de l'Allemagne, et celui de Marzahn, en périphérie de Berlin[17], deux situations assez différentes mais, somme toute, assez caractéristiques des villes de l'ancienne Allemagne de l'Est.

Le grand ensemble de Marzahn[18], considéré comme le plus important d'Europe centrale, s'étend sur 31 km^2. En 1998, il concentrait à lui seul 58 500 logements et 143 256 habitants (dont 3,1 % d'étrangers) répartis dans des tours et des barres de 6 à 18 étages. La conception qui a présidé à sa construction était celle du zonage avec un centre commercial à l'ouest, une zone résidentielle au milieu et un parc à l'est. Trois centres commerciaux de taille plus réduite existaient dans les quartiers. Les espaces verts y sont nombreux, mais très ouverts : en 2001, il n'y avait pas encore de délimitation précise entre espaces privés et espaces publics. La part des petits logements était importante à l'époque : 40 % des logements avaient une ou deux pièces, 37 % étaient des appartements de trois pièces, 20 % de quatre pièces et 3 % de cinq pièces. Plusieurs sociétés et coopératives se partagent la gestion des logements, mais une société domine nettement l'ensemble puisqu'elle gère 30 000 logements[19].

---

17 Depuis août 2005, 33 zones de développement, ou zones à problèmes, ont été définies à Berlin à partir de statistiques économiques et socio-démographiques (cf. *Sozial Atlas*). Elles rassemblent 370 000 habitants dont 101 000 immigrés. Chacune bénéficie d'un fonds d'action de 15 000 euros géré démocratiquement par le bureau de gestion du quartier et par un jury citoyen de 30 à 60 membres comprenant au moins 51 % d'habitants sélectionnés au hasard sur les registres de population, et des représentants d'institutions, des associations et des citoyens actifs. Il reste que l'endettement considérable du land de Berlin (64,1 milliards d'euros en 2006, contre 31,2 en 1998) pèse sur tous les programmes. Le nombre des employés administratifs a été fortement réduit et les salaires ont baissé de 12 %. Il faut dire que Berlin a construit pendant les 10 années qui ont suivi la réunification 7 millions de m^2 de bureaux et 1,3 million de m^2 de surfaces commerciales. Si 500 000 logements ont été restaurés ou modernisés (sur un total de 1,8 million à Berlin), 100 000 logements sont encore vacants. Par ailleurs, 140 000 logements nouveaux (sur les 400 000 qui étaient prévus à l'origine) ont été construits.

18 Il ne faut pas confondre l'arrondissement de Marzhan-Hellesdorf (qui rassemble 260 000 habitants sur 61 km^2) où une redistribution s'opère entre le nord qui diminue de population et le sud qui augmente, le grand ensemble de Marzhan qui en est une sous-partie, et le secteur de Marzahn-Nordwest qui est lui-même une fraction du grand ensemble soumise à une rénovation intense dans le cadre du programme Stadtumbau-Ost. Ce secteur est passé de 38 000 habitants en 1991 à 22 000 habitants environ pour 10 000 logements en 2005.

19 En 2006, on dénombrait à Berlin six bailleurs sociaux principaux dont trois entreprises communales en transition à but lucratif (DEGEWO qui gérait 60 000 logements sociaux en 2006, GEWOBAG avec 45 000 logements, et HOWOGE qui devait être vendu en 2007 avec ses 55 000 logements pour réduire la dette de la ville. De fait, les conflits d'intérêts sont fréquents dans le secteur social en Allemagne : il s'agit de faire du profit tout en gardant une finalité de service public.

Marzahn n'est qu'un sous-quartier de Berlin, mais, dans beaucoup de villes de l'Est, les ensembles de ce type représentent l'essentiel du parc d'habitation de l'agglomération. Ils ont été construits pour accueillir la main-d'œuvre des usines locales. Par exemple, dans la petite ville de Leinefelde, les 6000 logements du grand ensemble représentent 90 % de l'habitat de la commune. Leur configuration est particulière. Tous les immeubles sont construits à l'identique avec des panneaux préfabriqués montés sur place et facilement démontables. De plus, les espaces publics, contrairement aux ensembles résidentiels évoqués précédemment, n'ont pas toujours été aménagés, les « blocs » semblant être posés au milieu des champs ou sur des terrains vagues. La desserte routière du quartier est très malaisée et l'enclavement est important.

La vacance est ici un problème crucial ; elle est nettement supérieure à celle des ensembles de l'Ouest. Alors que la moyenne de la vacance était de 0,1 % sous le régime communiste, près de 10 % des logements de Marzahn étaient vides en 2001 et plus de 12 % en 2006. Les statistiques font état de 152 logements vides en 1994, de 932 en 1996 et de 4 186 en 1998, avant les opérations de démolition. Paradoxalement, c'est la partie la plus récente (Marzahn-Nord), achevée en 1989, qui est la plus touchée. Il faut dire que ce secteur concentrait la population la plus jeune (40 % des habitants y avaient moins de 25 ans et 30 % moins de 18 ans), celle qui est aujourd'hui le plus attirée par l'Ouest, par les équipements de loisirs, par l'habitat individuel et le confort moderne. C'est cette partie qui a fait l'objet d'un grand programme de réhabilitation, démolition partielle et écrêtage entre 2003 et 2007.

À Leinefelde, le nombre des logements vides représentait avant les restructurations 30 % du patrimoine. Cette situation se retrouve dans une grande partie des villes des pays de l'Est. Parfois même, c'est 60 % du grand ensemble qui est inoccupé.

Cette vacance catastrophique qu'on ne parvient guère à endiguer a des causes multiples dans un contexte de crise. Elle est due d'abord à la désindustrialisation et à la faiblesse de l'emploi local ; elle résulte ensuite du rejet de l'habitat collectif par les jeunes ménages et de la perception nouvelle des déficits de ces régions de l'Est, compte tenu des facilités apparentes de l'Ouest : bâti de qualité médiocre aggravée par l'insuffisance de l'entretien, mauvaise gestion des systèmes d'évacuation, faiblesse de l'offre culturelle, carence des équipements pour les enfants et parcs de stationnement négligés.

Un bilan plutôt positif…

Au bout du compte, malgré les critiques et une séparation marquée entre l'urbain et le social, le traitement des quartiers sensibles avance en

Allemagne. Grâce au programme « ville sociale », une impulsion forte a été donnée aux procédures intégrées et à l'action territorialisée. Au niveau du partenariat local, il en a résulté une multiplication des échanges entre les différents acteurs sociaux, politiques et économiques et, au niveau des länder, une systématisation des rencontres des responsables sur le thème de la ville sociale.

Ensuite, les stratégies de communication semblent avoir porté leurs fruits : au-delà du traitement technique des quartiers, elles ont permis aux Allemands de prendre conscience de l'existence d'une forte ségrégation socio-spatiale au sein des agglomérations. Cette ségrégation ne s'accompagne pas forcément d'un enclavement géographique, mais elle est souvent associée à l'exclusion sociale dans le cadre de quartiers centraux largement paupérisés, les fameux « points chauds ». Enfin, si les effets pervers liés à la désignation des secteurs sensibles paraissent moins significatifs qu'en France, ils ne sont pas négligeables et la stigmatisation de fragments du territoire urbain reste forte en Allemagne. À la fin de la décennie 2000, l'Institut allemand d'urbanisme estimait que l'image extérieure des quartiers touchés par le programme « ville sociale » ne s'était améliorée que dans 42 % des sites. Au-delà des quartiers désignés, le vieillissement de la population et la crise actuelle conduisent à la refonte de l'État-providence allemand. Souhaitons ici que celle-ci ne remette pas en cause les acquis des anciens programmes en direction des populations les plus défavorisées.

Il ne faudrait pas, non plus, sous-estimer les implications des différentes procédures sur le long terme. Les intentions sociales risquent d'être débordées par l'ampleur des programmes de rénovation urbaine, d'autant que les financements sont plus faciles à obtenir quand il s'agit de démolir et de reconstruire que de réhabiliter, comme en France.

Ce faisant, le danger immédiat qui guette les deux pays est celui de la ghettoïsation des segments du patrimoine social qui n'ont pas été démolis après une intervention lourde. Comme en France, des populations « captives » fortement précarisées se concentrent dans des immeubles qui connaissent une simple réhabilitation de façade. Il s'agit le plus souvent de ménages qui bénéficient de l'aide sociale et de familles nombreuses immigrées à faibles ressources.

En somme, les logiques du marché contrarient l'invocation générale à la mixité sociale ; elles conduisent les ménages les moins pauvres à quitter les ensembles sociaux. Profitant des places laissées vacantes, les réfugiés politiques et les ménages allemands rapatriés de l'Est s'y installent en grand nombre, au risque de susciter un phénomène de rejet.

Par conséquent, la question sociale reste entière – aussi bien en France qu'en Allemagne. Elle est plus aiguë dans les villes moyennes de l'Est de l'Allemagne, et même à Berlin où l'on comptait, en 2006, un tiers de la population vivant d'aides sociales et où le taux de chômage atteignait 18 % (avec 35 000 titulaires d'emplois payés à un euro).

La situation des populations immigrées se pose de façon différente selon les contextes et selon l'ancienneté de l'installation. Dans les quartiers traditionnels où ils bénéficient des réseaux familiaux et communautaires, les Turcs dont la situation s'est améliorée tendent à s'enraciner. Comme on l'a vu en 2010 avec les déclarations gouvernementales, les objectifs d'intégration ne sont pas atteints, alors que plusieurs actions devraient y conduire – tout particulièrement l'apprentissage de la langue et la réussite éducative.

Ce faisant, le mélange des origines pose des problèmes de voisinage. On retrouve ici ou là la peur des regroupements ethniques, notamment de la part des sociétés de logement, même si la forte présence associative tend à rassurer, même si l'encadrement communautaire est plutôt considéré comme positif en Allemagne quand il ne conduit pas à des formes d'intégrisme radical.

Le travail social en Allemagne est-il mieux à même de répondre à ce défi que ne peut l'être « la politique de la ville » française ? On pourrait le penser, d'autant que le quartier allemand constitue un espace d'autonomie doté d'un certain pouvoir. Comme le rappelait Maurice Blanc[20], la culture de la participation et du consensus aboutit plus facilement à des solutions de compromis en Allemagne qu'en France où les logiques de confrontation ne sont jamais absentes.

---

20 Communication de Maurice Blanc aux secondes journées de la recherche sociale, « Territoires et travail social en France et en Allemagne », Chaire de travail social du CNAM, Paris, juin 2006.

LA « RENAISSANCE URBAINE » DES QUARTIERS POPULAIRES BRITANNIQUES : UNE STRATÉGIE DE GENTRIFICATION ?

Lydie Launay

Depuis une vingtaine d'années, l'idéal d'une ville « équilibrée » oriente les politiques sociales territorialisées conduites dans des contextes variés en Europe, à l'instar de la politique de la ville en France. Il s'opposerait à la ségrégation urbaine, considérée comme particulièrement néfaste pour la cohésion sociale et pour l'unité de la ville, lorsqu'elle concerne spécifiquement les populations situées en bas de l'échelle sociale et dites « issues de l'immigration ». La Grande-Bretagne ne fait pas figure d'exception. La promotion de la mixité sociale constitue un des objectifs majeurs des politiques urbaines actuelles, dont la mise en application est censée impulser une véritable « renaissance urbaine » des villes britanniques à travers la réalisation de « *mixed communities* » (Colomb, 2006). Ces lieux, caractérisés par une mixité à la fois fonctionnelle et sociale, comporteraient une grande capacité inclusive *per se* en favorisant la création d'une sociabilité harmonieuse et d'un fort sentiment d'appartenance locale. C'est dans ce cadre discursif qu'est entreprise la transformation à la fois économique, urbaine et sociale des quartiers populaires britanniques, dépeints comme des lieux d'exclusion, de marginalité urbaine et sociale, cumulant voire produisant des handicaps sociaux et économiques. L'élaboration et la mise en œuvre de programmes de « régénération urbaine » visent le rééquilibrage social par une diversification de l'offre de logements dont une partie est destinée au logement des *key workers*[1].

Cette contribution propose d'interroger ces politiques urbaines sous l'angle de la promotion de la mixité par l'habitat, la manière dont elle est traitée et transposée à l'échelle locale, à partir d'une étude de cas réalisée dans un quartier populaire de l'East London, Shadwell[2]. Il s'agit plus précisément de questionner l'articulation entre les politiques du logement en direction des *key workers* et la gentrification de ce quartier londonien. Ce

---

1 Les *key workers* désignent des catégories socioprofessionnelles attachées à l'État providence dont la présence dans la ville est considérée comme essentielle à son fonctionnement économique et sa cohésion sociale. Cette catégorie sera définie plus précisément ultérieurement.

2 Shadwell est un quartier situé à l'est de la City, au sud de Whitechapel et Bethnal Green et au nord-est des Saint-Katharine's Docks, dans un des *boroughs* les plus populaires et multiculturels de la Grande-Bretagne, Tower Hamlets.

processus, identifié à Londres par Ruth Glass dans les années 1950 (Glass, 1963), s'opère par la reconversion et la réhabilitation de l'habitat dégradé par de nouveaux résidents de classe moyenne qui engendrent un déplacement progressif des classes populaires d'origine et une mutation à la fois urbaine, économique et sociale profonde de ces quartiers. Depuis cette étude pionnière, la *gentrification* et ses mécanismes constituent un objet central de la recherche urbaine, analysé dans des contextes urbains très divers à travers le monde. Des travaux, réalisés notamment à Londres, s'attachent à étudier plus particulièrement les caractéristiques socioculturelles et les motivations des *gentrifieurs,* ainsi que les types de configuration sociale locale que produit ce processus (Bridge, 1994). Ils montrent que les *gentrifieurs* appartiennent aux « nouvelles classes moyennes » liées à l'État providence et au secteur tertiaire de l'économie, dotées d'un capital culturel élevé et d'un capital économique plus modeste (tout au moins pour les pionniers), qui choisissent de vivre dans les quartiers populaires centraux pour la proximité avec le travail et les loisirs qu'ils offrent. Ces travaux révèlent également que ces *gentrifieurs* accordent une attention particulière aux dimensions esthétiques et culturelles dans leur manière d'habiter. Ils valorisent le patrimoine architectural, culturel et historique hérité du passé ouvrier et industriel, mais aussi le caractère cosmopolite et populaire de ces quartiers, ainsi que la forte présence de classes populaires et d'immigrés. Au côté de cette *gentrification* « spontanée », des travaux explorent l'hypothèse de l'émergence de stratégies de *gentrification,* plus ou moins intentionnelles et assumées, à travers la mise en place de politiques intervenant dans les domaines de l'aménagement, du développement économique et culturel et du logement (Atkinson, 2002 ; Baillergeau et *al.*, 2005 ; Lees, Loretta, 2008). En intégrant cette hypothèse dans notre étude du cas londonien, il s'agit de comprendre si la *gentrification* de Shadwell est le résultat d'une politique impulsée par la « renaissance urbaine » et/ou un effet secondaire, produit d'une combinaison avec d'autres processus sociaux plus spontanés. Cette question prend ici toute sa pertinence dans la mesure où la transformation globale du quartier passe par la venue de classes moyennes, dont le profil socioéconomique est proche de celui des classes moyennes *gentrifieuses* identifiées dans les travaux sur la *gentrification* de Londres, notamment ceux de Tim Butler conduits à Hackney (Butler, 1997).

Cet article se base sur un travail de doctorat en sociologie portant sur les stratégies de mixité par l'habitat parisienne et londonienne, mises en place depuis le début des années 2000, de leur genèse à leurs effets sur les modes d'habiter et de cohabiter l'espace résidentiel des populations ciblées (Launay, 2011). Dans une approche constructiviste, il s'agit de combiner une analyse des documents d'urbanisme officiels et d'entretiens semi-directifs effectués auprès d'acteurs institutionnels londoniens entre 2007 et 2009[3], afin de saisir quelles représentations sociales orientent les actions publiques conduites dans les quartiers populaires à travers différents registres discursifs et, plus précisément, d'analyser la question de la gentrification comme stratégie et/ou comme effet secondaire de ces actions. Nous souhaitons montrer ici que si cette question est évacuée des discours politiques nationaux développés autour de la « renaissance urbaine », elle n'en reste pas moins évoquée par les acteurs locaux impliqués pour lesquels la *gentrification* constitue une véritable stratégie de requalification urbaine et sociale par la mixité qu'elle engendre.

Dans un premier temps, nous montrerons que la promotion de la mixité, à travers la réalisation des *mixed communities*, représente un des éléments centraux de la « renaissance urbaine » et qu'elle se traduit par l'élaboration d'une politique du logement en faveur des *key workers*. Puis, dans un deuxième temps, nous examinerons comment cette initiative nationale est transposée dans une stratégie métropolitaine et appliquée dans un quartier populaire londonien, en questionnant l'articulation entre le logement des *key workers* et la *gentrification* en cours du quartier.

La mixité résidentielle, élément central de la « renaissance urbaine » des villes britanniques

L'intention de mixité sociale, déjà inscrite dans les politiques publiques des années 1990 menées dans les quartiers populaires, prend une nouvelle dimension avec l'accession, en 1997, du New Labour à la tête du gouvernement central. L'alternance politique s'est en effet accompagnée d'un retour de la question urbaine dans les débats politiques, alimentés par le rapport de Richard Rogers, intitulé *Towards an Urban Renaissance* (1999)[4]. À partir de ce rapport, se développe un nouveau discours politique très médiatisé sur la « renaissance urbaine » qui devient le cadre de référence des

3 Les matériaux sur lesquels repose cette analyse sont les principaux documents d'urbanisme, tels que le *London Plan*, qui exposent les objectifs et les instruments de la stratégie locale et dans lesquels se sont exprimés les deux maires successifs de Londres sur la question de la mixité ; à l'échelle du *borough*, les documents d'urbanisme réglementaires de niveau inférieur qui transposent la stratégie en l'adaptant au contexte local et les discours d'acteurs locaux, rencontrés en 2008, qui sont engagés dans son élaboration et sa mise en place dans les deux *boroughs* étudiés, Tower Hamlets et The Royal Borough of Kensington and Chelsea : le responsable du service logement et le responsable du service d'urbanisme. Lorsque sont évoqués les acteurs urbains impliqués dans l'application de ces stratégies, il s'agit plus précisément des responsables du service logement et du service urbanisme et des responsables des bailleurs sociaux *One Housing Group* et *Tower Hamlets Community Housing*, qui interviennent dans le cas étudié.

4 Urban Task Force, 1999, *Towards an Urban Renaissance*. London, Spon.

politiques sociales du New Labour (Colomb, 2006) et aboutit à la définition d'une nouvelle stratégie urbaine dans le livre blanc *Our Towns and Cities : the Future. Delivering an Urban Renaissance* (DETR, 2000). Cette stratégie de « renaissance urbaine » préconise une intervention sur plusieurs domaines dans le but d'impulser une véritable dynamique de développement des villes post-industrielles et, ainsi, de s'attaquer aux problèmes d'exclusion sociale. Dans cette perspective, la création des *mixed communities* est à la fois un instrument et un objectif de cette « renaissance » qui permettrait de « promouvoir le choix et l'égalité, d'éviter les concentrations de la pauvreté et l'exclusion sociale, et de soutenir la cohésion sociale »[5]. Du reste et de manière interconnectée, cette stratégie vise à renverser l'image négative des villes et quartiers dévalorisés, à les revaloriser socialement et économiquement pour en faire des lieux où les « individus souhaitent vivre et travailler, aujourd'hui et dans le futur »[6], notamment des lieux adaptés aux goûts et modes de vie des classes moyennes (Rousseau, 2009).

L'objectif de la stratégie de « renaissance urbaine » consiste alors à impulser le redéveloppement économique et social des villes britanniques, non plus perçues comme des lieux en déclin, mais comme des moteurs de l'économie nationale et des lieux de construction de la cohésion sociale (Parkinson, 2001). C'est dans ce cadre discursif qu'est réintégrée la question de la restructuration des quartiers populaires centraux. Il s'agirait de les réinsérer au reste de la ville, de les intégrer dans le *mainstraim* social et économique[7] et de faire profiter les populations locales des bénéfices de la croissance économique. La notion d'exclusion sociale, qui orientait déjà les premières initiatives de développement urbain des quartiers populaires, prend un caractère central dans cette nouvelle stratégie (Atkinson, 2000). Non seulement elle renvoie aux « notions de pauvreté et d'isolement, mais intègre aussi la question des relations sociales et de participation » à la vie sociale et politique, qui serait essentielle à la création de *sustainable communities* (Watt, 2008). Deux grands programmes de renouvellement urbain, encadrés par le Social Exclusion Unit[8], sont entrepris : le *New Deal*

---

5 Housing Corporation, 2006, *Neighbourhoods and Communities strategy. Affordable homes communities*, p. 8.

6 Department for Communities and Local Government, 2007, *Homes for the future – more affordable more sustainable: the Housing Green Paper*, London, p. 45.

7 Cette notion de *mainstraim* constitue un autre objectif de cette stratégie. Il s'agit de permettre aux quartiers populaires de remettre à niveau les services mis à la disposition des habitants. Cela se traduit par l'attribution de ressources supplémentaires dans ces quartiers, et leur adaptation aux besoins identifiés localement. Mais ce terme se caractérise par son imprécision, aucune définition n'en est donnée, ce qui rend difficile la mise en application de cet objectif.

8 Le Social Exclusion Unit (SEU) est un organisme interministériel, instauré en 1998, chargé de coordonner les programmes de renouvellement urbain et de développement social dans les quartiers pauvres et de les évaluer à partir d'une multitude d'indicateurs de précarité.

for Community (1998-2008) et la *National Strategy for Neighbourhood Renewal* (2001). Le *New Deal for Community*, en tant qu'initiative basée sur l'approche spatiale, entreprend la rénovation urbaine de ces quartiers par la réalisation de grands projets urbains et la *National Strategy for Neighbourhood Renewal* (2001-2011) s'attache à améliorer les services publics locaux et leur coordination dans les zones prioritaires. Les approches complémentaires de ces deux programmes visent à développer une action globale, partenariale et transversale à l'échelle du quartier qui combine des objectifs généraux dans les domaines de l'économie, de l'habitat, de la santé, de la sécurité, de l'éducation et de l'offre culturelle (Cabinet Office, 1998). Leurs principes d'action sont donc proches de ceux de la politique de la ville française.

À travers la réalisation de *mixed communities*, l'objectif est également double : améliorer les conditions de vie des populations locales et y attirer de nouvelles populations – moins pauvres et jugées mieux insérées dans la société – afin de réduire la concentration spatiale de la pauvreté et ses effets potentiellement néfastes sur les populations les plus fragiles. La recherche de mixité, à la fois endogène et exogène, représente donc un élément central de la « renaissance urbaine » en infléchissant sur les effets potentiellement néfastes du quartier sur les trajectoires des ménages les plus fragiles afin qu'« ils ne soient plus désavantagés par le lieu où ils vivent » (DETR, 2000), tout en permettant à ces espaces de contribuer au redéveloppement de la ville dans sa globalité.

Déconcentrer les quartiers populaires

Dans le cadre de la « renaissance urbaine », la mixité sociale est essentiellement appréhendée à travers la diversification du logement – en termes de mode d'occupation (*tenure mix*) et de prix –, recherchée à différentes échelles spatiales, afin de déconcentrer les « poches de pauvreté » en diffusant la localisation des logements locatifs sociaux (Kintrea, 2007). Des opérations de démolition-reconstruction sont engagées de façon sporadique pour détruire les ensembles de logements locatifs sociaux les plus dégradés et stigmatisés et reconstituer l'offre sur et hors site. L'objectif est de produire tous les types de logements, tous modes d'occupation et

---

Ces politiques sont engagées dans les quartiers les plus défavorisés du pays, choisis selon un classement établi par le Social Exclusion Unit. Cet organisme reste très fortement connecté au gouvernement central puisqu'il est attaché à l'Office of the Deputy Prime Minister (ODPM) jusqu'en 2006, puis au Department for Communities and Local Government (DCLG). C'est donc, dans un premier temps, le gouvernement central qui choisit les municipalités prioritaires en fonction de ce classement puis, dans un deuxième temps, les municipalités sélectionnent les quartiers prioritaires.

tailles confondus, dont une partie « abordable »[9] de type intermédiaire. En effet, après trente années de réformes successives des politiques du logement, sur fond de privatisation et de marchandisation[10], la vocation du parc locatif social britannique s'est rétrécie vers le logement des plus démunis les autres ménages sont ainsi voués à accéder à la propriété, sociale et privée[11]. Ce basculement de l'engagement de l'État vers la propriété privée recouvre une forte dimension idéologique, attribuant à la propriété privée une capacité à responsabiliser les ménages. Il recouvre également une dimension politique. Les Britanniques étant très attachés à ce segment, les gouvernements conservateurs, puis néotravaillistes mesurent tout le bénéfice électoral qu'ils pourraient tirer à en faciliter l'accès pour une large partie de la population. La conséquence de ce choix pour le secteur locatif social est sans appel. Par sa paupérisation et sa *résidualisation*[12], il devient très vite associé au logement des « recalés de la propriété » (Mullins, Murie, 2006) et constitue un élément moteur de la polarisation socio-spatiale de la société (Murie, Willmott, 1998). En conséquence, il ne représente pas l'instrument privilégié de mixité sociale, comme c'est le cas en France par l'ajustement des différents conventionnements du logement social selon les contextes locaux.

---

9 Le logement « abordable » est défini par le Department of Communities and Local Government (*Delivering Affordable Housing*, 2006, p. 9). Il englobe : « le logement locatif social et intermédiaire, dont l'accessibilité est réservée à des ménages spécifiques qui ne peuvent pas se loger dans le marché privé, et le logement intermédiaire en location, et en accession sociale à la propriété (comme le HomeBuy et Shared equity) », dont le loyer ou le prix d'achat sont inférieurs à ceux proposés sur le marché privé.

10 Les réformes engagées dans les années 1980 par les gouvernements de Margaret Thatcher, qui marquent un désengagement sans précédent de l'État dans le domaine du logement locatif social, reposent sur une double logique de privatisation et de marchandisation du logement social. Cette double logique prend forme par la vente massive du logement municipal et sa gestion par des organismes privés, les *Housing Associations*, une réduction drastique et une mise en concurrence de l'attribution des subventions publiques. Cf. FORREST R., MURRIE A., 1991, *Selling the Welfare State, The Privatisation of Public Housing*, Routledge, London.

11 Cette réorientation des politiques du logement vers l'accession à la propriété par l'instauration du *Right To Buy* et d'une série de mesures fiscales dans les années 1980 s'est traduite par un accroissement rapide de la propriété dans la structure du logement, propriété qui devient alors le segment dominant du secteur (en 2003, 70 % des Britanniques sont propriétaires contre 56 % en 1981).

12 Conséquences directes du resserrement de la vocation sociale du parc locatif social et des mesures d'aide à l'accession à la propriété, la paupérisation et la résidualisation du parc social résultent de la combinaison de la spécialisation de ce parc vers le logement des ménages les plus pauvres – concomitante à sa réduction en nombre d'unités liée à l'application du *Right to buy* – et de la fuite des autres ménages vers les secteurs plus valorisés, notamment vers la propriété occupante, qui génèrent une stigmatisation du parc social et, plus globalement, une polarisation du marché du logement britannique. Cf. FORREST R. et MURRIE A., 1991, *op. cit.*

Dans ce contexte, la promotion de la mixité sociale des quartiers populaires, recherchée dorénavant à l'échelle de l'agglomération, se concrétise par l'établissement de mesures incitatives visant à disperser spatialement le parc locatif social et l'intégrer dans des programmes mixtes comprenant des logements privés et abordables, en location et en accession. Cette politique de rééquilibrage prend forme par l'application de l'accord de la Section 106 (S106), inscrit dans le Planning Policy Statement *3*[13], qui impose à tous les nouveaux programmes de constructions privées de plus de quinze logements de dédier la moitié des unités produites au logement abordable sur site ou, dans certaines circonstances, hors site. Dans les faits, l'objectif des 50 % est rarement respecté. En effet, ce sont les municipalités qui déterminent ce pourcentage en fonction des besoins locaux évalués dans les *Local Development Documents*[14], des objectifs régionaux définis dans les *Regional Spatial Strategies,* et en fonction de la viabilité économique du programme. Pour peser dans les négociations avec les promoteurs, celles-ci peuvent user de leur compétence en matière de délivrance du permis de construire et suspendre la demande le temps nécessaire pour qu'un accord sur le pourcentage et le type de logements abordables à produire soit scellé. L'objectif quantitatif de production globale est fixé par le gouvernement à 240 000 logements par an d'ici 2016, tous modes confondus, dont 30 % de logements abordables. Entre 2007 et 2009, 230 000 logements ont été construits, dont 40 000 logements abordables (60 % d'entre eux en locatif social). Néanmoins, il existe des variations locales parfois considérables dans l'application de ce dispositif. Globalement, les objectifs ne sont pas atteints et ceci en partie en raison de la complexité du système, de la conjoncture du marché privé peu favorable depuis 2008, mais aussi de l'engagement variable des acteurs locaux ainsi que de leur capacité de négociation plus ou moins élevée. Dans la pratique, de nombreux accords S106 se concluent par une compensation financière des promoteurs privés qui est bien souvent utilisée par les municipalités pour financer d'autres secteurs que le logement (infrastructures locales, écoles, santé, transport, etc.) (Whitehead et *al.,* 2010). Pour autant, la réaffirmation constante de cet outil dans les politiques urbaines depuis ces dix dernières années témoigne

13 Le New Labour modifie, en 2003, l'accord de la Section 106, institué par le Town and Country Planning Act (1990), afin de faciliter son application par les collectivités territoriales. Il est alors introduit dans le *Planning Policy Guidance 3* (PPG3), révisé pour intégrer les recommandations du *Barker Review of Housing Supply* (2004) et est réaffirmé dans le document qui lui succède en 2006, le *Planning Policy Statement 3.*

14 Pour définir leurs objectifs en matière de « mixité du logement », les municipalités doivent prendre en considération le niveau de la demande en logement des ménages dans le secteur privé et « abordable », un profil des différents types de ménages qui souhaitent accéder au marché libre (proportion des familles avec le nombre d'enfants, des ménages d'une personne ou en couple et des personnes âgées), et la taille et le type de logements « abordables » qu'il est nécessaire de produire pour répondre à ces besoins.

du caractère central accordé à la mixité sociale par l'habitat dans l'agenda politique britannique. Comme en France, la mixité revêt une valeur positive qui fait l'objet d'une adhésion généralisée, qu'elle soit véritable ou simplement affichée. Les désaccords idéologiques n'émergent véritablement que lorsqu'il s'agit de l'appliquer à l'échelle locale, notamment dans les beaux quartiers.

Mixed communities et logement des *key workers*

L'intention de mixité sociale incite donc à mettre davantage l'accent sur la production de logements privés, mais aussi abordables, avec une priorité sur l'accession partagée à la propriété en direction des classes moyennes et plus précisément, des *key workers*. Le livre vert sur le logement, *Quality and Choice: A Decent Home for all* (DETR, 2000), érige le logement des *key workers* comme une des grandes priorités de la politique du logement du gouvernement néo-travailliste, et y consacre une enveloppe budgétaire spécifique. Le programme *Key Worker Living* (KWL), qui se substitue, depuis 2004, au *Starter Home Initiative* (2000-2004), a ainsi pour vocation d'aider les *key workers*[15] à se loger dans les trois zones les plus inaccessibles du pays en termes de prix : le Grand Londres, les régions du sud-est et de l'est de l'Angleterre. Il ne fait aucun doute que la question du logement des salariés se pose effectivement avec acuité dans les grandes agglomérations britanniques, dans la mesure où la distorsion entre l'offre et la demande de logements constitue un frein au recrutement du personnel dans le secteur public, dont la présence est pourtant essentielle. À cet enjeu économique s'ajoute un enjeu social. Loger les *key workers* constitue en effet, dans la rhétorique politique des gouvernements New Labour, un élément de l'action publique associé à la promotion de la mixité. Dans un contexte économique et social marqué par un ralentissement de l'activité économique et une croissance des inégalités sociales, la conceptualisation du logement des *key workers* s'articule autour de deux mots d'ordre, la « compétitivité » et la « durabilité » des villes (Raco, 2008), au nom desquels sont légitimées des stratégies locales de mixité par l'habitat, comme c'est le cas à Londres.

15 Seules certaines professions dont les revenus annuels sont inférieurs à 60 000 livres sterling sont éligibles à ce programme (par exemple, les salariés du *National Health System*, les enseignants, les travailleurs sociaux, les sapeurs-pompiers, etc.).

Mixité et *gentrification* des quartiers populaires londoniens

La stratégie de « renaissance urbaine » et les politiques urbaines qui y sont associées sont transposées et ajustées au contexte métropolitain à travers une politique du logement plus large, définie dans le *London Plan* (2004, 2011). Cette dernière vise à accroître la production de logements abordables, notamment intermédiaires, afin de freiner la dualisation supposée[16] du tissu urbain londonien. Dans le *London Housing Strategy,* document stratégique en matière de logement, il est en effet souligné que « *le danger est la polarisation sociale : une ville en deux parties avec, d'un coté, une richesse croissante et, de l'autre, une exclusion sociale bien établie. Le logement a un rôle clé à jouer en soutenant la croissance économique, en réalisant une plus grande inclusion sociale* »[17]. Et c'est avant tout – mais pas uniquement – pour déconcentrer les quartiers populaires que la mixité résidentielle est préconisée à l'échelle micro (celle du site, de la rue et du quartier) et macro (celle du *borough* et de la métropole) :

« *La polarisation prononcée du marché dans certaines zones signifie qu'il existe un besoin particulier pour non seulement accroître la production globale de logement mais s'assurer aussi qu'elle sera abordable, notamment pour les familles. L'exclusion sociale est un problème central et il est essentiel que la nouvelle production crée des communautés et des quartiers mixtes et équilibrés, particulièrement à travers les programmes de renouvellement urbain* »[18].

Disperser les classes populaires en situation de précarité, dont une partie appartient aux minorités ethniques, permettrait, dans la rhétorique politique locale, de promouvoir « *l'inclusion sociale pour donner à tous les Londoniens l'opportunité de partager le succès à venir de Londres* » et de « *s'assurer que personne ne soit sérieusement désavantagé par l'endroit dans lequel il vit* »[19]. À cet échelon de l'action publique, le rôle substantiel du territoire dans la constitution des inégalités sociales est là aussi posé comme une évidence et exige une mobilité résidentielle dans d'autres quartiers, plus aisés et jugés plus mixtes, alors même que les évaluations des expériences de déségrégation relativisent leur bien-fondé au vu du caractère

16 La vision « dualisée » de la structure sociale et urbaine de Londres qui fonde cette stratégie locale a été influencée par les travaux de Saskia SASSEN dans *The Global City: New York London Tokyo*, Princeton University Press, 1993. Mais sa pertinence scientifique dans le cas londonien est remise en cause par les travaux de Chris HAMNETT, 2003, *Unequal City, London in the Global Arena*, Routledge, London.

17 Mayor of London, *Homes and Communities in London, London Housing Strategy*, Greater London Authority, 2003, p. 3.

18 Mayor of London, 2011, *The London Plan*, p. 53.

19 Mayor of London, 2004, *The London Plan*, p. 9.

mitigé, voire contradictoire de leurs conclusions[20]. De plus, les travaux sur la mobilité des ménages pauvres, comme ceux de Sylvie Fol (Fol, 2009), montrent qu'elle ne peut pas être appréhendée sous l'unique angle de l'ancrage ou celui de l'enfermement, mais dans une dialectique complexe entre l'enfermement et la mobilisation des ressources locales, entre la proximité comme contrainte et comme point d'appui. Les politiques de déségrégation peuvent parfois générer un délitement de réseaux sociaux bien développés dans le quartier d'origine, qui représentaient des ressources à la fois économiques et sociales parfois essentielles à ces ménages (Launay, 2011). Pour autant, la vision pathogène des quartiers populaires légitime des actions autoritaires en faveur de la mixité par la dispersion de ces ménages et par leur mise en cohabitation avec des ménages plus aisés, qu'il s'agit de conserver ou d'attirer en opérant une transformation globale.

Intervenir sur ces quartiers constituerait donc non seulement un élément de cohésion sociale de la ville en les réintégrant dans la dynamique métropolitaine et en favorisant ainsi le retour à l'emploi des ménages précaires, mais aussi un élément fondamental de la compétitivité de cette ville. Afin de conserver sa position dominante dans le réseau des métropoles mondiales, les décideurs politiques de la capitale britannique souhaitent permettre à toutes les catégories socioprofessionnelles de se loger, et ceci malgré les prix très élevés du marché, dans le but de garantir le fonctionnement optimal de Londres : « *Londres est la locomotive de l'économie du Royaume-Uni. Pour maintenir cette position, Londres nécessite de produire plus de logements ; et particulièrement, elle a besoin de plus de logements auxquels les Londoniens peuvent accéder.*»[21] Selon cette logique, le logement des *key workers* représente un enjeu central pour l'avenir de la métropole dans la mesure où ces catégories socioprofessionnelles participent pleinement au fonctionnement de la ville et contribuent, dès lors, à son attractivité. Elles seraient également, par leur présence dans les quartiers populaires, des acteurs relais centraux de la mixité, celle-ci étant posée comme une condition de la « durabilité » de ces espaces.

---

20 C'est ce que révèlent entre autres les évaluations du programme fédéral états-unien *Moving To Opportunity* conduit dans cinq agglomérations états-uniennes. Cf. DE SOUZA BRIGGS X., 2006, « Mixité sociale et "géographie des opportunités ": pistes pour de nouvelles politiques et questions irrésolues », *in* AUTHIER J-Y, BACQUÉ M-H., GUÉRIN-PACE F., *Le quartier. Enjeux scientifiques, actions politiques et pratiques sociales,* Paris, La Découverte, pp. 181-193.

21 Mayor of London, 2003, *op. cit.*, p. 3.

Shadwell : quand transformation rime avec *gentrification*

Tower Hamlets, *borough* de l'East End londonien, est un des espaces privilégiés de réalisation des opérations de « régénération urbaine » en raison de la concentration de la pauvreté dans certaines zones – une concentration parmi les plus élevées du pays –, du caractère fortement dégradé d'une partie du bâti et des mauvaises conditions de logement, notamment du parc locatif social de l'après-guerre, ainsi que des opportunités de production de logements grâce à la présence de vastes friches industrielles. Depuis les années 1980, sa partie ouest située dans la zone nommée City Fringe, connaît une gentrification liée à sa proximité avec le centre de Londres, l'offre de logements encore abordables et le caractère cosmopolite de ses quartiers. Cette *gentrification* prend forme par la réhabilitation des maisons et la reconversion des anciens locaux industriels (Hamnett, 2006). Les acteurs urbains du *borough* ont bien conscience du processus en cours et de ses conséquences en termes de renforcement des différenciations socio-spatiales à l'échelle micro :

« *La City of London est un quartier très riche et cela s'étend à la City Fringe. C'est une zone très animée, Brick Lane, Wapping, Whitechapel. Mais c'est une zone très difficile à planifier, vous avez beaucoup d'anciens bâtiments conservés réhabilités par de nouveaux projets privés. C'est une zone très sensible avec une population locale très particulière, des classes moyennes, beaucoup d'artistes, beaucoup de musiciens et d'architectes réputés, et ils sont en train de changer cette zone, c'est une zone qui se gentrifie* » (responsable du service urbanisme de Tower Hamlets).

Cette *gentrification* se traduit par une élévation des prix de l'immobilier[22], l'accroissement de la propriété privée et un changement du tissu commercial proposant une offre plus adaptée au mode de vie des classes moyennes. Par ailleurs, la partie sud subit aussi une transformation sociale, urbaine et économique radicale depuis la mise en place, en 1981, du projet de requalification des Docklands, orchestré par la London Docklands Development Corporation. En vingt ans, les bâtiments industriels ont été peu à peu réhabilités en résidences luxueuses pour devenir, dans les années 1990, un quartier massivement investi par les classes moyennes et supérieures. Au total, 24 000 nouveaux logements ont été produits : 17 700 en accession à la propriété et 6 300 logements sociaux et intermédiaires[23]. Le redéveloppement de ce secteur a également impulsé une réorientation et un

22 Le prix moyen d'un logement est passé de 76 168 livres sterling en 1995 à 280 156 livres sterling en 2006, soit une augmentation de 270.4 %. Source : HAMNETT C., 2009, "Spatially Displaced Demand and the Changing Geography of House Prices in London, 1995-2006", *Housing Studies,* vol. 24, n° 3, pp. 301-320.

23 Source : site internet de la London Docklands Development Corporation.

essor de l'activité économique du *borough* vers les secteurs financier et des communications, grâce à la création d'un centre d'affaires sur l'Isle of Dogs. Dès la fin des années 1980, une amélioration des infrastructures de transports est entreprise pour faciliter l'accès des nouveaux quartiers au reste de la ville. Elle repose notamment sur le développement de l'offre de transports collectifs avec la création du Docklands Light Railway et le prolongement des lignes de métro East London et Jubilee.

Au sein des zones du *borough* inscrites en zone d'intensification (*Area for Intensification)* et d'opportunité (*Opportunity Areas)* dans le London Plan, les pouvoirs locaux doivent entreprendre des programmes de logements diversifiés avec au moins 35 % de logements abordables pour atteindre un objectif de 3 150 logements de ce type par an (Tower, 2010) – un des objectifs les plus élevés de Londres – et développer, en partenariat avec le secteur privé, l'offre en matière de transport, d'éducation, de santé, et d'activités culturelles, économiques et commerciales. Une attention particulière est portée à la localisation du logement locatif social, et notamment des grandes unités, la concentration de familles pauvres étant perçue comme un élément favorisant les comportements « asociaux ». Selon le responsable du service d'urbanisme du *borough* « *si vous dispersez dans le logement abordable familial, vous éviterez leur concentration et, donc, limiterez le développement des comportements antisociaux et la délinquance des jeunes.* » En créant des quartiers « mixtes et durables », ces opérations doivent modifier en profondeur le paysage urbain, social et économique du *borough*.

Le quartier de Shadwell est localisé au milieu des quartiers *gentrifiés* du *borough*. Grâce au projet des Docklands, il bénéficie d'une excellente connexion au centre de Londres. La station DLR[24] permet d'accéder aux stations Tower Gateway et Bank en moins de cinq minutes, et la station de l'East London Line le connecte aux lignes centrales du Tube, Hammersmith and the City et District. Sa position dans Londres en fait un lieu investi par les classes moyennes qui se logent dans les nouvelles opérations privées, comme celle du Shadwell Bassin par exemple, et dans les maisons victoriennes qu'elles réhabilitent. Le niveau des prix de l'immobilier reste certes modéré comparativement à celui pratiqué à l'échelle de Londres (le prix médian d'un logement est de £193 000 en 2001), mais il est légèrement plus élevé que ceux du *borough* (£182 500 en moyenne) et du Grand Londres (£155 000 en moyenne)[25]. Toutefois, une grande pauvreté subsiste dans le parc locatif social (45 % des résidences principales en 2005) : 43 % des locataires du parc social du quartier ont des ressources annuelles inférieures à £10 500 et le taux de chômage s'élève à 9 %. La municipalité

24 Docklands Light Railway.
25 Source : Site internet Mayor of London.

tente bien de réduire l'inconfort de ce parc et sa sur-occupation (12 %) qui touchent particulièrement les populations bangladaises, mais le quartier souffre, en conséquence, d'une image négative qu'il s'agit de gommer par son renouvellement urbain.

Les acteurs urbains locaux souhaitent alors soutenir cette *gentrification* dans le but de déconcentrer les zones d'habitat social et opérer un rééquilibrage à la fois social et ethnique de leur population :

« *C'est une zone qui est en train de se gentrifier. Cela change le quartier et nous voulons accompagner ce changement* » (responsable du service urbanisme de Tower Hamlets).

« *Il y a une gentrification de plus en plus forte qui est positive car elle pousse le quartier vers le haut. Cela transforme le quartier de manière considérable. On est dans la City Fringe et cela se ressent. Bientôt, le logement social restera le seul endroit où les populations immigrées pourront vivre* » (chargée de la participation, bailleur social Tower Hamlets Council Housing).

La transformation globale du quartier, qui s'appuie sur une stratégie de revalorisation économique et sociale, comprend une intervention sur l'offre de logements en détruisant le parc social dégradé pour réaliser des programmes mixtes dont une partie est dédiée à l'accession à la propriété. Comme l'explique le directeur des services techniques du bailleur social Tower Hamlets Council Housing, impliqué dans la réalisation de programmes de logements dans le quartier : « *La municipalité ne veut pas de ghettos de logements sociaux, mais des quartiers mixtes. Donc on doit faire du logement privé, de l'accession sociale à la propriété et du logement intermédiaire en plus du logement social.* » Et la priorité est donnée au logement des *key workers* :

« *D'un côté, les gens doivent accéder au niveau élevé du marché, de l'autre côté, il y a des gens qui ne peuvent pas acheter et ils ont besoin d'un logement subventionné. Au milieu, dans le groupe intermédiaire, cela tend à être, aujourd'hui, en grande partie, ce que nous appelons le logement des key workers. Ce serait donc les urbanistes, les infirmières, les médecins, entre autres, qui perçoivent des revenus, mais pas des revenus suffisants pour acheter. Tout particulièrement à Londres, c'est trop cher pour qu'ils puissent acheter non loin de leur lieu de travail.*» (responsable du service urbanisme de Tower Hamlets)

Cette revalorisation par et pour ces classes moyennes consiste à « *apporter des revenus dans le quartier* » et à les maintenir dans le cœur de la métropole. Par la mise en cohabitation de groupes sociaux et culturels hétérogènes qu'elle produit, elle serait aussi le moyen de « *donner à ces ménages* [du parc social] *un autre modèle* ». Les *key workers* sont en effet considérés comme des acteurs relais centraux de mixité, leur coprésence avec les ménages pauvres, notamment ceux appartenant aux minorités ethniques, génèrerait une émulation économique et sociale pour ces derniers. Dans cette perspective, un nouveau *community centre* est implanté dans le quartier, à l'interstice de logements sociaux réhabilités et de logements en accession à la propriété récemment livrés et destinés aux *key workers,* et dans lequel sont proposées diverses activités culturelles et de loisirs. Il remplace un ancien centre présidé par un locataire du parc social bengali dont l'action, essentiellement tournée vers les locataires du même groupe, est peu appréciée du bailleur social en charge de ces sites. Le bailleur ainsi que de nouveaux résidents espèrent qu'il sera dirigé par un habitant des logements en accession à la propriété pour peser significativement sur le contenu des activités et, plus largement, sur l'évolution du quartier.

Outre une diversification des modes d'occupation orientée vers davantage de logements plus « haut de gamme », des actions de requalification des espaces publics et de l'offre commerciale avec l'installation de commerces plus onéreux et mieux adaptés aux modes de consommation des classes moyennes (magasins de meubles design, d'alimentation biologique et des *coffee shops*) sont entreprises. C'est dans cette perspective que le marché local, qui propose principalement des produits « exotiques » et bon marché, fait l'objet d'un projet de réhabilitation. L'objectif affiché est de « renforcer la place du marché de Watney en tant que centre-ville, de le reconnecter à Commercial Road [rue qui relie le quartier à la City] et de diversifier son offre »[26]. En s'adaptant aux modes de consommation des *gentrifieurs*, cette nouvelle offre contribue bien sûr à soutenir la *gentrification* du quartier en leur offrant la capacité de le pratiquer au quotidien et en accélérant son attractivité.

La *gentrification* de Shadwell n'est pas donc pas le simple produit des comportements résidentiels des classes moyennes *gentrifieuses* en quête de centralité. Elle résulte également, et de manière interconnectée, d'initiatives publiques visant à valoriser économiquement et socialement ce quartier par la mise en œuvre des dispositifs nationaux de « régénération urbaine », élaborés et appliqués dans une perspective de « renaissance urbaine ». Si le terme *gentrification* n'apparaît dans aucun document stratégique national ou local, il n'en demeure pas moins évoqué par les acteurs institutionnels locaux qui interviennent, à des degrés et des fonctions divers, sur le quartier. Il est alors mobilisé comme un élément sur lequel il s'agit de prendre appui pour stimuler la transformation globale du quartier. C'est en cela que la *gentrification* constitue bien, dans ce contexte local, une stratégie de l'action publique, plus ou moins explicitement énoncée qui, au nom de la promotion de la mixité sociale, vise à reconfigurer l'espace urbain pour l'ajuster aux

26 Compte rendu d'une réunion de consultation des habitants de Shadwell, organisée par le *borough* en février 2009.

besoins et modes de vie des classes moyennes et supérieures et, ainsi, les inciter à s'installer dans ce quartier populaire. Dans un contexte général de diffusion des idées néolibérales et de compétition internationale accrue entre les villes, la « renaissance urbaine » des quartiers populaires s'articule autour de la requalification urbaine et la revalorisation économique et sociale par la réalisation de logements destinés aux classes moyennes liées au secteur public, les *key workers*. Bien que les composants de cette mixité recherchée ne soient pas précisément définis, et ne puissent l'être en raison du caractère idéologique qui traverse toute initiative conduite au nom de la mixité, les méfaits de cette stratégie en termes de montée des conflits locaux plus ou moins larvés et d'éviction des classes populaires, pourtant bien réels et connus des acteurs locaux, sont évacués par ces derniers au profit des bienfaits – sociaux mais surtout économiques – supposés de la mixité. Ce qui, comme l'ont déjà souligné les géographes britanniques Rowland Atkinson et Tom Slater (Atkinson, 2002), n'est politiquement pas neutre.

Bibliographie

ATKINSON R., 2000, « Combatting social exclusion in Europe, the new urban policy challenge », *Urban Studies,* n° 7, pp. 1037-1055.

ATKINSON R., 2002, *Does Gentrification Help or Harm Urban Neighbourhood? An assessment of the evidence-base on the context of the New Urban Agenda*, ESRC, CNR Paper 5.

BAILLERGEAU E. et *al.*, 2005 *La promesse d'un habitat socialement mixte, un état des lieux des recherches sur la mixité sociale et la gentrification aux Pays-Bas, en Belgique et en Suède*, Institut Verwey - Jonker, Utrecht, Amsterdam.

BARKER K., 2004, *Review of Housing Supply, Delivering Stability: Securing our Future Housing Needs*, HM Treasury.

BRIDGE G., 1994 « Gentrification, class and residence », *Environment and Planning D*, vol. 12, pp. 31-51.

BUTLER T., 1997, *Gentrification and the middle classes*, Ashgate, Aldershot.

BUTLER T., ROBSON G., 2003, *London calling, the middle classes and the remaking of inner London*, Oxford, Berg.

COLOMB C., 2006, « Le discours de la "Urban Renaissance" du New Labour au Royaume-Uni – vers une revitalisation durable ou une gentrification accélérée des centres-villes britanniques ? », *Sociétés contemporaines*, 2006/3, n° 63, pp. 15-37.

DE SOUZA BRIGGS X., 2006, « Mixité sociale et "géographie des opportunités" : pistes pour de nouvelles politiques et questions irrésolues », *in* : AUTHIER J.-Y., BACQUÉ M.-H., GUÉRIN-PACE F., *Le quartier. Enjeux scientifiques, actions politiques et pratiques sociales*, Paris, La Découverte, pp. 181-193.

DEPARTMENT FOR COMMUNITIES AND LOCAL GOVERNMENT, 2007, *Homes for the future – more affordable more sustainable: the Housing Green Paper,* London.

FOL S., 2009, *La mobilité des pauvres,* Paris, Belin.

FORREST R., MURRIE A., 1991, *Selling the Welfare State, The Privatisation of Public Housing*, London, Routledge.

GLASS R., 1953, *London: aspects of change*, London, MacGibbon & Kee.

HAMNETT C., 2003, *Unequal City, London in the Global Arena*, London, Routledge.

HAMNETT C., 2009, « Spatially Displaced Demand and the Changing Geography of House Prices in London, 1995-2006 », *Housing Studies*, vol.24, n° 3, pp. 301-320.

HAMNETT C., 2009, « City Centre Gentrification: Loft Conversions in London's City Fringe », *Urban Policy and Research*, vol. 27, n° 3, pp. 27-287.

HOUSING CORPORATION, 2006, *Neighbourhoods and Communities strategy. Affordable homes communities.*

KINTREA K., 2007, « Policies and Programmes for Disadvantaged Neighbourhoods: Recent English Experience », *Housing Studies*, vol. 22, n°2, pp. 261-282.

LAUNAY L., 2011, *Les politiques de mixité par l'habitat à l'épreuve des rapports résidentiels. Quartiers populaires et beaux quartiers à Paris et à Londres*, Doctorat, Université Paris Ouest Nanterre-La Défense.

LEES, L., LEY D., 2008, « Introduction to special issue on gentrification and public policy », *Urban Studies*, vol. 45, n° 12, pp. 2379-2384.

MULLINS D., MURIE A., 2006, *Housing policies in the UK*, Palgrave, Macmillan.

MAYOR OF LONDON, 2003, *Homes and Communities in London, London Housing Strategy*, Greater London Authority.

MAYOR OF LONDON, 2004, *The London Plan*, Greater London Authority.

MAYOR OF LONDON, 2011, *The London Plan,* Greater London Authority.

MURIE A., WILLMOTT P., 1998, *La paup »risation du logement social, le cas de la Grande-Bretagne et de la France*, Paris, L'Harmattan, coll. « Habitat et Sociétés », traduction de l'ouvrage anglais *Polarisation and social housing*, Policies Studies Institute.

PARKINSON M., 2001, « The Urban White Paper: Halfway to Paradise? », *New Economy*, vol. 8, n°1, pp. 47-51.

RACO M., 2008, « Key Worker Housing, Welfare Reform and the New Spatial Policy in England », *Regional Studies*, vol. 42, pp. 737-751.

ROUSSEAU M., 2009, « Re-imaging the City Centre for the Middle Classes: Regeneration, Gentrification and Symbolic Policies in 'Loser Cities'», *IJURR*, n° 33, Vol. 3, pp. 770-788.

SASSEN S., 1993, *The Global City: New York London Tokyo*, Princeton University Press.

SLATER T., 2006, « The eviction of critical perspectives from gentrification research », *International Journal of Urban and Regional Research*, vol. 30, n° 4, pp. 737-757.

TOWER H., 2010, *Local development Framework*, London.

URBAN TASK FORCE, 1999, *Towards an Urban Renaissance,* London, Spon.

WATT P., 2008, « The only class in town? Gentrification and the middle-class colonization of the city and the urban imagination », *International Journal of Urban and Regional Research*, vol. 32, n°1.

WHITEHEAD et *al.,* 2010, « How can planning system deliver more affordable housing? », *Joseph Rowntree Foundation.*

Postface

Antoine Haumont

POLITIQUES DE LA VILLE : IDÉOLOGIES ET RÉALITÉS

Un des apports notables du séminaire sur « Les politiques de la ville : idéologies et réalités » et de l'ouvrage qui en est tiré, est de suggérer une grille de lecture des relations entre les politiques de la ville et divers changements survenus en France et dans le monde depuis les années 1980. Plusieurs éléments de cette grille d'analyse retiennent particulièrement l'attention.

- Tout d'abord, la reconnaissance d'un « moment » dans la constitution et l'évolution de la politique de la ville : ici, au début des années 1980, le moment fort est celui d'un renouvellement de l'analyse et de la gestion des territoires urbains.
- L'identification d'enjeux qui sont à la fois les déterminants et les objectifs de la politique. Ici, la composition sociale du peuplement des quartiers est l'enjeu le plus constamment évoqué, notamment lorsque les individus et les ménages précarisés sont sur-représentés dans des zones que l'on va appeler « sensibles ». On désire en effet requalifier les sites dévalorisés en fixant des habitants dotés d'emplois et de ressources et en améliorant les modes de vie des citadins fragilisés.
- Une autre particularité de la politique de la ville en France, au cours des années 1980 et dans les décennies suivantes, est de s'inscrire assez strictement dans le contexte national. La décentralisation des politiques publiques est l'un des grands dossiers de la période, dans un pays où la tradition de l'État central est forte. À ce titre, les formes françaises de la culture des hommes politiques et de celle des techniciens se manifestent fortement, l'ouvrage ici présenté nous le montre bien.

Les éclairages donnés par le séminaire tenu en 2008 - 2009 sur des comparaisons entre les politiques de la ville dans divers pays valorisent d'ailleurs partout les particularités nationales des actions, bien que celles-ci semblent souvent s'attaquer aux mêmes problèmes dans différents contextes.

Un « moment », des enjeux, le poids des cultures nationales : en construisant une grille de lecture très nourrie par l'histoire des années passées, les auteurs ont voulu mettre en avant, dans cet ouvrage collectif, des notions susceptibles d'éclairer le présent immédiat et l'avenir.

Nous développerons ici sur deux thèmes portés par l'ouvrage et qui nous paraissent essentiels, tout en essayant de les tirer vers des thèmes émergents ou de plus en plus présents dans l'action publique territorialisée.

- Les dynamiques contractuelles dans les contextes urbains auxquelles l'ouvrage donne d'entrée de jeu de l'importance, à propos de la décentralisation et des nouvelles relations entre les instances de l'État et les instances locales comme une étape notable dans l'histoire des politiques publiques françaises après 1981. Ce qui amène des comparaisons avec d'autres pays et ce qui permet d'envisager que la ville contractuelle soit présente dans de nombreux dossiers contemporains, comme celui du développement durable, ou encore qu'elle soit mise au défi par les désordres dans la vie économique internationale.
- Un autre thème important est celui des enjeux sociaux dans les projets spatiaux, par exemple lorsque la rénovation de l'habitat vise la mixité dans le peuplement ou bien lorsque l'on attend d'un éco-quartier qu'il intègre les modes de vie dans un meilleur usage des ressources naturelles ou bien, encore, lorsque diverses dispositions interviennent pour assurer la sécurité dans les espaces publics et privés de la ville.

Les dynamiques contractuelles dans les politiques de la ville

La reconnaissance de la décentralisation politique et administrative comme une étape forte et mobilisatrice dans les politiques de la ville en France depuis le début des années 1980 a été vivante au cours du séminaire. Divers intervenants ont en effet participé directement au remaniement des relations entre les instances centrales de l'État et des territoires urbains que l'on a souhaité moins dépendants de grilles d'équipement standardisées et plus liés à des projets et à des contrats locaux. On reste aujourd'hui sensible au nombre et à la variété des initiatives permises par la décentralisation. Il apparaît aussi que le renouvellement d'une politique urbaine s'effectue d'autant mieux qu'un grand thème (ici, la décentralisation) mobilise et fédère les acteurs et leurs échanges.

Par définition, la politique contractuelle repose sur la pluralité des légitimités détenues par les différents acteurs, qu'ils soient des élus, des experts, des entrepreneurs ou des habitants. Dans l'univers des villes, les variables sont évidemment multiples, selon les découpages administratifs, techniques et territoriaux, d'autant plus que la contractualisation admet des concurrences et des alliances et, dans divers pays, les compétences locales peuvent être plus étendues qu'en France. Un peu partout, cependant, s'exprime la demande d'une démocratie participative qui donne plus de poids à la présence des habitants dans les instances politiques. Ce projet suscite aujourd'hui des rencontres nationales et internationales qui analysent et valorisent des modalités de la politique urbaine locale, jugées exemplaires. C'est la version contemporaine de la diffusion des « bonnes pratiques », un thème majeur de la modernité urbaine depuis le 19e siècle.

La question est-elle renouvelée aujourd'hui par des changements à l'échelle mondiale qui intéresseraient tous les acteurs, toutes les villes et appelleraient un fonds commun dans les actions contractuelles ? Deux tâches, au moins, peuvent être considérées : la transcription du dossier du développement durable dans les politiques de la ville et la parade aux dysfonctionnements urbains créés par les désordres économiques et financiers aux échelles internationales.

Le dossier du développement durable dans les villes a déjà été très travaillé par des initiatives scientifiques, administratives et politiques : on sait notamment qu'il faut intervenir dans la consommation et la production de l'énergie, économiser l'eau et le sol, organiser le cycle des déchets et diversifier les modes de déplacement. On sait aussi que l'urbanisation de l'environnement durable passe par des interactions entre les échelles, entre l'agglomération (l'écopolis), le contexte local (l'éco-quartier) et l'espace domestique (les économies de vie). La politique de la ville – au sens large – bénéficie ici des expériences de l'administration et des professionnels et elle est portée par l'adhésion de nombreux acteurs aux objectifs du développement durable. L'avenir reste sans doute plus ouvert du côté des habitants, à qui des experts et des idéologues demandent instamment de changer de mode de vie, mais qui ont leurs propres vues sur les manières de vivre en ville et sur les rythmes des changements dans ce domaine.

De son côté, la mondialisation contemporaine des désordres dans les activités, les finances et les échanges a-t-elle un effet sur « les » politiques de la ville ? Les réponses restent assez traditionnelles, car l'irruption des crises est un leitmotiv de l'histoire urbaine et on sait construire des politiques qui visent l'équilibre fiscal, la localisation des entreprises, les aides aux citadins sans emploi ou les politiques du logement, mais sans véritablement dépasser les concurrences locales ou nationales.

Les enjeux sociaux des projets spatiaux

Il est aujourd'hui courant, depuis que la modernité a investi les politiques urbaines, d'attendre que le changement social vienne d'un projet spatial : la rénovation des logements doit permettre la mixité dans le peuplement, l'éco-quartier doit inscrire les modes de vie dans la socialisation de l'environnement durable, la vidéosurveillance peut assurer la sécurité, l'œuvre architecturale peut garantir la modernité, etc. Et il est moins fréquent que les scénarii qui inspirent les politiques publiques suivent le chemin inverse : regardons des quartiers mixtes pour comprendre comment se crée la diversité sociale, observons des ménages pour saisir la constitution d'éco-quartiers de fait, etc. Il n'est cependant pas indifférent de choisir d'aller du spatial au social ou bien des habitants au territoire. À cet égard, les variations locales et nationales méritent d'être étudiées de près.

D'autant plus que l'examen des projets spatiaux éclaire généralement la fabrication de la ville par ses acteurs les plus visibles : élus, experts, entrepreneurs, habitants organisés. Mais l'inventaire des enjeux sociaux est souvent difficile car il faut identifier des individus, des groupes, des pratiques, des échanges, dans une période où la pertinence des choix politiques et réglementaires est confrontée aux changements, aux instabilités et aux précarités, aux mobilités et aux déterritorialisations. Il en résulte que le dessin de l'espace social reste une entreprise passionnante mais toujours à remettre en chantier.

On notera, ici, la constante actualisation des indicateurs pris en compte par les politiques de la ville. Les statistiques courantes sont désormais complétées et concurrencées par toutes sortes d'enquêtes et de sondages. Les performances et les concurrences sont sanctionnées par les classements qui désignent la meilleure ville. La diffusion et l'amplification médiatiques des résultats confirment ou infirment les choix des entreprises publiques.

L'ouvrage de Grégory Busquet, Florent Hérouard et Émilie Saint-Macary peut donc bien fournir des clés pour éclairer le présent, voire le futur immédiat des politiques publiques de la ville

À cet égard, la première observation sur les dynamiques contemporaines dans les politiques de la ville enregistre immédiatement des changements d'échelle dans les périmètres de réflexion où les références aux contextes internationaux interfèrent désormais constamment avec les cultures locales et nationales. On l'a dit, les bilans et les actions écologiques trouvent désormais dans l'état général de la planète les meilleurs arguments pour piloter la modernisation durable des villes. Mais les méthodes internationales du management des concurrences économiques pénètrent également les savoir-faire des techniciens de l'urbanisation. Les finances locales éprouvent les secousses et les contraintes venues de flux déterritorialisés. Aucune politique urbaine ne peut ignorer les emprises du global et du mondial.

Les enjeux locaux n'ont pas pour autant disparu, notamment si l'on considère la persistance des différences et des inégalités dans les identités résidentielles. Mais divers éléments contribuent à des recompositions dans les cadres de vie. L'accès des habitants aux emplois et aux services admet des affinités lointaines et des polarisations compétitives, avec ce qu'il en résulte pour les mobilités quotidiennes. Les sociabilités de proximité sont à l'épreuve, mais peuvent être renouvelées par les voisinages militants et la démocratie participative, souvent dynamisés par les réseaux de l'Internet.

Tout ceci constitue-t-il un nouveau contexte – un nouveau « moment » – pour la politique de la ville ? L'inventaire dressé et les matériaux rassemblés dans cet ouvrage aideront chacun à répondre à la question.

L'urbanisme aux éditions L'Harmattan

Dernières parutions

OPÉRATION CULTURELLE ET POUVOIRS URBAINS
Instrumentalisation économique de la culture et luttes autour de Marseille-Provence Capitale européenne de la culture 2013
Maisetti Nicolas
Ce texte est le récit de la préparation de l'organisation de Marseille-Provence Capitale européenne de la culture 2013. A partir d'une analyse des enjeux de la mobilisation initiale des chefs d'entreprise locaux, des réseaux d'acteurs qui s'en sont saisis et de la gouvernance de MP2013, cet ouvrage propose de questionner les usages politiques des ressources fournies par les grandes opérations culturelles dans la redynamisation des économies urbaines et la recomposition des pouvoirs dans la ville.
(Coll. Questions contemporaines, série Questions urbaines, 17.00 euros, 172 p.)
ISBN : 978-2-343-04931-1, ISBN EBOOK : 978-2-336-36332-5

TERRITOIRE (LE) SAISI PAR LES SCIENCES SOCIALES : DES ENJEUX POLITIQUES ET PROFESSIONNELS
À LA RECHERCHE – Regards sur l'Aquitaine
Sous la direction de Pierre Naves et Yamina Remichi ; Avec l'introduction d'Andy Smith
Comment le territoire se construit-il comme variable explicative ou comme catégorie d'analyse dans les recherches sur les politiques publiques, l'éducation, les discriminations ? En croisant différentes approches, cet ouvrage fait apparaître non une définition unique du territoire, mais divers éléments qui servent de fondement à ce concept. Il s'interroge sur les évolutions de l'économie locale, le développement de certaines actions sociales et éducatives spécifiques à la région Aquitaine et à la ville de Bordeaux.
(Coll. Logiques sociales, 16.50 euros, 164 p.)
ISBN : 978-2-343-04535-1, ISBN EBOOK : 978-2-336-36423-0

MÉTAMORPHOSES DES VILLES INDUSTRIELLES
Vivre la ville désindustrialisée
Luxembourg Corinne
Après la désindustrialisation, comment habite-t-on encore la ville industrielle ? Les options sont diverses allant de la revitalisation industrielle au passage à un nouveau profil économique en passant par la patrimonisalisation ou muséification. Les enjeux liés à la mémoire collective des activités de production participent à la réflexion sur la reconstruction d'un espace vécu commun.
(Coll. Itinéraires géographiques, 18.00 euros, 178 p.)
ISBN : 978-2-343-03981-7, ISBN EBOOK : 978-2-336-35385-2

DE LA TRACE À LA TRAME
La voie, lecture du développement urbain
Sous la direction de Clément-Noël Douady et l'équipe Morphocity
Comment modéliser la complexité urbaine ? D'abord déconstruire la mosaïque, ses éléments considérés à la fois comme objets mathématiques, éléments naturels et créations humaines. Ensuite, choisir et analyser ce qui paraît le plus durable dans l'évolution urbaine : le réseau des rues. Pourquoi la présence des mêmes «figures» jusqu'en Chine ? - En perspective : un outil d'analyse des projets urbains...
(27.00 euros, 262 p.)

LOGEMENT ET POLITIQUE(S)
Un couple encore d'actualité ?
Textes réunis et présentés par Fatiha Belmessous, Loïc Bonneval, Lydia Coudroy de Lille, Nathalie Ortar
Les recherches présentées ici ont en commun de se situer à divers points de contact du logement et du politique. On ne saurait s'en étonner tant cette «marchandise impossible» (Topalov), est indissolument liée à l'action publique et politique. Devenu le premier poste de dépense des ménages, l'élément le plus important de leur patrimoine, mais aussi l'un des principaux marqueurs des inégalités sociales, le logement constitue un enjeu incontournable pour les politiques publiques.
(Coll. Habitat et Sociétés, 29.00 euros, 284 p.)
ISBN : 978-2-343-03990-9, ISBN EBOOK : 978-2-336-35509-2

IMPACT (L') DES POLITIQUES DU LOGEMENT SUR LES BAILLEURS PRIVÉS DE 1914 À 2014
La nationalisation rampante du logement
Bigot Jean - Préface de Jean Perrin
Voici le décryptage des politiques du logement. L'auteur a quantifié les effets externes, négatifs, de la politique du logement depuis un siècle, qui consiste à privilégier le droit de jouissance sur le droit de propriété, dans une volonté irréaliste d'égalité des droits des bailleurs et des locataires. Celle-ci aboutira probablement à la nationalisation du logement, au détriment des contribuables, et aggravera les déficits publics. L'acharnement fiscal s'ajoutant à l'acharnement législatif accélère la destruction du parc privé, possédé à 79% par des petits propriétaires appauvris.
(46.00 euros, 466 p.)
ISBN : 978-2-343-04397-5, ISBN EBOOK : 978-2-336-35644-0

PARIS, POLITIQUE URBAINE ET MÉMOIRE COLLECTIVE
La monumentalisation de l'image parisienne depuis l'Occupation
Sandrini Clara
Dans le cadre de l'extension patrimoniale, les projets urbains arrivent à qualifier les espaces parisiens par des identités spatiales, qui participent à un mouvement d'esthétisation de Paris organisé par la réinterprétation de l'histoire. La dépopulation et l'apopulation de la capitale, la permanence des orientations stratégiques, et les projets de qualifications patrimoniales des espaces qui se répondent sur la longue durée, permettent enfin de statuer sur le processus de monumentalisation de Paris.
(37.50 euros, 390 p.)
ISBN : 978-2-343-02657-2, ISBN EBOOK : 978-2-336-35253-4

HABITAT ET TRANSITION ÉNERGÉTIQUE
Sous la direction de Rochon François
Sous le sceau de la performance énergétique, nos logements se modernisent avec l'affirmation des normes environnementales. Le chez-soi constitue le laboratoire individuel et collectif de nos modes de vies, le lieu privilégié où peut s'inventer la citoyenneté écologique. Par la transition énergétique, la France enclenche un processus stratégique complexe qui vient articuler changements de pratiques, redéfinition du confort, projet industriel, investissement financier, aménagement urbain…
(22.00 euros, 224 p.)
ISBN : 978-2-343-03619-9, ISBN EBOOK : 978-2-336-35180-3

SONORE (LE), L'IMAGINAIRE ET LA VILLE
De la fabrique artistique aux ambiances urbaines
Torgue Henry
Entre création artistique et recherche urbaine, Henry Torgue explore les ambiances liées au sonore, des arts de la scène, danse et musique, qui mixent le regard et l'écoute, jusqu'à l'environnement sonore urbain contemporain. La deuxième partie, plus anthropologique, approche l'ambiance comme expression des relations fondamentales entre les phénomènes sensibles, l'activité imaginaire et l'espace social dont la ville incarne la grande figure.
(Coll. Logiques sociales, 28.00 euros, 280 p.)

PARADOXES DE L'URBANISATION : POURQUOI LES CATASTROPHES N'EMPÊCHENT-ELLES PAS L'URBANISATION ?

Comment peut-on comprendre que l'urbanisation contemporaine s'intensifie en dépit de la multiplication des catastrophes et des limites des efforts de gestion ? Répondre à cette question impose de revenir sur les définitions des catastrophes et sur leur contribution à la structuration des peuplements humains. Ce livre montre l'intérêt et les limites du développement durable et de la résilience pour éclairer ces problèmes fondamentaux.

(Coll. Itinéraires géographiques, 29.00 euros, 280 p.)

ISBN : 9782-296-99198-9, ISBN EBOOK : 9782-296-50079-2

INVENTION (L') DE LA MAÎTRISE D'OEUVRE URBAINE

De la ville nouvelle aux ateliers

Vincent Jean-Michel

Au début des années 60, sur injonction du général de Gaulle, Paul Delouvrier crée un nouvel outil mental qui a permis de structurer l'aménagement de la région Ile-de-France pendant un demi-siècle. Vingt ans plus tard, ce métier de la fabrique de la ville pour tous sera nommé maîtrise d'oeuvre urbaine et les Ateliers de maîtrise d'oeuvre urbaine seront inventés. Ces derniers, permettant de simuler les premiers pas de la fabrique de la ville ou l'émergence du projet, fêtent aujourd'hui leurs 30 ans.

(Coll. Questions contemporaines, 18.00 euros, 182 p.)

ISBN : 978-2-296-99355-6, ISBN EBOOK : 978-2-296-50381-6

RUES (LES) PARLENT

Mauro Didier

La rue devient théâtre, forum, agora. Elle se transforme en une scène où des milliers de personnes se retrouvent, s'expriment, paradent et partagent un moment de vie. Dans ces courts « documentary-dreams », Didier Mauro restitue une «Ciné-sensation du monde» rebelle. «Le Dieu Ganesh traverse Paris» (2012, 11 min.) / «Qui sème la misère récolte la rage (2010, 11 min.)» / «Les artistes de rue sont entrés dans Paris» (2011, 11 min.) / «Sortir du colonialisme ?» (2011, 11 min.) / «Motos océanes» (2010, 11 min.) / «Un jour gay à Paris» (2010, 11 min.).

(20.00 euros)

ISBN : 978-2-296-56764-1

L'HARMATTAN ITALIA
Via Degli Artisti 15; 10124 Torino
harmattan.italia@gmail.com

L'HARMATTAN HONGRIE
Könyvesbolt ; Kossuth L. u. 14-16
1053 Budapest

L'HARMATTAN KINSHASA
185, avenue Nyangwe
Commune de Lingwala
Kinshasa, R.D. Congo
(00243) 998697603 ou (00243) 999229662

L'HARMATTAN CONGO
67, av. E. P. Lumumba
Bât. – Congo Pharmacie (Bib. Nat.)
BP2874 Brazzaville
harmattan.congo@yahoo.fr

L'HARMATTAN GUINÉE
Almamya Rue KA 028, en face
du restaurant Le Cèdre
OKB agency BP 3470 Conakry
(00224) 657 20 85 08 / 664 28 91 96
harmattanguinee@yahoo.fr

L'HARMATTAN MALI
Rue 73, Porte 536, Niamakoro,
Cité Unicef, Bamako
Tél. 00 (223) 20205724 / +(223) 76378082
poudiougopaul@yahoo.fr
pp.harmattan@gmail.com

L'HARMATTAN CAMEROUN
BP 11486
Face à la SNI, immeuble Don Bosco
Yaoundé
(00237) 99 76 61 66
harmattancam@yahoo.fr

L'HARMATTAN CÔTE D'IVOIRE
Résidence Karl / cité des arts
Abidjan-Cocody 03 BP 1588 Abidjan 03
(00225) 05 77 87 31
etien_nda@yahoo.fr

L'HARMATTAN BURKINA
Penou Achille Some
Ouagadougou
(+226) 70 26 88 27

L'HARMATTAN SÉNÉGAL
10 VDN en face Mermoz, après le pont de Fann
BP 45034 Dakar Fann
33 825 98 58 / 33 860 9858
senharmattan@gmail.com / senlibraire@gmail.com
www.harmattansenegal.com

L'HARMATTAN BÉNIN
ISOR-BENIN
01 BP 359 COTONOU-RP
Quartier Gbèdjromèdé,
Rue Agbélenco, Lot 1247 I
Tél : 00 229 21 32 53 79
christian_dablaka123@yahoo.fr

657669 - Juin 2016
Achevé d'imprimer par

1livre.com
du rêve à la réalité !